江苏省高等学校重点教材（编号：2021-2-174）

南京信息工程大学一流课程教材建设基金资助精品教材

公共气象管理学

主　编：陈　俊

副主编：叶芬梅　薛静静

科学出版社

北　京

内 容 简 介

本书基于新时代我国气象事业的发展实践，在遵循公共管理一般规律的基础上，着重于公共气象管理基础理论、基本方法与应用的介绍，综合反映气象组织和气象管理部门对气象领域所面临的各类公共问题，开展公共管理的一般性规律和特殊性应对的基本思路，是一般公共管理理论和具体气象管理实践结合的创新尝试。

本书既可作为行政管理、应急管理、大气与环境科学等相关专业本科生、研究生的教材，满足公共气象管理基础教学的需要，也可作为气象领域管理人员岗位培训的参考书，为开展公共气象管理实践提供参考。

图书在版编目(CIP)数据

公共气象管理学 / 陈俊主编. —北京：科学出版社，2024.5
江苏省高等学校重点教材
ISBN 978-7-03-078480-3

Ⅰ. ①公… Ⅱ. ①陈… Ⅲ. ①气象学-管理学-高等学校-教材 Ⅳ. ①P4

中国国家版本馆 CIP 数据核字(2024)第 088805 号

责任编辑：王腾飞 沈 旭 李嘉佳 / 责任校对：郝璐璐
责任印制：张 伟 / 封面设计：许 瑞

科 学 出 版 社 出版
北京东黄城根北街 16 号
邮政编码：100717
http://www.sciencep.com
北京中石油彩色印刷有限责任公司印刷
科学出版社发行 各地新华书店经销
*
2024 年 5 月第 一 版 开本：720×1000 1/16
2024 年 5 月第一次印刷 印张：14 3/4
字数：300 000
定价：89.00 元
(如有印装质量问题，我社负责调换)

编 委 会

主　编：陈　俊

副主编：叶芬梅　薛静静

编　委（姓氏笔画为序）：

戈华清　叶芬梅　李志强

陈　俊　郭　翔　薛静静

前　言

　　气象事业是科技型、基础性、先导性社会公益事业，是服务国家经济社会发展、护佑人民安全福祉的重要保障，是党和国家事业的重要组成部分。党的十八大以来，在以习近平同志为核心的党中央坚强领导下，气象事业进入中国特色社会主义新时代，气象事业进一步深度融入党和国家发展大局中，气象管理改革与治理实践异彩纷呈，已成为国家治理体系和治理能力现代化伟大实践的重要组成部分和推动力量。与此同时，新时代背景下国内外公共管理的理论和实践发生了深刻的变化，我国国家治理体系与治理能力现代化的重大战略部署不仅拓展了当代公共管理的范畴、视域与空间，也给公共管理学科体系、理论体系、话语体系构建，以及高层次人才培养带来了新契机、新任务，提出了新挑战、新要求。

　　公共气象管理在本质上是公共管理的一种特殊类型和重要组成部分，气象管理实践与公共管理学科体系的创新发展亟须重塑公共气象管理的理论内容和知识体系。目前，国内有关公共气象管理领域的教材和专著比较稀缺，内容也相对滞后，难以满足新时代气象管理实践发展和人才培养的新需求，重新编写公共气象管理学教材，既是公共管理行业性人才培养的现实需要，也是推动公共管理学科深度发展的一种努力。南京信息工程大学是以大气科学为特色的国家"双一流"建设高校，南京信息工程大学公共管理学科作为中国气象局的重点学科，其创建之初便带有浓厚的气象管理特色。历经多年发展与积累，南京信息工程大学法政学院已形成了一支与气象部门紧密合作的跨专业、跨领域的公共气象管理教材编写力量，并通过向气象管理部门征求意见、问题咨询、调查气象管理部门运行及改革状况等，为教材编写收集大量丰富的资料，这些都为公共气象管理学教材的编写奠定了坚实的基础。

　　本教材的编写以培养气象行业复合型管理人才为导向，坚持气象管理的公共性与专业性融合、知识学习与技能训练兼顾的原则，结合近年来公共气象管理领域的重大事件、典型案例、变革态势和发展趋势，特别是根据公共管理的新形势、新问题以及气象管理部门的职能所在和职责划分，来设计编排教材内容，重点围绕气象管理组织与职能、气象法治、气象战略、气象部门人力资源和绩效管理、气象信息、气象科技、气象灾害应急管理、气象服务发展、气象科普、全球气候与国际治理、气象与低碳发展等问题展开编写，突出反映针对气象领域公共问题实施公共管理的一般性规律和行业特殊性，以推动公共气象管理学教学改革的发展。教材将案例场景、知识学习与复习拓展相融合，引导学生在公共气象管理学课程学习中全面掌握公共气象管理之过程、知识与基本技能，深刻体会公共管理理论与知识在气象管理实践活动中的运用与发展。本教材是公共管理与气象行业实践相结合的一种理论探索与尝试，期冀有助于推动发现更新、更多的公共管理现象，总结和概括出更深、更广的公共管理规律，以促进公共管理学科体系的创新发展，但我国公共气象管理相关研究起步相对较晚，很多问题和知识点仍在不断摸索探索中，需要广大学者进一步深入开展系统性专业化研究，百花齐放、百家争鸣，为气象事业而奋斗。

目　　录

第1章 绪 论

气象条件和气象环境是人类生存发展和社会高质量运转的基础。随着科技和物质的高度发展,气象条件和环境对人类生存和社会运转的影响日益显著,气象和气候环境问题日渐凸显:危害巨大的气象灾害频发,气候环境的高脆弱性呈现。随着气象与人类活动的关系愈发密切,其对人类活动的影响也愈发明显,社会各界及人民群众期待更加高质量、高效率的气象服务,这就迫切需要通过加强公共气象管理,促进气象事业实现高质量发展,从而满足人民日益增长的气象服务需求,尤其是保障国家安全、人民群众的生命财产安全以及气候环境生态安全。长期以来,我国公共气象管理取得了一定成绩的同时,也积累了丰富的经验,形成了颇具实践性的理论基础。新时代,不断总结与凝练我国公共气象部门已有的管理实践经验,优化与提升中国特色的公共气象管理理论,归纳与预测我国公共气象管理重要规律,不仅是公共气象管理理论研究的重要内容,更是国家治理体系与治理能力现代化的必然要求。

1.1 公共气象管理的学科性质和定位

1.1.1 公共气象管理的含义

气象事业是基础性公益事业,也是经济建设、国防建设、社会发展和人民生活的基础保障,可以从管理权性质、所属领域以及一般内容三个方面考察公共气象管理的含义。

第一,公共气象管理的管理权性质。中国气象局是经国务院授权承担全国气象工作的政府行政管理职能,负责全国气象工作组织管理的国务院直属事业单位。因此,从管理权性质来看,全国和地方各级气象部门均为事业单位,其行政性质的管理权来源于法律规定的国务院及各级地方政府的行政直接授权。《中华人民共和国气象法》(以下简称《气象法》)第五条规定:"国务院气象主管机构负责全国的气象工作。地方各级气象主管机构在上级气象主管机构和本级人民政府的领导下,负责本行政区域内的气象工作。国务院其他有关部门和省、自治区、直辖市人民政府其他有关部门所属的气象台站,应当接受同级气象主管机构对其气象工作的指导、监督和行业管理。"根据《气象法》规定,中国气象局和省、市、县气象局分别为国务院气象主管机构和地方各级气象主管机构。全国气象部门实行统一领导,分级管理,气象部门与地方人民政府双重领导，以气象部门领导为主的管理体制。

第二，公共气象管理的所属领域。公共气象属于社会公共事业。公共事业是指以满足社会公共需要为基本目标，不以营利为目的，向社会提供特定的公共产品和公共服务或协调相关方面利益关系的组织活动。在我国，其载体主要为国家设置的事业性部门及单位，如文化、教育、科技、社会保障、卫生医疗、城市供水、环保、气象、城市交通等部门和机构。对这些事业所进行的管理均可以说是公共事业管理。公共事业管理是管理主体为了社会和公众的利益，依法对公共事业进行的管理活动。公共气象管理是公共事业管理中的一个重要分支，它涵盖了气象观测、预报、服务和科技研发等多个方面。作为公共管理中一个相对新兴的学科分支，公共气象管理在满足社会和公众对气象服务的需求方面发挥着关键作用。公共气象管理的核心目标是为社会和公众提供高质量的气象服务，保障国家安全、人民生命财产安全以及气候环境生态安全。通过依法进行管理，确保气象工作服务于社会和公众的利益。

气象工作单位除了其事业性质外，也可以在一定的条件下从事商业化经营的活动。《气象法》规定："气象台站在确保公益性气象无偿服务的前提下，可以依法开展气象有偿服务。"另外，还有专门从事与气象产品相关的生产经营企业。例如，专门为某些企业提供的灾害性天气预报服务，给个人提供精细化气象服务，或气象公司开发啤酒指数、空调指数、雨伞指数、泳装指数、睡眠指数、感冒指数、出行指数等气象指数预报信息，进行精细化指导，定向提供给专门的企业或个人获取利润。这种市场化服务性生产经营的气象单位和企业被称为"气象行业"。气象行业不仅包括事业性的气象服务和经营单位，还包括企业性的单位和企业，特别是那些在气象系统之外的气象服务单位和企业。气象行业与气象事业是两个有联系而又有区别的概念。气象行业的范围更为广泛，当谈到行业活动目的时，它更侧重于单位或企业自身的经济效益。而气象事业则是指气象系统本身，其活动目的是强调社会整体的经济效益。中国气象局作为国务院气象主管机构，负责全国气象行业的管理工作；地方气象局作为地方气象主管机构在上级气象主管机构和本级人民政府的领导下，负责本行政区域内的气象行业管理工作。自从国家开放了数据之后，国内气象领域的创业公司先后发展起来。2017年中国气象局和国家统计局联合统计报告显示，中国按需定制气象服务的市场价值已经超过了2000亿元。然而，如何获取更广泛的数据是这一行业企业面临的一大挑战。除了依赖政府开放的数据，企业还需要自行拓展数据渠道，如获取卫星数据、利用无人机采集地面气象数据、自建气象观测站、部署雷达甚至发射卫星等。

第三，公共气象管理的一般内容。无论是作为一门学科还是作为一种实践，管理学都有它相对固定的一般内容，即计划、组织、指挥、协调和控制等。公共气象管理是管理学在公共气象管理领域的应用，因而也具有管理学的一般内容。概括而言，公共气象管理通常涵盖以下几个关键方面：①计划是公共气象管理的基础。这涉及制定长期和短期目标，以及为实现这些目标而采取的策略和措施。②组织是确保公共气象管理工作得以有效实施的关键。这涉及人员配备、培训和资源的合理配置，以优化工作流程和提升效率。③指挥在公共气象管理中起着领导和指导的作用。它涉及决策、指导和评估，以确保气象服务的有效性和准确性。④协调是公共气象管理中的重要环节，它涉及与各个相关部门的合作与沟通，确保信息的畅通和资源的共享。⑤控制是确保公共气象管理目标得以实现的关键环节。它涉及对计划执行情况的监测、评估和调整，以确保气象服务的持续改进和优化。

除了上述内容，公共气象管理的一般内容还包括以下几个方面：气象服务规划，即制定气象服务的长期和短期规划，确保气象服务的持续性和有效性；人力资源管理，即对气象工作人员进行招聘、培训、考核和激励，提高他们的工作效率和专业水平；财务管理，即合理分配和使用气象管理经费，确保资金的合理使用和效益最大化；法规制定与执行，即制定和执行相关法律法规，规范气象管理行为，保障气象服务的公正性和准确性；科技创新，即推动气象科技的创新和发展，提高气象预测的准确性和服务的精细化水平；合作与交流，即与其他国家和地区的公共气象管理机构进行合作与交流，分享经验和资源，共同应对全球气象挑战；风险评估与管理，即对气象灾害进行风险评估，制定应对策略，降低气象灾害对人类生命财产和社会经济的影响；监测与报告，即对气象数据进行实时监测和报告，为政府决策和社会公众提供及时、准确的气象信息。

这些内容与公共气象管理自身的具体特殊内容相结合，共同构成了公共气象管理的全部内容。通过不断优化和创新公共气象管理的一般内容，可以提高气象服务的水平和效率，更好地满足社会和公众的需求。总体来说，公共气象管理不仅涉及这些一般管理职能的应用，还包括对气象管理体制和规范的改革与创新，优化气象管理职能工作，调整组织结构，以及运用部门公共权力应对突发性气象灾害等具体内容。

综合上述公共气象管理三种视角的分析，公共气象管理是运用公共管理的理论、知识、方法和技术，紧密结合公共气象的工作实际和特点，由国家气象主管机构经过行政授权，依法对气象工作进行计划、组织、指挥、协调、控制等一系列管理活动，以更好地达到气象工作服务于社会和公众利益的目标任务。根据这一含义，公共气象管理的主体是国家法律规定的全国及地方各级气象主管机构，包括中国气象局和地方各级气象局；管理的目的是维护社会和公众的公共利益；管理的性质是气象主管机构经过行政授权在公共气象领域获得行政管理权，进行有关管理工作；管理的依据是全国人民代表大会、国务院及气象主管机构颁布的有关气象事业的法律、法规和行政规章；管理的内容是进行具有管理共性的一般性的管理活动和具有气象管理特殊性的管理业务工作。这些管理活动包括计划、组织、指挥、协调和控制等，而管理业务工作则涉及气象观测、预报、服务、科技研发等方面。

1.1.2 公共气象管理的对象和任务

公共气象管理涉及全国和地方气象事业，其管理对象涵盖了三个层面：首先，是气象部门系统内部的管理，这是基础和核心，以确保气象服务的准确性和及时性。其次，是对公共气象事业的管理，涉及如何更有效地利用气象资源，为社会提供更优质的服务。最后，是对社会气象行业的管理，旨在规范和引导气象行业的发展，确保其与国家发展战略和人民群众的需求相一致。

第一，气象部门系统内部管理。即对各级气象部门及所属的气象台站所进行的管理。这种管理属于气象部门和事业单位内部系统的管理。根据 2021 年《中国气象年鉴》的统计，截至 2020 年底，中国气象局机关内设机构 11 个，处级机构 57 个；中国气象局直属事业单位 16 个；省（自治区、直辖市）气象局 31 个；副省级市气象局 15 个（其中，计划单列市气象局 5 个，省会城市气象局 10 个）；地级市气象局 319 个；县级气象局 2180 个；其他独立设置的气象台站 311 个；我国气象部门共有正式职工总数 51966 人，其中中、高级专业技术人员占 68.8%（中国气象局，2021）。这样一个从中央到县市多层级、多职能、多点线、高科技的气象系统内部管理是公共气象管理的直接对象。其管理内容既包括一般性的行政管理，如组织、计划、指挥、协调和控制等管理工作，也包括特殊性的行政管理，主要是业务和服务的管理。具体包括计划和规划管理、基本建设项目管理、业务和技术管理、经费管理、政策规章管理、编制管理、人事和人力资源开发管理、目标绩效管理、教育培训和气象文化建设管理，以及工作人员的思想政治工作、职业道德和党风廉政建设管理。这一系统的复杂性和多样性要求我们采取科学的管理方法和手段，确保气象服务的准确性和及时性，以满足社会和经济发展的需求。

第二，公共气象事业管理。公共气象事业管理是中国气象局基于国务院的行政授权，对公共气象事业进行的管理。各级气象部门在这一领域也有相应的职责。具体来说，包括以下几个方面：①负责制定气象事业的发展规划和组织实施相关气象工作，确保气象服务的顺利进行。承担气象监测、预报预警和公共服务的管理工作，确保气象信息的及时发布和传播。同时，也要负责应对重大活动和突发公共事件的气象保障工作。②组织和管理气象灾害的防御工作，制定和实施气象灾害防御规划，并负责相关应急管理工作。在这一过程中，人工影响天气作业和城乡气象工作也是重要的组成部分，以更好地服务于农业生产和人民生活。③负责雷电灾害的防御工作，指导建筑物和其他设施安装雷电防护装置，并对其进行检测和验收。此外，还要管理防雷安全、空气升空物施放及升空物安全等社会管理工作。④负责气象台站和气象设施的组织建设和维护管理，确保其正常运行。同时，也要对气象探测资料进行采集、传输和汇交，并依法保护气象设施和探测环境。⑤组织气候资源的综合调查、区划和开发利用，以及气候可行性论证和气象灾害风险评估工作，为区域经济发展和城乡规划提供科学依据。⑥开展气象法制宣传教育，监督相关法律法规的实施，对违法行为进行处罚，并承担相关行政诉讼。同时，普及气象科学知识也是这一领域的重要任务之一。通过以上措施的实施，可以进一步推动公共气象事业的发展，提高气象服务的质量和效率，满足社会和经济发展的需求，保障人民生命财产安全。

当前，公共气象事业管理的重点主要集中在以下几个方面：①根据国家当前和长远发展的需求，对公共气象战略目标、基本政策和战略措施进行管理。其旨在确保气象事业与国家发展目标相一致，为经济社会的可持续发展提供有力支持。②针对各种气象灾害的防灾减灾管理和灾害危机管理。随着全球气候变化的影响，气象灾害的频发和严重性日益凸显。因此，建立健全的气象灾害防御体系，提高灾害预警和应对能力，是公共气象事业管理的重点之一。③为经济社会持续、协调发展服务的气象资源优化调控和科学合理地开发和利用管理。这涉及如何合理利用气象资源，为农业生产、能源开发、交通运输等领域提供科学依据，促进经济社会的可持续发展。④为国家安全保障服务的气象监测、预警体系及基础设施管理。气象监测和预警系统是国家安全的重要组成部分，对于保障人民生命财产安全具有重要意义。因此，加强对这一领域的管理和投入，确保其正常运行和持续发展至关重要。⑤加强气象基础理论研究，积极推动气象科技创新的气象科技管理。随着科技的不断发展，气象科技的创新对于提高气象服务的质量和效率具有重要意义。因此，加强气象科技研究和管理，培养高素质的气象人才，是推动公共气象事业发展的重要途径。⑥开展国际气象合作，参与构建和组织落实各种国际性气象公约和协议的组织管理工作。随着全球气候变化的挑战日益严峻，国际的气象合作显得尤为重要。通过参与国际气象合作，加强与其他国家和地区的交流与合作，共同应对气候变化带来的挑战，维护全球气候安全。

第三，社会气象行业管理。公共气象管理除了对气象部门和气象事业进行管理外，还包括对社会气象行业的管理。我国《气象法》的规定，气象工作单位在一定条件下可以从事商业化经营的活动，这使得气象行业的覆盖范围更加广泛。社会气象行业管理的任务主要包括以下几个方面：①组织制定气象行业的发展规划和政策，完善相关的法规和标准，强化行业监督，加强协调、指导和服务，合理配置国家对气象行业的投入。这有助于确保气象行业的健康发展，提高气象服务的质量和效率。②承担公益性气象行业的管理任务，规划气象行业的发展，协调各行各业气象台站和大型气象装备的布局、开发和利用。这有助于优化资源配置，提高气象服务的覆盖面和效益。③制定气象行业的技术规范、技术标准和操作规程，并指导、监督其实施。这有助于规范气象行业的技术标准和操作流程，提高行业的整体水平。④归口管理生产生活与气象有关的气象设施的设计、施工和技术检测。这有助于确保气象设施的质量和安全，提高气象服务的准确性和可靠性。⑤负责气象市场的管理，对气象科技市场进行政策引导、行为规范、问题协调和处理。这有助于规范气象市场秩序，促进气象科技的研发和应用。⑥组织开展气象行业的业务和科技合作与交流、气象科普宣传、气象科技成果推广等活动。这有助于加强行业间的交流与合作，提高气象工作的整体水平。

气象部门、气象事业和气象行业三者之间既相互关联又有所区别。在公共气象管理中，它们构成了一个从微观到宏观的管理对象和范围体系。具体来说，气象部门是公共气象管理的基本单位，主要负责气象观测、预报和服务等方面的工作。气象事业则是一个更为广泛的领域，涉及气象资源的开发、利用和保护等方面，旨在为社会提供优质的气象服务。而气象行业则是一个更加宏观的概念，涵盖了整个气象领域的生产、经营和服务等活动，具有更加广泛的社会和经济影响。

1.1.3 公共气象管理的性质和特点

1. 公共物品的性质

在当代经济学领域，政府提供公共物品和服务已成为广泛接受的共识。世界银行的《1997 年世界发展报告》对公共物品所下的通俗易懂的定义为："公共物品是指非竞争性的和非排他性的物品。非竞争性是指一个使用者对该物品的消费并不减少它对其他使用者的供应；非排他性是指使用者不能将他人排除在对该物品的消费之外，这些特征使得对公共物品的消费进行收费是不可能的。因而私人提供者就没有提供这种物品的积极性"（世界银行，1997）。斯蒂格利茨（1997）指出："公共物品是这样一种物品，在增加一个人对它分享时，并不导致成本的增长（它们的消费是非竞争性的），而排除任何个人对它的分享花费巨大的成本（它们是非排他性的）。"公共物品的种类繁多，包括国防、法律、公安、消防、防灾、教育、交通、社会保障、天气预报等。

公共物品与私人物品的本质区别在于：①消费的非排他性。私人物品的消费是具有排他性的，意味着某一消费者的消费会排除其他消费者。然而，对于公共物品，它的消费是非排他性的，意味着无论一个消费者还是多个消费者，他们可以同时消费同一种物品，不会互相排斥。也就是说，任何一个消费者可支配的公共物品的数量等同于该物品的总量。②消费的非竞争性。当增加对公共物品的消费时，其边际成本为零。这意味着，每增加一个单位的消费，不会增加生产这一单位所需的成本。这与私人物品形成鲜明对比，因为私人物品的消费具有竞争性，增加消费会导致生产成本的增加。③收益的非排他性。私人物品的收益是具有排他性的，只有购买者才能获得相应的收益。然而，公共物品的收益是非排他性的，意味着其收益并不特定于某一消费者或某一群体，而是所有消费者都可以从中受益。④无法计量的私人交易成本。由于公共物品的特性，其生产过程中往往伴随着高昂的私人交易成本，有时甚至这些成本是无法量化的。这是因为公共物品的生产和分配往往涉及大量的协调和合作，而这些过程可能面临各种挑战和障碍。

2. 公共气象服务的公共物品性质

尽管有着气象服务商业化的创新，公共气象管理依然属于公共管理的范畴，因而具有公共管理提供的公共物品及公共服务的性质，公共气象产品及服务的主要性质仍然是公共物品的性质。这是因为公共气象服务具有非排他性、非竞争性以及收益的不可分割性。

第一，气象预报和警报的消费具有非排他性。基本气象业务系统所提供的主要信息产品，如基本气象资料和基础气象科研成果，被归类为气象公益服务产品。这些产品的非排他性和非竞争性特征非常明显。气象预报和警报的发布具有公开性，这是因为它们的主要目的是促使人们采取防御措施。而这种公开性意味着很难排除特定的人群或个人享受这些服务，社会公众甚至外国人都可以无障碍地接收和使用。从成本效益的角度来看，增加一个人收听或收看气象预报并不会对其他人产生任何影响。每增加一个单位的消费量，其边际成本为零。这是因为增加一个单位或个人的消费并不需要增加天气预报产品的供给量。同样地，减少一个人的消费量也不会导致边际成本的减少。每一个单位或个人的消费量实际上就是所有单位和个人的消费量。这意味着气象预报和警报的生产者或提供者的边际成本为零。相反，如果采取排他性措施，成本会急剧增加，难度也会显著增大，而且可能会得不偿失。因此，基于以上分析，气象预报和警报的消费具有非排他性。

第二，气象服务的收益具有非排他性。虽然气象服务产品需要投资，但投资的主体并不意味着是唯一的受益者。由于气象服务的公开性，每个人都可以分享其成果。然而，如果要收取费用，其产权的界定会变得非常困难。无法明确界定谁是服务的享受者，也无法确定收益的具体数值，因此无法制定明确的收费依据和标准。此外，气象服务的私人交易成本也无法计量。这意味着气象服务需要大量的资源投入，包括人力、物力和财力，并且有特定的投入主体。然而，投入后的收益并不被特定的主体所独占。这种非排他性的特性使得气象服务成为一种典型的公共物品，其收益为社会公众所共享，而不是由某个特定的个体或组织所独占。

第三，公共气象服务的收益具有不可分割性。气象服务涉及大量的前期工作和多个环节，需要多个气象台站和气象组织提供气象观测资料。这导致了在计量各个组织和合作者对气象服务的贡献率时存在困难。气象预报和警报的发布需要全球各个国家和地区的合作，这是气象事业得以发展的重要基础。从国际气象组织到世界气象组织，经过了100多年的不懈努力，才形成了今天我们所见的公共气象管理格局。这种全球合作的精神体现了气象服务的另一个重要特性，即其不可分割性。全球范围内的气象信息是相互关联、相互影响的，任何一个地区的气象变化都可能对其他地区产生影响。因此，气象服务的收益并不是可以简单分割给各个国家和地区的，而是作为一个整体，为全球社会公众所共享。因此，气象服务在前期工作、环节、全球合作和不可分割性等方面都体现了其公共物品的特性。这使得公共气象管理在今天仍然属于公共管理的范畴，并且需要各个国家和地区的共同努力和合作，以提供更准确、及时的气象服务，造福全人类。

气象服务作为一种公共物品，其性质往往导致消费上的"搭便车"现象，进而引发供给不足的问题。由于市场机制在此类情境下难以有效运作，因此，引入非市场机制的解决方案——即政府介入以提供这一公共物品——变得至关重要。政府对气象产品及服务供给的主导作用，不仅使公共气象管理成为不可或缺的一环，同时也凸显了其在长期国际合作中的重要性。没有政府的气象服务管理和与国际社会的长期协作，我们将难以持续、高效地提供天气预报等公共服务，进而无法有效应对日益频繁和剧烈的气象灾害，保障公众在复杂多变的天气气候条件下的生活安全。

随着我国改革开放以来社会主义市场经济体制的建立，气象服务方式和内涵也正在发生变化。近年来，我国气象行业气象科技服务和气象信息产业的市场化进程迅速。我国气象服务收入呈现稳定增长的态势，《中国气象产业发展报告》预计2025年中国气象服务产业规模将可达3000亿元。但是，根据中国气象事业的战略思路和发展理念，公共性和公益性在气象事业的指导理念中占据核心地位，并且是发展气象科技服务的基础和依托。因此，气象服务的市场化和有偿化是在确保公共性和公益性的基础上进行的，是对其的补充和拓展。这主要体现在气象服务的细分化、个性化发展上，旨在满足不同用户群体的特定需求。尽管气象服务的市场化和有偿化发展迅速，但其并不会也不能改变公益性气象服务的主体地位和气象工作的公共物品性质。气象服务的市场化和有偿化发展并不会形成气象服务产品性质的二重性。这是因为，尽管引入了市场机制和有偿服务，但气象服务的核心目的仍然是提供公共利益，保障人民的生命财产安全。因此，在发展气象科技服务和信息产业市场化的过程中，我们应始终坚持公共性和公益性的指导原则，确保气象服务在满足不同用户需求的同时，能够充分发挥其在应对气候变化、保障人民安全等方面的作用。

3. 公共气象管理的特性

公共气象管理除了具有公共管理的公共物品性质以外，还具有服务性、系统性、高科技性与开放性，这些特点使公共气象管理区别于其他管理行为。

1）服务性

公共行政的核心在于服务性，这一点在当今服务型政府的建设中更为突出。然而，公共气象服务在服务型政府中扮演着特殊的角色，其主动性和及时性的特点使得它与其他政府部门的行政行为存在显著差异。通常，诸如许可、审批、同意、执照、准许和决定等行政行为都是基于特定申请或事件的被动反应。这些行为往往需要事先提出申请或满足特定条件，然后政府部门进行审批或给予许可。与此不同，公共气象服务的核心在于主动、及时地为公众提供气象信息。这种服务旨在预防和应对气象灾害，减少潜在的损失和风险。因此，公共气象服务不需要事先的申请或满足特定条件，而是持续、主动地为公众提供气象信息。当然，气象管理部门也涉及一些行政许可和审批的事务，如防雷、施放气球的行政审批。但这些仅是气象管理中的一小部分内容。相比之下，天气预报和预警服务是气象管理部门的核心职责，它强调主动、及时地为公众提供无偿的气象预报服务。

公共气象服务包括决策服务、公众服务和重大社会活动保障服务。其目的是通过主动、及时、准确地提供气象产品，为政府决策和公众生产生活提供科学依据，特别是在防灾减灾方面。为了更好地满足社会需求，必须扩大公共气象服务的覆盖面，不断提供更多有效的公共气象产品。同时，需要建立健全针对各种天气气候事件引发的气象灾害的预警和应急机制，以及应对其他灾害和突发事件的保障措施。随着国民经济的快速发展，作为气象服务核心内容的公共服务面临着重大挑战，公共气象服务的能力必须适应向气象强国跨越的需求，在公共服务体系建设中实现公共气象服务与专业气象服务的协调发展（秦大河和孙鸿烈，2004）。为实现这一目标，应坚持"以人民为中心、以需求为牵引、以创新为驱动、以改革促发展、以开放促融合"的原则。通过筑牢气象防灾减灾第一道防线、增强气象服务经济社会发展的能力、提供高质量气象服务、提升生态文明建设和气候变化的气象服务能力，以及创新气象服务机制，构建一个智慧精细、开放融合、普惠共享的现代气象服务体系。

2）系统性

系统是各种相互影响、相互依存的元素的有序组合，这些元素共同作用，形成一个具有特定功能的整体。公共气象管理之所以具有系统性，是因为现代天气预报已经成为一个庞大且复杂的系统项目。其业务流程像是一系列紧密相连的步骤，任何一步的缺失都无法完成整个过程。全球范围内，有众多的气象观测站、气象卫星、雷达、船舶和飞机等设备，它们共同组成了世界天气监测网络。这个网络收集了来自世界各地、覆盖所有空间的天气信息。这些观测数据通过全球气象通信网络被传输到各个国家气象中心和世界气象中心。在那里，利用大气运动方程进行计算，可以预测未来的天气状况。预报机构和工作人员再根据他们的经验和其他资料制作出气象要素预报。在这一系列的步骤中，每一个环节都有其特定的功能，这些功能相互协作，最终形成统一、规范的产品，服务于各行各业和广大公众。

从气象部门的系统性看，国家-省-市（地）-县四个层次相互依存又相互作用，其信息流是双向的，影响和作用也是双向的，彼此之间既是上下级的领导关系，又具有相互之间的协作性。在分享和交流信息、产品的基础上，建立了多结构、多层次、多形式的服务系统和管理体系。

3）高科技性

现代气象业务是一项高科技的领域，它依赖于气象工作者利用先进的科技设备来获取和处理气象信息，进而制作出高质量的气象产品。随着现代大型高性能计算机的广泛应用以及信息产业和互联网技术的飞速发展，这种高科技性得到了进一步的强化。因此，对现代气象业务的服务管理也具有了科技管理的特点。这要求对行政部门、业务部门、技术部门和科学研究部门进行全面整合，综合运用和融合气象科学技术、工程学、企业管理学、公共管理学等多学科的知识。这样的管理方式能够对气象工作进行超前的、可行的规划,并确保其严格、规范地执行。通过这种方式,气象部门的长期、整体业务能力得到了培养和提升。这不仅增强了气象服务的专业性和准确性,还为社会的各个方面提供了更加可靠的气象信息支持。这种跨学科的管理模式体现了现代气象业务在高科技领域中的综合性和复杂性,也突显了科技在气象服务中的重要地位。

4)开放性

天气的变化源于全球大气运动,而对全球大气的连续和全方位观测是天气预报的基础。由于大气运动是无国界的,全球气象合作成为实现准确天气预报的前提,这也使得气象成为全球合作的典范。这种全球合作的特点使得公共气象管理具有对外开放性。其开放层次包括:一是与世界气象组织进行紧密的合作;二是与各个国家和地区的气象机构进行气象情报交流和成果分享;三是与社会各行各业以及国外相关行业和人员分享气象产品。现代气象产品制作及其服务的开放性使气象事业能够充分利用全球性的气象资源和基础设施,在国际大协作的层面上发挥出规模经济的优势和较高效益。通过与世界气象组织和其他国家和地区的合作,气象事业得以整合全球资源,提高预报准确性和服务水平。这种开放性和国际合作也有助于推动技术进步和气象科学的不断发展,为全球气候变化研究和应对提供有力支持。

1.1.4 公共气象管理的目标和基本原则

1. 公共气象管理的目标

我国公共气象管理的长期和基本目标,是建立具有国际先进水平的气象观测、研究、预报预测和服务体系。为实现这一基本目标,需要完成以下任务:组织全社会的气象资源和力量,为政府和公众提供优质的气象服务;通过持续的努力,提高气象服务的供给能力和均等化水平,使更多人能够享受到高质量的气象服务;充分发挥气象防灾减灾的作用,保障公民的生命财产安全。需要加强气象监测和预警,及时发布气象信息,降低灾害风险,为社会的稳定和安全做出贡献;不断完善以气象法为主体的法律法规标准体系,规范全社会的气象行为。通过制定和实施相关法律法规,保护气象资源,规范气象活动,确保气象事业的健康发展;监管气象商业化服务市场,促进气象经济的可持续发展。在保障公共气象服务的基础上,合理开发、利用和保护气象资源,鼓励气象服务的商业化发展,为社会创造更多的经济价值。

2. 公共气象管理的基本原则

公共气象管理的基本原则是指在公共气象管理过程中,经过长期实践而证明的合理化管理规则或模式。它是以公共管理的基本理论为基础,结合公共气象管理的具体情况而产生的公共服务原则、依法管理原则、需求适应原则、归口管理原则、系统协调原则、科技创新和人才优先原则、信息公开原则、开放合作原则。

1）公共服务原则

公共气象事业以提供天气预报、预测为主要服务内容。公共气象服务系统是政府公共服务体系建设的一部分。公共气象服务以需求为引领，建设气象预报预测系统、综合气象观测系统和公共气象服务系统是我国现代气象事业的重点。不断建设和完善公共气象服务的业务系统，建立健全各级气象服务机构，提高气象服务的科技支撑水平；优化公共气象服务的运行机制，确保服务的高效、准确和及时；建立健全气象服务的法律法规体系，为气象服务的持续发展提供法律保障，培养和引进高素质的人才，提高气象服务的专业性和创新性；不断提高人民群众对气象服务的获得感、幸福感和安全感，使气象服务更好地服务于社会和公众。

2）依法管理原则

在公共气象管理中，法治原则是至关重要的。其基本思想是依法治国、依法管理，要求政府在法律范围内活动，依法办事，依法行政。实现公共气象管理领域依法行政需要：首先，确保有法可依，即在一定时间内建立以《气象法》和相关法律法规为主体的、层次分明、结构合理、内容完善、科学配套的气象法律法规体系。这一体系是依法行政的基础，能够为气象管理提供明确的法律依据。其次，建立执法体系，特别是以省、市（地）两级执法为主，专兼结合、行为规范、监督有效的气象行政执法体系。这一体系能够确保法律法规的有效执行，提高气象行政执法的效率和公正性。再次，提高执法能力，主要是提高各级气象主管机构依法行政的能力，以及提高气象行政管理队伍的法治素质。通过培训和指导，确保气象执法人员具备专业知识和能力，能够正确、准确地执行法律。最后，加强体制建设，建立行为规范、运转协调、公正透明、廉洁高效的气象行政管理体制。这有助于破除制约气象事业高质量发展的体制机制障碍，持续增强发展活力和动力，促进部门行政向公共行政转变，以及促进部门气象向社会气象转变。

3）需求适应原则

公共气象管理的各项工作必须以公众、经济社会发展、国家安全、气候环境安全对气象事业的需求为导向，不断深化和完善各种气象服务。要不断改善服务手段，利用先进的技术和设备提高气象服务的准确性和时效性；拓宽服务领域，将气象服务融入更广泛的领域中，如农业、交通、能源等，提供定制化的气象服务解决方案；增加服务产品，根据不同领域和行业的特定需求，开发多样化的气象服务产品，满足多样化的需求；提高服务质量，通过持续改进和优化服务流程，提高服务的专业性和满意度。

实现中国式现代化，促进经济社会全面、协调和可持续的发展，要求公共气象管理更加深入地参与到经济建设、人口增长、资源利用、生态和环境保护的各个方面。这涉及政治、经济、国家安全、环境外交等多个领域，为气象工作带来了全新的课题和广阔的发展空间。解决经济社会发展中的天气气候问题，特别是预防和减轻灾害性天气气候影响，提高预报预测的准确率和提前率，提出趋利避害的措施，是对气象工作的核心要求。为此，公共气象管理必须适应气象工作的发展趋势，改革和创新管理体制，以满足公众、社会和国家的多样化需求。

4）归口管理原则

公共气象管理是一项涉及面广泛的复杂任务，需要多个部门和行业的配合协作。为了确保管理的统一性和有效性，归口管理原则显得尤为重要。归口管理是指管理部门按照规定的职责权限，对特定的事务、物品、行为或人员实施统一管理。在公共气象管理中，这意味着无论面对什么样的问题或业务，只要其主要属于气象工作和气象服务领域，就应该由气象主管机构负责。气象主管机构需要对相关事务进行科学规划、统筹布局，并制定相关的行政法规、行业规章、技术规范和标准化条款。这些标准应当由中央和地方各级气象主管机构分级负责，确保各级机构明确其职责，避免"缺位"、"越位"或"错位"的管理问题。其他部门和单位应当与气象主管机构进行配合协作，共同完成相关任务。这样可以确保公共气象管理的统一性和有效性，提高行政效率。

5）系统协调原则

要提升高质量发展的整体性和协同性，需要确保观测、预报、服务等各环节的有效衔接和高效协同。要充分发挥中央、地方和各方面的积极性，统筹推进气象资源的合理配置和高效利用。同时，注重东中西部气象的协调发展，确保各地的气象服务得到均衡发展。必须统筹发展和安全，完善风险防控机制。通过及时防范和化解潜在风险，确保气象事业持续、稳定地发展。要加强跨部门、跨区域的合作与协调，形成合力，共同推动气象事业的高质量发展。

6）科技创新和人才优先原则

科技创新是我国气象现代化建设的关键，需要将其置于全局中的核心地位。为此，需要优化创新资源配置，集中力量突破关键核心技术，确保科技自立自强。在人才方面，应该将人才资源开发放在最优先位置。通过完善人才培养、引进、使用等机制，打造一支高水平的气象人才队伍。在科技创新和人才培养方面，需要加强与国内外高校、科研机构等的合作与交流，共同推进气象事业的科技创新和人才培养。同时，鼓励和支持气象领域的创新实践，为优秀人才提供良好的发展平台。

7）信息公开原则

根据《中华人民共和国政府信息公开条例》的规定，行政机关应当及时、准确地公开政府信息，其中突发公共事件的应急预案、预警信息及应对情况是信息公开的重要内容。气象预报和预警作为公共事件的预警信息，必须第一时间准确发布，以减少天气灾害带来的损失。公共气象管理的主要职责之一是将应当公开的气象信息及时公布于众，让人们做好防范气象灾害的准备。为了确保公众能够及时获取气象信息并做好防范准备, 气象主管部门需要积极拓展气象信息发布渠道。气象主管机构应引导有关媒体、网络和通信运行企业积极配合, 通过多种形式及时发布气象灾害预报警报信息。这些形式包括但不限于气象警报、广播、电视、报刊、互联网、手机短信息等, 以扩大气象信息的公众覆盖面。此外, 建立畅通的气象信息服务渠道和提高公共气象服务的时效性也是气象主管机构的重点工作。通过加强与各方的合作与协调, 确保气象信息能够及时、准确地传递给公众, 为预防和应对气象灾害提供有力支持。

8) 开放合作原则

在推进气象事业发展中, 处理好开放和自主的关系至关重要。要深化气象开放合作, 以更加开放的姿态融入国内国际双循环, 联合国内外优势资源, 共同推进气象全球监测、全球预报、全球服务。通过与世界气象组织 (WMO) 等国际组织以及各国气象部门的合作, 我们可以共享全球气象观测数据和预报技术, 提高我国在全球气候监测和预报领域的地位。深化国内合作也是推进气象事业发展的关键。国内各地区、各部门可以相互借鉴、共同提升。此外, 还应加强与高校、科研机构等的合作, 推动气象科技创新, 提高我国气象事业的自主创新能力。在开放合作中, 应该在吸收国际先进经验和技术的同时, 注重自主研发和科技创新, 掌握核心技术的自主知识产权。

1.2 公共气象管理发展沿革

1.2.1 公共气象管理的产生和发展过程

气象是指大气中的各种物理和化学现象, 包括风、云、雨、雪、霜、露、虹、晕、闪电、打雷等。我国是世界上最早对气象进行观测和记录的国家之一, 也是最早设立国家气象机构来观测、记载、服务、管理气象的国家。早在六七千年前, 人们就已经根据气候特点来种植农作物, 利用气候环境来建筑房屋, 并利用气象资源进行养蚕缫丝等农业活动。然而, 由于古代科技水平有限, 人们对各种自然天象和现象的了解并不深入, 因此在自然科学中, 天文和气象被归为一类, 观测时也常常作为一个整体进行。

中国自古以来就高度重视气象观测和管理, 在不同历史时期都设立了相应的气象机构。在夏代, 已经有了"羲和"这一官职, 负责"掌天地四时", 对气象进行观测和管理。商代则设立了巫、多卜、占、作册等文化官职, 其中巫负责占卜天象和气象, 多卜和占则专门负责占卜天象和气象, 作册则是史记官, 记录气象信息。周代则有大宗伯门下的一些官属, 主要负责观测天象, 包括祝年、祈年、顺丰年、逆时雨、宁风旱、舞雩等事项。到了汉代, 太史令成为专门负责天文气象的官员, 并建立了观测天文和云气光象的"灵台"。隋代设立了太史曹, 唐代设立了太史局, 宋代也沿袭了这一机构设置。元代则设立了司天台，明代改为司天监，后改名为钦天监。清代继续沿用钦天监这一机构，并在公元 1743 年（乾隆八年）开始运用近代气象仪器进行气象观测。设立的国家气象机构主要职责是掌察天文气象，定历数、占候、推步之事，凡日月星辰、风云气色均在观测之中。古代气象机构基本为国家所设，私自筹设被视为有政治意图，因此是被明令禁止的。但在晚清以后，由于国政衰败，外国人和中国私人开始设立气象站点，这些私人气象站点对中国气象事业的发展起到了一定的推动作用。民国时期，1912 年 11 月设立了中央观象台，隶属于北洋政府教育部。此后逐步在各地建立了全国性的气象观测网络。1930 年开始正式发布天气预报和台风警报。1941 年成立中央气象局，隶属于行政院，统理全国气象行政工作。

　　在中华人民共和国成立后，中央军委气象局于 1949 年 12 月成立。1953 年 8 月，进行了体制转建，并建立了中央气象局。在随后的国务院机构改革中，中央气象主管机构经历了三次更名和六次建制变动。在 1982 年的国务院机构改革中，中央气象局正式更名为国家气象局，成为国务院直属机构。然而，到了 1993 年，国务院决定将国家气象局更名为中国气象局，并明确其为国务院直属事业单位。中国气象局经国务院授权，承担全国气象工作的政府行政管理职能，负责全国气象工作的组织管理（薛恒等，2011）。

1.2.2　公共气象管理学的产生背景

　　全球气候变化导致冰川消融、海平面上升、极端天气和气候事件频发、粮食减产、物种灭绝等，对人类赖以生存的生态环境，进而对生产生活造成了深远的影响，已然成为全球共同关注的重大问题。

　　我国光、热、水、风气候资源丰富多样，但我国人口基数大，工业化和城市化进程快速推进，经济迅猛发展，生态环境相对脆弱，天气和气候灾害频发，进而使我国成为最易受气候变化影响的国家之一。因此，我国在应对气候变化方面面临严峻的形势和艰巨的任务。作为负责任的大国，中国在应对气候变化问题上一直展现出坚定的决心和担当。气候变化不仅关乎人类共同命运，也与经济社会发展全局和人民群众的切身利益息息相关。为了有效应对这些问题，跨学科交叉研究变得至关重要，涉及政治学、经济学、国际法学、公共管理学、哲学伦理学等多个学科领域。自 20 世纪 90 年代以来，国际社会已经制定了一系列协议和公约，如《联合国气候变化框架公约》《京都议定书》《巴黎协定》等，我国政府也制定了《中国应对气候变化国家方案》。这些都表明，应对气候变化问题不仅仅是一个自然科学问题，也是法学、政治学、经济学、管理学、哲学伦理学等社会科学的重要议题。

　　气象学作为自然科学的一部分，主要关注天气现象和气候变化的规律。天气预报则是公共气象管理中的一项技术应用，旨在为公众提供准确的天气信息。然而，现代气象灾害的复杂性和气候变化的深远影响，已经远超出了单纯的技术范畴。由于气象灾害常常引发一系列政治、社会、经济、文化、生态和环境问题，因此，应对这些问题的策略和方法需要运用系统性的治理理论和方法。这意味着气象技术不再是独立存在，而是成为公共气象管理的一部分，是管理内容中不可或缺的环节。与此同时，仅仅局限于技术层面的研究和管理已不能满足当前的需求。与气象相关的政策制定、体制建设、组织协调等都需要通过运用公共气象管理的理论和实践来深入探讨。这要求我们运用公共管理的理念、方法和工具，以提升气象服务的水平和能力。更重要的是，我们需要进一步理顺气象部门的专业管理与气象服务之间的关系，优化公共气象服务的运行机制和保障机制。只有这样，我们才能更好地应对日益复杂的气象灾害和气候变化问题，为社会的可持续发展提供坚实的保障。

1.2.3　当前公共气象管理学科的发展阶段

1. 适应新文科人才培养导向

2019 年 4 月，教育部、中央政法委、科技部等 13 个部门在天津联合召开"六卓越一拔尖"计划 2.0 启动大会，全面推进新工科、新医科、新农科、新文科建设，旨在切实提高高校服务经济社会发展能力。同时，将 2019 年定为新文科建设启动年，新文科建设因此而成为当下高等教育发展中需要认真思考与探索的问题。新文科建设具有鲜明的综合性、跨学科、融合性特征，要坚持学科交叉和融合发展，在学科边界上形成与拓展新的知识领域，促进学科的领域拓展、知识更新和技术升级。

气象事业不仅是科技型事业，而且还是公益型、社会型事业。作为有效组织气象科学技术，进而提供公众需要和满意的气象服务产品的气象管理人员，不仅需要厚实严谨的气象科学与技术作为基础，同时，也需要公共管理知识与管理技术作为支撑，以便从事必要的组织、协调、决策、管理等工作，将气象科学技术的理论知识切实转化为服务大众的现实生产力，以优质高效的公共气象管理与服务来满足政府与社会对公共气象的实际需求。因此，需要将管理与大气科学相融合有效推动公共管理学科与自然及人文社会科学的有机融通，帮助学生掌握公共管理的基本规律，实现管理与气象在大学教育中紧密结合，通过讲解气象行业领域中公共管理的问题及其解决之道，让公共管理学科的抽象理论具象化、空心理论实心化，以行业公共管理的学习促进学生整体公共管理能力的提升以及公共责任的养成，使未来的毕业生既拥有现代气象业务知识，又通晓现代公共管理的基本规律与技术要求，成为新一代气象行业复合型管理人才。

2. 回应我国气象行业实践

当前，我国正在积极推动气象事业的高质量发展，并致力于建设气象强国。这一关键时期要求我们更好地将气象事业融入国家重大战略和经济社会发展的全局之中。为实现这一目标，就需要瞄准国家重大工程布局，紧密对接发展、服务和应急需求。这不仅涉及提升气象服务经济社会的整体能力，还要求深化对低碳生活与绿色发展、气候与国家安全、气象灾害以及气象服务与经济发展等新课题的研究。这些新的挑战和机遇无疑对公共气象管理提出了更高的要求。因此，国家需要培养更多具备高素质的气象管理人才，以满足日益增长的需求。这不仅要求气象管理人才具备扎实的气象科学与技术基础，还需要掌握公共管理知识和管理技术，能够有效地将气象科学技术的理论知识转化为服务大众的现实生产力。

随着中国气象事业的快速发展和服务能力提升，气象服务的对象不再仅限于国防、经济、安全等传统领域，而是与社会生活的方方面面都息息相关。基于气象风险与灾害管理、气象经济学、气象公共服务、气象行政管理、气象城市管理、气象公共政策、气象发展战略、气象信息管理、气象科技管理、气候治理与低碳发展、气象社会保障、气象法治等，公共气象管理以气象行业为核心，与环保、海洋、水利、航空、能源、交通、地质、应急、城市建设与管理等多领域政府及社会力量，采取多种机制与形式，共同解决气象公共问题，处理气象公共事务，满足社会公共需求，不断实现和增进公共利益。气象部门的管理人才需要既懂气象，又懂管理，才能满足我国气象、环保、应急管理、城市建设等行业的气象管理人才巨大需求。

1.3 公共气象管理学科体系、价值和意义

1.3.1 公共气象管理学科体系

随着气候变化和环境风险的迅速演变，一系列新兴的管理技术、理念和模式已经对传统的公共气象管理理论内容与知识体系产生了显著的影响。当前，公共管理领域的发展极为迅速，风险管理、气象服务创新、信息科技应用以及数据治理等新元素对公共气象管理产生了不可忽视的影响。这些新兴理念与内容应当被纳入公共气象管理的新领域中，使这一学科体系能够根据新时代的特征和新的发展阶段进行理论内容与知识体系的更新。

适应气象事业新发展需求，为气象行业培养时代新人，是公共气象管理学科所肩负的重要使命。公共气象管理学是一门从理论上总结公共气象管理的经验，研究公共气象管理中的基本问题，探索公共气象管理的有效范式和方法的学问。公共气象管理学是适应我国公共气象管理在气象工作中日益重要的形势而产生的。公共气象管理学研究的主要内容如下。

（1）公共气象管理的含义、对象和特点的研究，包括公共气象管理的法定主体、内部管理和外部管理的管理对象和内容、管理的行业特点等；

（2）公共气象管理的职能及职权研究，包括公共气象管理的组织及其结构、公共气象管理的职能和权力、公共气象的国家和地方双重领导体制；

（3）公共气象管理和服务的规范，特别是以《气象法》为核心的法律、法规、规章等规范体系和制度建设；

（4）公共气象管理具体方面，包括公共气象事业的战略管理、公共气象部门的人力资源管理、公共气象部门的绩效管理；

（5）公共气象信息管理问题的研究，包括公共气象信息化、信息服务、信息安全；

（6）公共气象科技管理问题的研究，包括公共气象科技创新和气象科技成果的周期化管理；

（7）公共气象灾害的应急管理，特别是应对气象灾害的相关政策、机制和体制等方面建设问题；

（8）公共气象服务问题的研究，特别是公益性服务和市场化服务若干政策问题的研究及两者关系；

（9）公共气象科普的主体、内容、实践路径，特别是公共气象科普的核心、实践模式、实践机制；

（10）公共气象管理与全球气候治理的研究，主要是为气候变化背景下政府部门制定环境保护、产业发展、危机合作等方针和政策提供理论和实践支撑。

本书涵盖公共气象管理的诸多方面。公共气象管理学的基本知识、理论和内容是学习中应该理解和掌握的。从公共气象管理的现实要求和发展方向看，如果准备在这一领域继续学习和探讨，那么，值得深入学习和研究的至少包括：①公共气象组织和职能的变革与发展研究；②公共气象管理的政策和法规研究；③公共气象服务供给的体制和机制研究；④公共气象部门的战略管理研究；⑤公共气象部门的人力资源开发与培养研究；⑥公共气象部门的绩效评估与提升研究；⑦公共气象信息化和信息服务发展研究；⑧公共气象科技创新和科技成果的管理机制；⑨气象灾害的应急机制与危机管理研究；⑩应对气候变化的政治博弈和政策框架研究。

1.3.2　公共气象管理的学科价值

要推进公共气象事业的现代化发展，建设具有世界先进水平的气象现代化体系，使其更好地为国民经济和社会发展服务，需要从两个方面着手：一是强化和改进物质基础与科技创新；二是加强制度和管理的建设。在物质基础方面，观测基础的进一步强化和预报预测水平的提高是必不可少的"硬件"基础。这包括但不限于引进更先进的观测设备、提高数据处理和分析能力，以及持续研发和创新预报预测技术。在科技创新方面，建立气象灾害预警应急体系、健全气象法规与标准体系、加强统筹规划与管理、加快建立气象科技创新体制以及促进气象人才队伍建设等是至关重要的"软件"基础。此外，由于我国气象部门既是事业单位，又具有行政管理性质，因此研究公共气象管理问题和规律显得尤为重要。只有在物质和科技、管理和规制两个方面同时取得进步，才能确保公共气象事业的持续发展。

管理是各类组织活动中不可或缺的一环，尤其在公共气象工作中，管理的作用显得尤为重要。公共气象管理主要依托公共管理的理论、知识和方法，结合气象工作的实际需求，制定决策、建章立制、指挥协调，旨在更好地服务于国家、社会和公众。其涵盖内容广泛，包括体制和规范的改革与创新、职能工作的优化、组织结构的调整、应对突发气象灾害的措施、气象信息服务的管理制度、气象科技创新及科技成果转化、人力资源的开发和绩效评估，以及廉政作风建设和气象科普的推广等。公共气象管理在提升气象事业发展方面起到了关键作用。它不仅是推进气象工作法制、体制和机制建设的主要驱动力，也是提升气象事业对经济社会发展、国家安全和可持续发展支撑能力的重要因素。2022年的全国气象工作会议特别强调，要全方位服务保障生命安全、生产发展、生活富裕和生态良好，这显示出公众、社会和国家对气象服务的需求日益增长，服务水平的要求也更为严格。加强公共气象管理是满足公众、社会和国家不断增长的气象服务需求的必要途径，特别是在满足经济社会可持续发展、国家安全和环境保护等方面的需求。当前，气象部门作为政府的重要服务领域和窗口部门，引入现代公共管理的理念、手段和方法，对于提升气象服务和构建服务型政府具有深远的意义。

1.3.3 公共气象管理的学科意义

公共气象管理，作为一个跨学科的领域，既是大气科学、环境科学及其专业的交汇点，又触及公共管理、经济与社会发展战略等核心议题。随着科技的不断进步，气象对人类活动的干预并未减少，反而呈现出日益增长的态势。这使得加强公共气象管理的需求变得尤为迫切。为了满足这一现实需求，不仅需要从技术的角度去深化对气象的研究，更需要从人文社会科学的角度去理解和应对气象带来的挑战。例如，如何制定和实施有效的气象政策？如何将气象信息转化为有价值的社会资源？如何在气象灾害面前更好地保护公众安全？这些都是公共气象管理中的关键问题，也是人文社会科学研究的重点领域。尤其在我国当前深化改革的背景下，公共气象管理学的意义更为突出。随着政府职能的转变和公共服务体系的完善，公共气象管理的角色将更加重要。学习和研究公共气象管理学不仅有助于我们更好地理解和应对气象问题，更可以为我国的公共气象事业提供理论和实践的指导，推动其向更高、更远的目标发展。因此，学习和研究公共气象管理学对于我们更好地应对气候变化、保障公共安全、促进社会可持续发展具有重要的意义。

（1）有助于推动公共气象管理的科学化、民主化和法治化的进程。在全球化、信息化的大背景下，推进公共气象管理的科学化、民主化和法治化进程，不仅有助于提升气象服务的质量和效率，更是顺应了社会发展和行政管理体制改革的大势所趋。推进公共气象管理的科学化、民主化和法治化进程是一项系统工程，需要政府、学术界、企事业单位和社会公众的共同努力。通过加强合作、深化研究和实践探索，推动实现公共气象管理的现代化转型，更好地服务于经济社会的可持续发展。

（2）有助于促进气象事业的协调与发展。气象事业是一个综合性、系统性强的领域，其发展并不仅仅局限于某一特定方面，而是需要全面、均衡地推进。公共气象管理在此过程中扮演着至关重要的角色，为气象事业的全面发展提供了坚实的支撑。在气象行政管理方式的改革与创新方面，科学的公共气象管理发挥着关键作用。它为政策制定者提供了有力的理论依据和实践指导，确保改革措施的合理性和可行性。通过推行气象管理机构政务公开，加强基层台站建设，我们可以进一步提升气象服务的品质和覆盖范围，更好地满足社会公众的需求。此外，公共气象管理的法治化、科学化程度对于气象事业的全面发展水平具有显著的影响。一个健全的法治体系和科学的管理机制，能够确保气象事业在各个层面得到均衡发展，从而实现整体效益的最大化。

（3）有助于把握市场与政府在资源配置过程中的适当平衡。公共气象管理在把握市场与政府在资源配置过程中的适当平衡方面发挥着重要作用。由于公共气象服务具有强烈的公益性，因此，合理的管理策略对于优化资源配置至关重要。通过强化公共气象管理，我们可以更好地发挥市场在资源配置中的效率和气象部门的公共管理者作用。市场机制和政府机制各自具有独特优势，只有实现两者的有机协调与配合，才能避免"市场失灵"和"政府失灵"的问题。因此，加强公共气象管理有助于更好地发挥市场在资源配置中的作用，提高气象服务的效率和质量。

（4）有助于提高公共气象管理人员的管理素质和管理能力。我国要实现现代化，必须造就一支高素质的公共气象管理人员队伍。这是因为：首先，公共气象管理是一个涉及广泛的气象工作领域，包括众多行业和高度复杂的系统，因此对管理人员的专业知识和能力提出了更高的要求；其次，随着社会对气象服务的需求不断提高，管理人员需要具备创新能力，能够不断探索、适应新的管理模式和手段，以满足公众的需求；最后，公共气象管理手段的创新需要依赖多学科知识，管理人员需要具备多元化的知识结构。单纯依赖某一专业技术领域的知识已难以满足公共气象管理发展的要求。这些挑战需要更加重视公共气象管理学的学习和研究，不断改善管理人员的知识结构，提高其管理能力和水平。通过加强公共气象管理学的实践和研究，培养一支高素质、具备专业管理能力的公共气象管理人员队伍，为我国的气象事业发展提供有力的人才保障。

复　习　题

1. 何谓公共气象管理？
2. 如何理解公共气象管理的特性？
3. 公共气象管理的对象和任务是什么？

4. 公共气象管理应坚持哪些基本原则?

5. 如何看待公共气象管理的重要性?

主要参考文献

秦大河, 孙鸿烈. 2004. 中国气象事业发展战略研究·总论卷. 北京: 气象出版社.

世界银行. 1997. 1997 年世界发展报告: 变革世界中的政府. 北京: 中国财政经济出版社.

斯蒂格利茨 J E. 1997. 经济学(上). 姚开建, 等译. 北京: 中国人民大学出版社.

薛恒, 等. 2011. 公共气象管理学基础. 北京: 气象出版社.

中国气象局. 2021. 中国气象年鉴. 北京: 气象出版社.

第 2 章　公共气象管理组织与职能

中国气象局以及地方气象部门是公共气象管理的核心主体，开展气象工作、发展气象事业过程中所遇到的各种常规性、突发性事件都在直接或间接地检验或挑战着气象部门的管理效能。公共气象管理组织能否以及在多大程度上对促进气象事业的健康发展实施有效的宏观指导调控，促使气象工作及时、正确和具有前瞻性地回应社会需求，是公共气象管理职能效率和效能的体现。在当代，我国经济和社会发展处于关键时期，国家安全、经济建设、社会发展以及人们生活水平的提高都对气象工作提出更高、更旺盛的需求，公共气象管理组织的职能范围及其变化以及履行职能的方式等问题在政府职能转型的大背景下已引起广泛关注。公共气象管理组织在推进气象事业的发展、促使气象工作为民服务过程中应当如何发挥其应有作用，扮演好其角色，这不仅是一个理论问题，更是一个实践问题。

导入案例

防雷行政审批改革

国务院印发《国务院关于第一批取消 62 项中央指定地方实施行政审批事项的决定》（国发〔2015〕57 号，以下简称国发 57 号文件）和《国务院关于第一批清理规范 89 项国务院部门行政审批中介服务事项的决定》（国发〔2015〕58 号，以下简称国发 58 号文件），取消了"其他部门新建、撤销气象台站审批"、"防雷工程专业设计、施工资质年检"和"施放气球资质证年检" 3 项中央指定地方实施行政审批事项，并对"绘制新建、扩建、改建建筑工程与气象探测设施或观测场布局图""建设项目雷电灾害风险评估""防雷产品测试""防雷装置设计技术评价" 4 项行政审批中介服务事项进行了清理规范。

为全面贯彻落实国务院决定，切实做好取消中央指定地方实施行政审批事项和清理规范行政审批中介服务事项的衔接和落实工作，确保气象行政审批制度改革和防雷减灾体制改革有序推进，2015 年 10 月 16 日，中国气象局发布《中国气象局关于认真落实国务院第一批取消中央指定地方实施行政审批事项和清理规范第一批行政审批中介服务事项有关要求的通知》，通知要求：

一、认真落实国务院决定，切实做好行政审批工作

各省（区、市）气象局要认真落实国发 57 号文件要求，自国务院决定发布之日起，不得再继续开展"其他部门新建、撤销气象台站审批""防雷工程专业设计、

施工资质年检""施放气球资质证年检"3项行政审批工作，也不得将已取消的3项行政审批事项通过印发文件等形式指定交由协会、学会和事业单位继续审批，已经指定的要予以纠正，收回相关文件，停止审批。

认真落实国发58号文件要求，自国务院决定发布之日起，在开展行政审批时，不再将已清理规范的中介服务事项作为受理条件。在开展新建、扩建、改建建设工程避免危害气象探测环境行政审批时，不再要求申请人提供建筑工程与气象探测设施或观测场布局图；在开展防雷装置设计审核行政审批时，不再要求申请人提供雷电灾害风险评估报告；在开展防雷装置竣工验收行政审批时，不再要求申请人提供防雷产品测试报告；在开展防雷装置设计审核行政审批时，不再要求申请人提供防雷装置设计技术评价报告，改由审批部门委托有关机构开展防雷装置设计技术评价。

二、清理完善相关法规制度，不断强化改革的法治保障

要按照国发57号和国发58号文件要求，抓紧修订《施放气球管理办法》（中国气象局令第9号）、《气象行业管理若干规定》（中国气象局令第12号）、《防雷装置设计审核和竣工验收规定》（中国气象局令第21号）、《防雷减灾管理办法（修订）》（中国气象局令第24号）、《防雷工程专业资质管理办法（修订）》（中国气象局令第25号）5部部门规章，修改《中国气象局办公室关于做好新建扩建改建建设工程避免危害国家基准气候站基本气象站气象探测环境审批下放后续工作的通知》（气办函〔2014〕344号）、《气象局关于印发国家级地面气象观测站迁建撤暂行规定的通知》（气发〔2012〕93号）。要按照简政放权、放管结合、优化服务的总体部署，进一步清理和完善相关法规、制度和标准，为各项改革提供法治保障。

各省（区、市）气象局要积极配合地方人大、政府做好相关的地方性法规、政府规章及规范性文件的清理、修订和废止工作，并做好本部门相关规范性文件的清理、修订及废止工作。按照中国气象局统一部署，加快配套改革和相关制度建设，不断提高依法履职的科学化、规范化水平。

三、加强事中事后监管，继续做好取消行政审批事项后的相关工作

按照国发57号文件要求，"其他部门新建、撤销气象台站审批"取消后，各省（区、市）气象局应当定期进行气象台站情况的备案统计，加大对气象标准执行情况的监督检查力度，加强气象资料汇交管理和共享。"防雷工程专业设计、施工资质年检""施放气球资质证年检"取消后，对资质的管理实行年度报告制度，各省（区、市）气象局应当对年度报告内容进行抽查并公示抽查结果。

四、创新管理方式，全力做好清理规范中介服务工作

按照国发58号文件要求，切实转变观念、大胆实践，创新管理方式，优化工作流程，强化标准制度建设，加强事中事后监管，确保清理规范行政审批中介服

务工作取得实效。

"绘制新建、扩建、改建建筑工程与气象探测设施或观测场布局图"中介服务事项清理规范后，中国气象局将进一步完善相关配套标准和事中事后监管措施。各省（区、市）气象局要按照中国气象局统一部署，严格执行相关标准，按要求组织开展现场测量或现场核查。

"建设项目雷电灾害风险评估"中介服务事项清理规范后，中国气象局将加快推进配套标准规范的制修订，完善相关政策，强化事中事后监管。各省（区、市）气象局要结合本地实际，组织开展区域性雷电灾害风险评估或雷电灾害风险区划工作，为政府组织雷电灾害防御提供参考；按照法律法规规定，组织进行大型建设工程、重点工程、爆炸和火灾危险环境、人员密集场所等项目的雷电灾害风险评估，项目建设单位自主选择评估服务机构。

"防雷产品测试"中介服务事项清理规范后，中国气象局将加快制定完善相关配套制度和标准，健全监管工作流程，组织开展防雷产品质量的定期或不定期抽检，并及时公示检查结果。各省（区、市）气象局要按照中国气象局要求，加强防雷产品使用的监督检查。

"防雷装置设计技术评价"中介服务事项转为受理后的技术性服务后，各省（区、市）气象局要结合各地行政审批管理的实际情况和有关要求，指导审批部门通过委托有关机构或联审联批等方式，对施工图纸的防雷设计方案进行审查，并出具技术评价结论。

五、完善审批程序与监督机制，切实规范行政审批行为

加强对各省（区、市）气象局行政审批工作的指导，做到上下衔接、统筹协调。继续推进气象行政审批网上平台建设，积极推行网上行政审批和一个窗口办理工作，切实提高行政审批效率和服务水平。进一步完善行政审批服务指南和审查工作细则，全面公开行政审批信息，简化审批条件，优化审批流程，提高审批时效。建立健全行政审批监督机制，对落实不到位的要坚决予以纠正，造成严重后果的，追究相关人员责任。

六、加强组织领导和宣传引导，营造良好改革氛围

各级气象部门要高度重视，加强组织领导，明确责任，狠抓落实，确保国发 57 号和国发 58 号文件的全面贯彻执行。要加强宣传引导和信息公开，通过部门网站、公开栏、行政服务中心窗口等多种渠道，及时公开行政审批信息，让行政相对人、社会公众充分知晓，接受社会监督，形成有利于深化改革的良好氛围。

资料来源:《中国气象局关于认真落实国务院第一批取消中央指定地方实施行政审批事项和清理规范第一批行政审批中介服务事项有关要求的通知》

2.1　公共气象管理组织含义及其类型

2.1.1　公共气象管理组织含义

狭义而言，公共气象管理组织[①]主要是指公共气象事业及气象行业的主管机构即中国气象局、地方各级气象局及其内设部门，广义而言，公共气象管理组织还包括为气象事业和行业发展提供专业决策咨询的相关组织，如科研院所和专业学会等。从组织学理论而言，公共气象主管机构是一种复合型的社会组织，它通常指为行使公共气象行政管理职能，提供公共气象产品和服务，通过权责分配、结构设计、人员安排、资源整合所构成的完整体系。这一含义体现出三个方面的内容：第一，公共气象管理组织所承担的任务具有双重性特点，既具有行政管理的职能，还有一般公益部门的职能；第二，公共气象管理组织是一个有机的整体，即它通过权责分配、结构设计、人员安排而形成了具有相对明确界限的实体；第三，公共气象管理组织不是一个封闭的体系，而是通过与内外部环境的不断交流、适应而进行资源再整合的开放系统。

2.1.2　公共气象管理组织类型

一般而言，组织结构以其工作性质和作用为标准，可划分为中枢组织、职能组织、辅助组织、幕僚组织和派出组织。公共气象管理组织也可划分为以上五种类型。

1）中枢组织

中枢组织又称为首脑组织，主要指中央和地方各级气象主管机构中的党组和局领导集体。中国气象局党组和局领导集体的主要职责权限是负责贯彻执行党的路线、方针、政策；制定气象事业的发展战略以及相关政策法规；制定气象事业中长期发展规划；进行全国性气象事业布局和重大气象服务决策；气象部门重要干部的选配；气象部门重要建设项目和重要装备的审批、立项及调整；重大项目经费的审批；提出年度工作目标和任务并组织贯彻落实；重要的人事褒奖和资格推荐等。中国气象局的中枢机构主要承担全国气象工作的政府行政管理职能，负责全国气象工作的组织管理。地方各级气象部门的党组、局领导集体在地方气象局和地方政府的领导下，按照全国气象事业发展的规划和计划，根据地方发展的实际情况和需求，负责领导

---

① 从组织理论来看，组织分为正式组织与非正式组织。非正式组织由美国学者巴纳德最先提出，之后罗茨伯格、迪克森等人进一步对这一概念进行了完善。一般可概括为：正式组织内的若干成员由于生活接触、感情交流、情趣相近、利害一致，未经人为的设计而产生的交互行为和共同意识，并由此形成自然的人际关系。这种关系既无法定地位，也缺乏固定形式和特定目的，对正式组织的目标达成会发生促进、限制或阻碍的作用。关于非正式组织的详细介绍，请参阅巴纳德：《经理人员的职能》。由于本教材主要目的在于介绍当前公共气象管理组织的法定设计结构，因此重点在于正式组织结构的论述。当然，在实践中也要考虑到公共气象管理组织内部的非正式组织及其结构对正式组织及其结构的影响。

地方气象事业发展的各项工作。

中国气象局和地方各级气象局的党组和局领导集体主要的活动载体有党组会议、局长办公会、局务会、局领导协调会等。在这些会议上，领导集体按照民主集中制原则对自己管理权限范围内的气象工作进行全面管理。

2）职能组织

职能组织是在中枢组织机构的直接领导下，具体分管和执行专业性任务的组织。在国家和地方气象主管机构中负责应急减灾与公共服务、预报与网络、综合观测、科技与气候变化、政策法规、国际合作等方面工作的司局或处室均属于该类组织，它们根据中枢指挥和决策机构的要求和指令，按照法定的职能，在各自领域执行相应的工作任务，履行相应的职责（表 2-1）。

表 2-1　中国气象局部分职能部门及其职责

机构名称	主要职责
应急减灾与公共服务司	组织拟订和实施气象灾害防御规划，代表中国气象局参与政府气象防灾减灾决策；组织气象灾害防御及应急管理工作；负责突发公共事件气象保障工作；承担国家突发公共事件预警信息发布系统的管理工作；组织实施党中央、国务院及有关部门的重大气象服务，为国家重大社会活动提供气象保障服务；组织对各行各业的专业气象服务及国家重点工程、重大区域经济开发项目、城乡建设的气象服务；组织服务效益和满意度评估；拟订并实施农业气象、专业气象发展规划；管理人工影响天气工作
预报与网络司	拟订天气预报、气候预测业务发展规划；统一规划全国陆地及海上气象信息网络的发展和布局；管理全国陆地及海上气象情报预报警报、气候影响评价、短期气候预测以及空间天气监测预警的发布；组织对重大灾害性天气跨地区、跨部门的气象联防；组织指导气候资源的开发利用和保护；管理并审查大气环境影响评价、气候可行性论证工作；规划、管理数值预报业务，负责入网后的气象资料管理及开发应用工作
综合观测司	统一规划全国陆地及海上气象观测、气象台站网、气象基础设施和大型气象技术装备的发展和布局；审定气象信息采集、加工的技术标准、规范和质量评价办法并监督实施；组织气象技术装备保障和质量监督、气象计量监督；负责气象仪器装备研究开发的管理工作；负责无线电频率管理
科技与气候变化司	拟订气象科技发展规划；组织指导气象部门的科技体制改革、组织气象领域重大科技攻关和成果的推广应用；协调气象科技开发、技术合作和技术推广；组织气候变化科学相关工作；组织宣传、普及气象科学知识；承担气象科研院所的管理工作
政策法规司	拟订气象法律、法规草案和规章并监督检查，承担有关行政复议工作；研究拟订气象工作的方针政策；对气象事业改革发展的重大问题进行调查研究、提出方案并组织实施；指导气象行政执法体系建设和气象法治教育宣传；组织协调气象行业管理工作；承担气象行业标准化工作；负责气象科技服务政策的研究、指导、咨询；负责气象社会管理工作
国际合作司	承办气象外事工作，组织并管理与世界气象组织及其他国际、国家气象机构的合作与交流；承办涉及香港、澳门特别行政区及台湾地区的有关气象事务

就整个气象组织系统而言，由中国气象局直接领导的专业性事业单位，也承担着独特的职能，如国家气象中心（中央气象台）、国家卫星气象中心（国家空间天气监测预警中心）、国家气候中心、国家气象信息中心、中国气象局气象探测中心、中国气象局公共气象服务中心等。这些职能组织根据中国气象局关于国家气象发展的

规划和要求，主要从专业技术角度完成相应的目标任务。不过，这些单位属于事业性质，基本上不承担气象行政管理工作。

3）辅助组织

辅助组织是在组织内承担着辅助性业务工作的组织，主要起协调组织运作的功能，目的是使中枢组织和职能组织顺利有效地进行管理和执行活动。从行政组织标准来看，国家和地方气象局办公厅（室）、人事、财务、监察、审计等部门主要起协调和执行专业事务的职能，均可视之为辅助组织。从整个气象组织系统来看，凡是在部门中有助于中枢组织和职能组织任务完成的其他组织均可纳入辅助组织行列，如中国气象局培训中心、中国气象局机关服务中心等。

4）幕僚组织

幕僚组织又称为咨询组织或参谋组织，是指专门为政府出谋划策和对政策方案提供论证的组织，其通常由具有权威的专家学者和富有相关实践经验的政府官员组成。在国外，这样的组织一般被称为"智力库""智囊团"。这类组织一般不直接参与管理和业务工作，具有较强的独立性。在公共气象管理组织中，这类组织主要集中在科研院所、专业学会及中国气象局的直属单位和直属事业单位等，如中国气象学会、中国气象科学研究院、中国科学院大气物理研究所、中国气象报社、气象出版社、南京信息工程大学等。

5）派出组织

派出组织是根据中枢组织或相关职能组织的要求，按法律规定和所辖地区授权委派，在所辖区域内设立的代表组织。一般来说，派出组织不构成一个单独的一级组织，其权力是委派组织的延伸，主要职能是执行委派组织在所辖区域的延伸性任务，并及时向委派组织汇报任务完成的具体情况。气象部门中所设的不作为一级法人组织的县（市）气象站就属于派出组织的范畴。

2.2 公共气象管理职能含义

气象事业是关系国民经济和社会发展的科技型、基础性、先导性社会公益事业。公共气象管理职能不仅反映一国气象事业的实质和发展方向，决定其管理的内容、方式以及组织机构设置等，而且与气象事业能否以及在多大程度上实现其为民服务的价值密切相关。公共气象管理职能的科学定位和合理划分将有助于发展气象事业，规范气象工作，充分发挥气象事业为经济建设、国防建设、社会发展和人民生活服务的功能。

从本质而言，公共气象管理职能是政府职能的重要组成部分。政府职能关乎一个国家的政府在经济、政治、社会等领域角色扮演的合法性和合理性，一个国家长治久安、蓬勃发展离不开良好的政府职能（张成福和马子博，2013）。有学者将政府职能界定为在一定时期内政府基于国家和社会发展的需要而承担起来的管理国家和社会公共事务方面的基本职责（张康之，2010）。因此，公共气象管理职能也即是公共气象管理的功能或作用，可以界定为是以气象部门为核心的公共组织，在一定时期内依据人民生活的气象需求、气象事业及国家经济社会的发展需要而确定的行为方向、基本任务和职责范围，它涉及公共气象管理组织管什么、管理程度及其作用如何等问题。对于公共气象管理职能的含义，可以从以下四个方面进行理解。

（1）公共气象管理职能有助于更好地满足国家安全、经济建设、社会发展以及人民生活对气象服务的需要。公共气象管理的对象是全国和地方气象事业，具体包括气象部门系统内部管理、公共气象事业管理、社会气象行业管理等，其履行管理职能的目的在于推进气象事业的发展，规范各项气象工作，使得气象工作能够更好地服务于经济社会的发展和人民的生产生活需要。

（2）公共气象管理职能的界定和行使以经济社会发展和人民生活的气象服务需求为前提。不同时期和不同领域对气象服务有着不同的需求，因此公共气象管理部门应基于对经济社会发展以及人民生活气象需求的正确分析判断基础上科学合理地界定管理的范围和边界，选择恰当的管理方式以便及时、有效、充分地满足各种各样的气象服务需求。简而言之，公共气象管理部门应当管什么、管到何种程度以及如何去管，都应当以国家经济社会发展和人民生活的气象服务需求为前提，以更好地促进气象工作服务于社会，为社会带来公共利益的最大化。

（3）公共气象管理职能具有动态性和多样性。不同性质的国家以及同一国家在不同历史阶段，其公共气象管理职能会有所差异，同一国家同一阶段其公共气象管理职能亦具有多样性。历史地看，公共气象管理职能是一个动态的演进过程。公共气象管理职能内容和范围源于国家和社会发展以及人们生活的需要，因此公共气象管理职能必定随着不同时期经济社会的发展而变化，必定随着人们对气象认识水平以及需求的变化而变化。具体表现如下：一是社会制度不同，则公共气象管理职能也有所差异，如不同国家在气象服务供给与管理方面存在很大差异，有些国家实现气象服务市场化，由企业供给气象服务，有些国家则由政府部门承担气象服务供给和管理职责；二是随着经济社会的发展以及人们对气象认识的深入，公共气象管理职能的重点会相应发生变化；三是科学技术的发展以及气象服务水平的提高会促进公共气象管理手段和方法的变革；四是整个社会所进行的政治、经济以及社会体制的变革必然促使公共气象管理职能发生变革。此外，公共气象管理职能具有多样性。从纵向而言，从中央到地方基层不同层级的气象部门，虽然均具有计划、组织、指挥、控制、沟通、协调以及监督等一般管理职能，但是其职能范围、重点均有所不同；从横向而言，政治、经济、社会各行各业对气象需求不同，公共气象管理职能内容和方式必然有所差异。

（4）公共气象管理职能与气象部门职责既有联系也存在一定区别。从概念可以看出，公共气象管理职能是气象部门在一定时期内确定的行为方向、基本任务和职责范围，其职能必然体现于气象部门的法定职责之中，是气象部门法定职责的总称。也就是说，从现有气象部门法定职责中可以了解公共气象管理职能内容。例如，气象部门的法定职责随着时间的变化会有所调整，其调整的目的是更好地履行职责、发挥作用，以完成一定时期内气象事业发展目标，因此，这些气象部门法定职责中就体现了气象管理的行为方向、基本任务和职责范围。当然，又不能把公共气象管理职能简单地等同于气象管理部门职责。一方面，不同层级气象部门的法定职责存在区别；另一方面，因地理区域、经济和社会发展水平等的不同，即使是同一层级气象部门，其部门职责也会有所差异。相比于具体的部门职责而言，公共气象管理职能更为宏观、更为抽象，更加强调从理论上界定公共气象管理组织应当管什么、怎么管和管到什么程度的问题。因此，不能简单地把现有气象部门的法定职责等同于公共气象管理职能，一方面，现有气象部门的工作职责不一定制定得完善，因主观认识或客观实践的复杂性，某一阶段拟定的部门工作职责不一定能全面体现该时期为实现气象事业发展目标所应当履行或承担的管理职能；另一方面，如果将公共气象管理职能等同于气象部门工作职责，则容易将公共气象管理的主体限定于气象部门即政府组织，忽视了社会组织以及其他公民等参与公共气象管理、共同推动公共气象事务管理的客观事实，不利于对公共气象管理的准确认识和理解。

2.3　公共气象管理职能的类型

康芒斯认为：分析将复杂的事物分解为关于行为的相似性，然后为每种相似性提供一个称谓，这个称谓应该是可以由经验观察所检验的科学规律（姚洋，2002）。借鉴这种方法，对公共气象管理职能按照行为的相似性进行分解，公共气象管理职能可分为不同的类型。

2.3.1　公共气象管理基本职能

任何管理职能都必须通过各个管理环节才能实现。法国管理学家亨利·法约尔认为："管理，就是实行计划、组织、指挥、协调和控制；计划，就是探索未来，制定行动计划；组织，就是建立企业的物质和社会的双重结构；指挥，就是使其人员发挥作用。协调，就是连接、联合、调和所有的活动及力量；控制，就是注意是否一切都按已制定的规章和下达的命令进行"（法约尔，1982）。从管理的一般过程看，公共气象管理在运行过程中也必然遵循一定的程序、方式和方法，反映出气象部门在管理公共气象事务和部门事务过程中所具有的一般性管理功能，体现出管理活动的共性。公共气象管理的基本职能包括计划职能、组织职能、领导职能和控制职能。

1. 计划职能

这是公共气象管理过程的首要职能。计划职能是气象部门为完成特定时期内的基本任务或实现某项特殊的使命而制定战略目标，以及分解战略目标、配备人财物、拟定战略思想和具体实施纲要及实施方法的职能。计划职能的要求是确定行政管理的目标任务及实现目标的具体程序、步骤和方法。计划职能在各项职能中具有重要地位，一方面计划是公共气象管理目标得以实现的重要保障，另一方面它是协调各方力量努力实现目标的重要纽带，此外计划也是公共气象管理相关政策法规执行的依据和进行管理控制的标准。从中央到地方各级气象部门在履行气象管理职责的过程中均有制定目标、开展规划等计划职能，而且气象部门层级越高，计划职能所占比重越重，要求越高。例如，中国气象局作为国务院气象主管机构，负责全国气象工作，组织编制气象部门的每个五年发展规划。"十四五"时期是我国由全面建成小康社会向基本实现社会主义现代化迈进的关键时期，也是开启气象现代化向更高水平迈进新征程的重要战略机遇期。中国气象局组织气象"十四五"规划编制工作，提出要紧紧围绕国家综合防灾减灾、构建生态文明体系、"一带一路"建设、创新驱动发展、乡村振兴等重大部署，以及"十四五"重要科学与技术趋势、重大改革和政策、重大工程和重大举措、区域协调发展、关键目标指标等方面，以推动气象事业高质量发展为主线，建设更高水平的气象现代化为目标，以实施一系列重大工程项目、重大政策和重大改革举措为抓手，全面谋划"十四五"期间的气象事业发展，全面研究事关气象事业发展的全局性、前瞻性、关键性重大问题，这就为"十四五"期间气象工作重点做了宏观规划和顶层设计。

2. 组织职能

组织职能是气象部门为有效实施已确定的计划，通过科学设计组织结构和权责关系，合理安排和指挥气象组织系统内各种机构及各类人员的工作，以形成一个有机的组织结构并使之协调运转的功能。组织职能的目的在于使权、职、责、利相统一，人、财、物可以得到最佳配置，促使各级气象部门及其人员进行合理分工与有效合作，以有效实现气象事业的战略计划。例如，为实现全面建设社会主义现代化国家提供一流的气象服务的目标，我国于 2008 年组建公共气象服务中心，主要负责国家级媒体气象服务和国家突发公共事件预警信息服务以及全国公共气象服务的业务技术指导等工作。此外，随着全球气候变化加剧，极端天气气候灾害呈多发重发趋势，突发公共事件风险日益加大，社会影响也越来越大，为提高灾害和突发公共事件信息发布的及时性和覆盖面，加强各种灾害的监测预测能力和水平，提升灾害应急能力，2015 年 2 月 26 日成立国家预警信息发布中心。国家预警信息发布中心挂靠在中国气象局公共气象服务中心，主要承担国家突发事件预警信息发布系统建设及运行维护管理，为相关部门发布预警信息提供渠道，以及开展预警信息科普与宣传等工作。

3. 领导职能

领导职能是指各级气象部门的领导机构或领导者所必须担负的指导、激励和协调下属机构和成员在气象工作中最大限度地发挥其主动性、创造性与团队精神，以实现气象部门既定目标的职能。中华人民共和国成立之后，我国气象部门在领导体制改革过程中经历了从"块块"管理（即除业务指导关系外，人财物等统一归地方管理）到"条条"领导（人财物主要由中央相关单位管理）再到"条块"结合（即气象部门与地方政府双重领导，以气象部门领导为主）的管理体制的变革。领导体制上的变革即是为了更好地激发下属机构及其成员开展气象工作、发展气象事业的积极性和创造性，以实现气象事业的战略目标。例如，在中国气象局党组领导下，风云气象卫星服务"一带一路"建设成效明显，2022 年，风云气象卫星国际用户防灾减灾应急保障机制响应国际应急保障服务请求 38 次，为亚洲、非洲、南美洲和大洋洲的 16 个国家提供了全球气象灾害应急响应服务；世界气象中心（北京）作为发展中国家唯一的世界气象中心，汇集了全球实况分析、全球数值预报预测、全球智能网格预报等 150 余种产品，并通过网站实时对外共享，国际用户遍布 120 个国家和地区，该中心同时不断提升定制化服务能力，如 2022 年升级"一带一路"沿线重要城市天气预报服务，为泰国、马来西亚、缅甸、巴基斯坦、吉尔吉斯斯坦等10 余个"一带一路"共建国家部署最新的气象信息综合分析处理系统第 4 版（Meteorology Information Comprehensive Analysis Process System 4，MICAPS4）国际版系统，为海外用户提供远程技术支持①。

4. 控制职能

控制职能是指通过信息反馈和绩效评估机制，比较气象工作效果与既定目标之间的差距，及时发现和纠正计划执行中的偏差，以确保既定目标得以实现的职能活动。例如，我国各级气象部门通过加强气象法律法规和规章制度建设，依法进行气象执法活动，严格气象执法监督，使气象工作的开展步入法治化轨道；通过构建气象标准体系，建立健全行业标准、企业标准和地方标准等规范气象活动，管理气象活动的社会和市场行为，科学地引导全社会用好气象资源，趋利避害，发挥气象为经济社会和人民生活生产服务的功能。

2.3.2 公共气象管理具体职能

在管理实践中，依据公共气象管理相关政策法规规定，公共气象管理有其特定的范围、对象和具体事务，以气象部门为核心的公共气象管理组织在管理气象活动过程中所需承担的职责和发挥的作用有其特殊性。根据管理过程中的具体作用与特

① 刘淑乔. 合奏"一带一路"气象强音 中国气象局与 WMO 推进区域气象合作和共建"一带一路"综述. 2023-04-12. https://www.cma.gov.cn/2011xwzx/2011xqxxw/2011xqxyw/202304/t20230412_5433121.html [2023-07-29].

点，公共气象管理的具体职能可分为行政管理职能、社会管理职能和公共服务职能三大类。

1. 行政管理职能

在我国，中国气象局于 1994 年由国务院直属机构改为国务院直属事业单位之后，经国务院授权，承担全国气象工作的政府行政管理职能，负责全国气象工作的组织管理。《气象法》第三条规定："县级以上人民政府应当加强对气象工作的领导和协调，将气象事业纳入中央和地方同级国民经济和社会发展计划及财政预算，以保障其充分发挥为社会公众、政府决策和经济发展服务的功能。"同时，对于因渎职而造成重大气象事故的将受到相应的行政处分或其他处罚。《气象法》第四十条规定："各级气象主管机构及其所属气象台站的工作人员由于玩忽职守，导致重大漏报、错报公众气象预报、灾害性天气警报，以及丢失或者毁坏原始气象探测资料、伪造气象资料等事故的，依法给予行政处分；致使国家利益和人民生命财产遭受重大损失，构成犯罪的，依法追究刑事责任。"具体而言，公共气象管理部门的行政管理职能包含以下几个方面。

（1）制定和颁发具有法律效力的气象部门规章、行政规范或相关政策。《气象法》规定气象主管机构具有以下权力：气象预报管理权力、防雷减灾管理权力、施放气球管理权力、人工影响天气管理权力、气象探测环境管理权力等。而行使这些权力的直接表现之一即是制定和颁布相关的部门规章或行政规范。例如，中国气象局颁布《气象灾害预警信号发布与传播办法》《气象专用技术装备使用许可管理办法》《涉外气象探测和资料管理办法》《防雷装置设计审核和竣工验收规定》《防雷工程专业资质管理办法》《升放气球管理办法》《防雷减灾管理办法》《气象探测环境和设施保护办法》《气象预报发布与传播管理办法》《气象行政处罚办法》《气象行政复议办法》《气象行政许可实施办法》《气象行业管理若干规定》《气象资料共享管理办法》《气候可行性论证管理办法》等部门规章，制定了诸多规范性文件。中国气象局和地方各级气象部门制定、颁发的这些部门规章主要依据上位法如《气象法》《人工影响天气管理条例》等订立，发挥着气象行政行为规范功能，这既是为了规范气象预报、防雷减灾、施放气球、人工影响天气、气象探测等气象活动、保护气象资源以及维护人们的权益而实施的具体行政管理行为，也是对气象管理部门有效实施行政管理职能的保障和监督。

（2）实施具有强制性的行政执法行为。《气象法》第三十五条至第三十九条明确规定气象主管机构可以按照权限对气象违法行为进行相应的处罚，包括责令停止违法行为、警告、罚款等。《气象法》第三十五条规定"违反本法规定，有下列行为之一的，由有关气象主管机构按照权限责令停止违法行为，限期恢复原状或者采取其他补救措施，可以并处五万元以下的罚款；造成损失的，依法承担赔偿责任；构成犯罪的，依法追究刑事责任：（一）侵占、损毁或者未经批准擅自移动气象设施的；

（二）在气象探测环境保护范围内从事危害气象探测环境活动的。"第三十六条规定"违反本法规定，使用不符合技术要求的气象专用技术装备，造成危害的，由有关气象主管机构按照权限责令改正，给予警告，可以并处五万元以下的罚款。"第三十七条规定"违反本法规定，安装不符合使用要求的雷电灾害防护装置的，由有关气象主管机构责令改正，给予警告。使用不符合使用要求的雷电灾害防护装置给他人造成损失的，依法承担赔偿责任。"第三十八条规定"违反本法规定，有下列行为之一的，由有关气象主管机构按照权限责令改正，给予警告，可以并处五万元以下的罚款：（一）非法向社会发布公众气象预报、灾害性天气警报的；（二）广播、电视、报纸、电信等媒体向社会传播公众气象预报、灾害性天气警报，不使用气象主管机构所属的气象台站提供的适时气象信息的；（三）从事大气环境影响评价的单位进行工程建设项目大气环境影响评价时，使用的气象资料不符合国家气象技术标准的。"第三十九条规定"违反本法规定，不具备省、自治区、直辖市气象主管机构规定的条件实施人工影响天气作业的，或者实施人工影响天气作业使用不符合国务院气象主管机构要求的技术标准的作业设备的，由有关气象主管机构按照权限责令改正，给予警告，可以并处十万元以下的罚款；给他人造成损失的，依法承担赔偿责任；构成犯罪的，依法追究刑事责任。"此外，《气象行政处罚办法》规定各级气象主管机构在法定职权范围内实施气象行政处罚，气象主管机构在必要时，可以在其法定职权范围内，以书面形式委托符合《中华人民共和国行政处罚法》第二十一条规定条件的组织实施气象行政处罚（第八条、第九条）；规定气象行政处罚一般由违法行为发生地的县级以上气象主管机构管辖（第十条）；规定各级气象主管机构对气象违法行为查证属实后，应当责令当事人停止违法行为，改正、限期拆除、恢复原状或者采取其他补救措施，并依法给予行政处罚（第六条）。《气象行政许可实施办法》规定气象行政许可由县级以上气象主管机构依照法定的权限、条件和程序在法定职权范围内实施。据不完全统计，2000～2003年，地方人大、政府与各级气象主管机构联合进行气象执法检查2500余次，立案查处违法案件3300余起，其中依法予以行政处罚的900余起（陈联寿等，2004），有效制止各种违反气象法律法规的违法行为。

（3）具有对气象行业及气象部门进行监督管理的权力。《气象行业管理若干规定》第十一条规定："国务院气象主管机构负责全国气象标准化工作的归口管理，统一组织制定、修订气象国家标准和行业标准、规范和规程。省、自治区、直辖市气象主管机构可以根据需要，组织有关部门制定、修订气象地方标准、规范和规程。"国务院以及地方各级气象主管机构对编制气象事业发展规划、重要气象设施建设项目、新建或迁移气象台站、开展临时气象观测、气象探测资料的汇交与共享、培训气象行业专业技术人员、发布公众气象预报和灾害性天气警报、气象台站执行气象标准及规范规程情况以及外国组织、个人和境外机构在中华人民共和国领域及其管辖的其他海域单独或者合作从事气象活动等气象事务承担着审批、审核、审查、监督检查等管理责任。

2. 社会管理职能

"社会管理"是一个有丰富含义而论说不一的复杂概念。概括而言,社会管理职能以维护社会公平与公正为首要目标,注重社会的协调发展,重在强调以有效的社会规制维持社会的正常运转,预防社会危害;以良好的平衡机制协调多方利益诉求,化解社会矛盾;以顺畅的沟通机制整合多元主体的力量,形成政府、社会、市场组织的多元治理结构及网络化的互动管理格局。社会管理的最终目的在于实现经济与社会之间、城乡之间、区域之间、人与自然之间的协调发展,增进社会福利的最大化。

我国是一个天气和气候灾害频繁的国家,又是一个气候资源丰富多样的国家。天气、气候和气候变化对我国国民经济和社会发展的影响极为显著。如何趋气象之利、避气象之害以实现人与自然的和谐相处以及经济社会的可持续性发展就成为气象社会管理的重要内容。具体而言有以下几个方面。

首先,针对气象灾害做好防灾减灾的管理工作。我国是世界上受气象灾害影响最严重的国家之一,气象灾害种类多、范围广、强度大、频率高,造成的损失严重,给生态、环境、社会、经济乃至人们生活质量和身体健康带来诸多问题,严重影响了社会的可持续发展。因此,气象社会管理的任务之一是构建良好的防灾减灾体系,将气象灾害所造成的损失降至最低。气象灾害预警系统主要包括建设气象灾害综合信息监测系统、预报预警系统、信息传输和服务系统、评估系统、应急响应系统以及防灾减灾决策指挥系统六个子系统。《气象法》第二十八条规定:"各级气象主管机构应当组织对重大灾害性天气的跨地区、跨部门的联合监测、预报工作,及时提出气象灾害防御措施,并对重大气象灾害作出评估,为本级人民政府组织防御气象灾害提供决策依据。各级气象主管机构所属的气象台站应当加强对可能影响当地的灾害性天气的监测和预报,并及时报告有关气象主管机构。其他有关部门所属的气象台站和与灾害性天气监测、预报有关的单位应当及时向气象主管机构提供监测、预报气象灾害所需要的气象探测信息和有关的水情、风暴潮等监测信息。"第三十一条规定:"各级气象主管机构应当加强对雷电灾害防御工作的组织管理,并会同有关部门指导对可能遭受雷击的建筑物、构筑物和其他设施安装的雷电灾害防护装置的检测工作。"中国气象局颁布《气象灾害预警信号发布与传播办法》对气象灾害预警信号的发布、传播和各级人民政府及有关部门和单位在灾害防御中的责任与义务等作出了规定。与此同时,中国气象局颁布的《气象灾害预警信号及防御指南》对我国 14 类气象灾害的预警信号的图标、标准和防御指南作出了规定。这些政策文件的颁布实施正是气象主管机构规范突发气象灾害预警信号发布工作,增强全民防灾减灾意识,减轻或避免气象灾害损失,保护国家和人民生命财产安全,维护社会稳定和促进经济发展职能的体现。

　　其次，优化调控和科学开发利用气象资源。资源与环境是人类赖以生存、繁衍和发展的基本条件。气象资源涵盖信息资源、气候资源、云水资源和洁净资源，同时也是重要的环境资源。气象资源是一种潜力巨大的经济资源，一方面体现为自然要素（大气、降水、风、光等）的价值，另一方面是作为信息存在的价值，它为社会经济发展提供了重要的资源和环境保障，因而优化调控和科学开发利用气象资源是社会管理的重要内容。例如，调查分析全国气候资源分布等情况，为气象资源的利用提供依据，具体包括开展全国和重点区域气候资源普查，明确各地区气候资源的分布特点以及各生产领域对气候资源的不同具体要求，以充分有效地利用各地资源；开展气候资源承载能力评估，包括对水资源、太阳能、风能等资源的承载能力评估；开展气候资源综合区划工作，如 20 世纪 80 年代我国气象部门对各地风能、太阳能资料进行统计计算和研究分析，编制出版《中国气候资源图集》，勾勒出当时我国气候资源的大体状况。此外，引导和控制气象资源的利用行为，开展气候资源开发示范基地建设活动，积极推进对气象资源的合理开发，同时监督对气象资源的破坏行为。

　　最后，参与国际合作，应对气候变化。积极开展国际气象大科学计划、气象科技及学术合作与交流，积极参与世界气象组织以及其他国际组织和非政府组织的气象业务计划与活动，参与和气象有关的各种国际活动，积极参与《联合国气候变化框架公约》《京都议定书》《保护臭氧层维也纳公约》《联合国防治荒漠化公约》《生物多样性公约》等国际公约谈判进程，并积极履行公约规定的义务，承担减缓气候变化和保护全球环境的应尽义务，为推动全球气候环境的健康发展做出贡献。

　　3. 公共服务职能

　　公共服务可理解为是为社会公众参与社会经济、政治、文化活动等提供某种保障，满足公民生活、生存与发展的某种直接需求，能使公民受益或享受的一种职能。公共气象管理的公共服务职能则是指为组织或个人提供气象保障，满足其对气象的各种直接需求的一种活动，具体而言包括提供天气预报、气候预测、气象技术支持与保障以及气象综合咨询等公共服务。

　　首先，为公众提供天气预报服务。天气业务是气象业务中最为基础的一项业务，是气象事业为国民经济建设、社会发展和人民生活提供保障服务的重要窗口。由于气候环境影响人们的工作与生活，掌握天气信息有利于公众采取适当的气象调控措施，以求更有效地趋气象之利、避其之害，以提高自身生活质量。因此，人们对天气预报的需求最为广泛。如今，天气预报服务从原来的每天基本天气预报扩展为包含舒适度、空气清洁度、紫外线强度、空气污染扩散条件指数、穿衣指数、晨练指数、感冒指数、交通指数、晾晒指数、洗车指数、运动指数、旅游指数、化妆指数、约会指数、钓鱼指数、路况指数、划船指数、逛街指数、美发指数以及花粉浓度指数等一系列内容的天气信息服务。而且，原有的"局部地区有大雨"之类不确定性天气预报信息逐步向服务内容更加定点化、定时化和定量化方向发展，不断满足人们对多样化、精细化、灵活迅速的天气信息需求。

其次，制作公众气象服务产品，满足个性化天气信息需求。例如，随着生活水平的提高，旅游已经成为人们享受生活的一种方式，而气象是影响旅游质量的重要因素，因此，为旅游提供气象服务的需求日渐增长。一方面根据旅游路线和目的地提供更为精准的天气信息服务，另一方面提供敏感天气事件预报，让用户更具体了解所预报事件发生的可能性，以便及早做好应对准备。此外，还可根据气象信息与旅游信息的结合为公众提供系统的旅游优选咨询服务。

再次，为政府部门决策提供气象服务。由于气象信息已成为不可缺少的现代科学管理决策要素之一，因此为各级领导和决策部门指挥生产、组织防灾减灾以及合理开发利用气候资源和开展环境保护等方面进行科学决策提供气象信息就成为气象管理的重要服务职能之一。具体而言主要为各级党政领导机关在一些涉及重大社会事务、社会活动和经济发展等方面提供气象保障和气象支持，根据气象信息提出合理化建议，做好各级领导的决策参谋。例如，在 2008 年北京奥运会、庆祝中华人民共和国成立 70 周年大会以及应对洪涝灾害等各项公共事务决策过程中，公共气象部门都提供了良好的气象服务与支持。

最后，为各行各业提供专业气象服务。例如，为海洋、航空、农业、水文、交通、能源等各个行业提供专业气象服务。针对每个行业的特殊需求有针对性地提供精细化、专业化的天气预报和气候预测信息服务。近年来，专业气象服务范围亦在扩展，空间天气、环境气象、健康气象、医疗气象等也在迅速发展。专业气象服务直接为国民经济各行业和人民生产生活服务，在经济建设、国家安全和人民生活中发挥了重要的作用，取得显著的社会经济效益和环境生态效益。

2.4　公共气象管理职能的转变

2.4.1　公共气象管理职能转变的必要性

党中央、国务院历来对中国气象事业发展十分重视。1949 年后尤其是改革开放以来，我国采取了一系列的政策措施，从气象业务到气象管理都发生巨大变化，有力地推动了中国气象事业的快速发展。如今，在新时期，实现全面建设社会主义现代化国家对中国气象事业提出了新需求，全球气候变化对中国气象事业发展提出了新挑战。随着气象现代化的快速发展和改革的深入开展，管理问题日渐凸显，公共气象管理职能由此推到了发展变革的关口。

首先，公共气象管理职能转变是我国经济体制由计划经济向市场经济转变的必然要求，是适应政府职能转变的需要。

我国在 1992 年后确立了社会主义市场经济理论,使我国开始了由计划经济向市场经济的根本改变。经济基础的这一变革，必然要求包括各项管理体制在内的整个上层建筑与之相配套、相适应。党的十七大报告明确提出"加快行政管理体制改革，建设服务型政府"，并明确指出要"健全政府职责体系，完善公共服务体系，推行电子政务，强化社会管理和公共服务"。《2008 年国务院政府工作报告》中再次强调"加快转变政府职能。这是深化行政管理体制改革的核心。健全政府职责体系，全面正确履行政府职能，努力建设服务型政府"。在社会主义市场经济条件下，我国政府加快推进职能转变，在继续履行经济调节、市场监管职能的同时，更加注重履行社会管理和公共服务职能，特别是加快建立健全各种突发事件应急机制，提高政府应对公共危机的能力；更加注重提供公共产品和服务，发展公共事业，发布公共信息，努力建设服务型政府。进入 21 世纪，以经济建设、政治建设、文化建设、社会建设和生态文明建设"五位一体"的政府职能逐步确立。政府职能的转变，迫切要求作为国务院授权承担全国气象工作政府行政管理职能的中国气象局及地方气象部门，必须适应中央关于政府职能转变的战略部署和要求，不断完善行政管理职能，增强和提高公共服务能力，加快建立气象灾害应急响应机制，提升社会管理水平，及时、充分地满足国家安全、经济发展以及社会可持续发展的气象需求。

其次，公共气象管理职能的发展变革是适应国家事业单位改革和推进气象事业发展的需要。

党的十七大报告提出加快推进事业单位分类改革，2012 年 4 月，《中共中央 国务院关于分类推进事业单位改革的指导意见》全文发布，这是中华人民共和国成立以来第一次对事业单位改革进行的顶层设计和系统谋划，是党中央、国务院从改革发展全局出发做出的重大战略部署，标志着我国事业单位改革和发展进入了新的历史阶段[①]。气象部门作为具有行政执行功能的事业单位，如何在改革中找准定位、主动适应是具有战略意义的大事。2007 年下发的《国务院关于加快发展服务业的若干意见》提出，按照政企分开、政事分开、事业企业分开、营利性机构与非营利性机构分开的原则，加快事业单位改革，将营利性事业单位改制为企业，并尽快建立现代企业制度。例如，当时深圳市气象局开展事业单位改革试点工作，进一步明确了气象部门作为公益性事业单位的定位，将气象服务作为服务型政府工作内容的一部分，并初步建立与公益事业相适应的人事管理和财政投入机制，解决事业单位投入不足的问题。因此，在国家事业单位改革大背景下，公共气象管理组织应当科学厘清各项职能，合理定位管理职能，在行使行政管理职能的同时不断强化公共气象服务和社会管理职能，进一步明确气象事业的公益属性，发挥气象工作的公共服务和社会管理作用，如此才能适应政府职能转变的改革要求，并为气象部门在不断深

---

① 人民日报评论员. 深化改革的战略部署——论分类推进事业单位改革. 2012-04-17. https://www.gov.cn/jrzg/2012-04/17/content_2114918.htm[2023-07-29].

化的行政事业改革中赢得更多的主动和更广泛的发展空间。

再次,公共气象管理职能的发展变革是应对全球气候变化,满足国家安全、经济发展和人民生活的气象需求的需要。

全球气候变化对中国气象事业发展提出了新挑战。近百年来全球气候正经历一次以变暖为主要特征的显著变化,其引发的极端天气气候灾害呈明显上升趋势,对世界经济、社会、国家安全、生态、环境等方面产生重大影响,构成严重威胁。全球变暖已成为各国科学家、政治家,乃至普通百姓关注的重大问题,世界各国已经将应对气候变化上升为国家战略。目前我国正面临着在以控制全球温室气体排放等为焦点的环境外交中争取主动的严峻挑战,面临着为维护国家权益而提供科学成果和权威数据的严峻挑战。这必然要求我们加强国际合作,不断提高气象服务能力和水平,提高为国家安全提供气象保障的能力,为我国经济社会的发展创建良好的国际环境。

此外,人们对气象工作需求的增加以及要求的提高也对我国公共气象管理提出新的挑战。随着气象部门公益性定位被全社会的广泛认可,气象服务工作越来越多地受到社会公众的监督和评价,公共气象管理水平如何直接关系到人们对气象工作的满意度。例如,在 2008 年年初我国南方部分地区低温雨雪冰冻灾害的气象服务中,尽管气象部门做出了比较准确的灾害天气预报,但却受到来自社会各界诸多的批评和质疑,反映出社会公众对气象服务在重大气象灾害防御中有效发挥作用提出了更高要求;近年来各类媒体对于气象信息服务收费问题多有议论和批评,反映出社会公众基于对气象部门公益性的认识之上所引发出来的不理解和质疑。又如,新闻记者对海上航运及作业难以收到预警信息的质疑,还有网络媒体聚焦对预报失误问责的热烈议论,反映出社会公众对公共气象服务的缺位和不到位的监督和评议。所有这些表明,新时期的气象工作不仅仅需要提升业务水平,如何使气象信息、气象产品及时、有效地服务于社会公众,也是公共气象管理的重要任务。

最后,公共气象管理职能发展变革也是气象部门机构改革、实现职能体系合理配置的重要前提和根本保证。

过去我国的公共气象管理职能体系主要是基于业务管理体制建立起来的具有高度封闭性的体制。随着气象事业的发展,这一管理模式的弊端逐渐暴露:重技术业务、轻管理服务;重内部行政管理、轻社会管理;职能交叉,相互扯皮,相互推诿。这严重阻碍了气象事业的发展及其为社会服务功能的发挥。此外,公共气象管理职能转变是机构改革的重要前提和基础,只有以转变职能为基础进行气象机构的调整变革才能实现管理机构的高效运转,提高管理效率。总之,只有切实转变气象管理职能,才能理顺职能关系,实现政府职能体系的合理配置,提高管理的工作效率。

2.4.2　公共气象管理职能转变的方向

当前，我国公共气象管理职能应当在以下方面进行调整。

1. 调整公共气象管理职能重心，将"以技术业务、内部行政管理为主"转变为"以社会管理、公共服务为主"

进入 21 世纪以来，政府职能转变必须要与社会主义市场经济体制要求相融合，与人民日益增长的对美好生活的需要相匹配，与地区不平衡不充分发展的现实相适应，因此，政府部门越来越倾向于通过社会管理和公共服务的方式来履行其职能。气象事业作为科技型、基础性社会公益事业，以公有、共享和非排他性为基本特征，因此提供气象服务是公共气象管理的出发点和归宿，是气象事业发展的立业之本，也是新时期政府职能的重要转向。

20 世纪 60 年代前后气象部门就曾提出"以服务为纲，以农业服务为重点"的方针。1979 年全国气象局局长会议明确提出气象工作要以提高气象服务经济效益为中心。1985 年提出拓展气象服务领域，提高气象服务的经济效益和社会效益。1995年提出把公益服务和决策服务放在首位，突出以农业服务为重点。如今，加强气象服务和气象的社会管理职能已成为深化气象改革、推进气象管理职能转变的重要内容。2014 年 5 月，中共中国气象局党组印发的《中共中国气象局党组关于全面深化气象改革的意见》强调"气象主管机构要转变管理理念和方式，实现由部门管理向社会管理转变。……全面履行法律法规赋予的气象行政管理职能，强化公共气象服务和气象社会管理职能。"2021 年发布的《全国气象发展"十四五"规划》将"强化气象社会管理职能"作为全面深化气象改革的重要内容纳入其中。

2. 转变公共气象管理职能方式，将"以计划、行政手段为主"转变为"以经济、法律、财政、行政计划等多种手段综合运用"，实行分类管理

中国气象局是具有政府行政管理职能的事业单位，一方面要履行管理全社会的气象工作的政府行政职能，另一方面要承担对气象系统事业单位管理的职责，确保气象系统实时、高效、安全运转。这两类性质不同的管理工作要求采用不同的管理方式和手段。气象行政管理工作主要通过依法行政、监督执法来实现，采用统一的气象技术规范、标准、规划、布局等行政手段规范全社会的气象活动和行为。而对于气象系统事业单位的管理，则必须根据不同的对象选择多种管理手段。1999 年中国气象局将气象工作分为三部分，即气象行政管理、基本气象系统、气象科技服务。三大系统的运行规律和性质不同，必然需要选择不同的管理方式。基本气象系统是公益性的，主要为政府部门和社会公众服务，可以行政计划管理为主；气象科技服务与产业是面向市场，对其主要应以政策性、指导性管理为主，采用经济、财政、法律等多种手段，既规范其行为又为其发展创造有利的政策支持和环境条件。《中共中国气象局党组关于全面深化气象改革的意见》强调要"创新气象行政管理方式，营造良好的政策环境，夯实履行气象行政管理职能的基础，增强公信力和执行力"；要"推进气象行政审批制度改革，进一步简政放权"；要"推进气象事业单位分类改革"，等等，均对公共气象管理职能方式的转变提出了新的要求。

3. 调整公共气象管理职能关系，厘清管理权责，协调多种力量，在公共气象管理过程中实现合作共治，提高管理效率和效能

在当代社会，随着参与式民主和协商式民主理论与实践的发展，公民参与公共行政决策以及公共事务管理日益成为民主行政的主要内容，寻求政府与社会互动合作也已成为提高政府管理效能、有效治理公共事务的重要途径。因此，在公共气象管理过程中，气象管理部门在改革自身管理体制的同时，应当摒弃过去的封闭式管理模式，充分发挥社会组织、公民个人以及企业组织等多元主体的力量，共同管理公共气象事务。一方面气象管理体制必须与社会主义市场经济体制接轨，通过改革和创新适应社会主义市场经济的要求。气象主管机构的管理职能要切实转变到整个气象事业的宏观调控、社会管理和公共服务方面，履行国家赋予的行政管理职能，对气象工作进行宏观指导和控制。气象事业单位则重在做好满足经济社会发展和公共需求的气象事务，做好基础性、公益性气象服务。与此同时，气象主管机构应当逐步剥离气象有偿科技服务，开放气象服务市场，引入市场主体，通过培育由市场机制推动的气象服务体系来承担和补充公共气象服务部门不能够也不应当承担的气象服务任务，解决以公共气象服务产品代替专业气象服务所造成的"专业气象服务不专业"的问题。如此，各级气象主管机构、社会组织与个人共同参与公共气象管理，整合政府、市场和社会多种资源，必然可为经济社会发展和人民生活提供更加多样化、专业化和精细化的气象服务。

复 习 题

1. 公共气象管理组织类型有哪些？
2. 根据管理过程中的具体作用与特点，公共气象管理职能可分为哪几类？
3. 如何理解公共气象管理职能与气象组织法定职责之间的关系？
4. 如何推动公共气象管理职能的转变？

主要参考文献

陈联寿, 伍荣生, 程国栋. 2004. 中国气象事业发展战略研究·能力建设与战略措施卷. 北京: 气象出版社.

法约尔 H. 1982. 工业管理与一般管理. 周安华, 等译. 北京: 中国社会科学出版社.

姚洋. 2002. 制度与效率: 与诺斯对话. 成都: 四川人民出版社.

张成福, 马子博. 2013. 宏观视域下的政府职能转变: 界域、路径与工具. 行政管理改革, (12): 43-48.

张康之. 2010. 公共行政学. 2 版. 北京: 经济科学出版社.

第3章 公共气象管理的政策法律

导入案例

公众气象预报统一发布制度

A与B是某高校应用气象学专业的硕士研究生，依托于国家级重点实验室所获取的气象信息与相关数据，能相对准确地预测出一定地域范围一周内的天气预报。A与B二人出于公益目的，近两年来一直定期依托某网络平台向X市S县的公众发布气象预报并无偿为该地农业生产提供相关气象服务信息。X市气象局在了解情况后，要求A与B二人立即停止向公众发布气象预报，并告知二人，若继续发布会对其处以罚款。请问：这二人向公众发布气象预报的行为是合法的吗？X市气象局有权处罚二人吗？

参考法条：《气象法》第二十二条 国家对公众气象预报和灾害性天气警报实行统一发布制度。

各级气象主管机构所属的气象台站应当按照职责向社会发布公众气象预报和灾害性天气警报，并根据天气变化情况及时补充或者订正。其他任何组织或者个人不得向社会发布公众气象预报和灾害性天气警报。

资料来源：由相关典型案例结合法律条文的适用自行改编

3.1 政策法律在公共气象管理中的角色与功能

3.1.1 政策法律在公共气象管理中的角色

在法治社会，公共管理的角色源于规范，而规范是受社会认知与运行模式所支配的。政策法律在公共气象管理中的角色，指一定社会运行模式下，政策法律在公共气象服务及其产业发展的管理实践中所应达成的社会期望或社会需求。理想角色下的社会期望或社会需求是一种应然状态下的目标达成期待。实然状态下的角色指的是在公共气象服务及其产业发展的管理实践中，实际达成的社会期望或社会需求，受现有社会条件与社会运行机制的限制明显。公共气象管理的政策法律在应然与实然状态下会存在角色落差。

依据政策法律在公共气象管理中的功能性差异，可分为渊源性与工具性角色。渊源性角色是指政策法律对已有的公共气象服务及其产业发展现状的认可、确认与规范，以及对未来发展的引领与指导。工具性角色是指在公共气象服务及其产业发展管理实践中，将政策法律作为实现我国气象事业良性发展的具体工具与相应手段。一般而言，工具性角色以管理实践与社会运行为基础，而渊源性角色则主要是以存在现状和基本理念为依据。2002 年《人工影响天气管理条例》的出台不仅是对这种社会活动与社会行为的一种法律认可，更是通过具体法规来确保此类行为的规范化。

3.1.2　政策法律在公共气象管理中的功能

1. 政策法律在公共气象管理中的功能定义

政策法律在公共气象管理中的功能是指在一定社会（或社会机制体制）运行模式下，政策法律在公共气象管理中的具体作用或政策法律应用于公共气象管理实践所发挥的具体效用。政策法律作为保障气象活动、气象服务、气象产业发展等的重要工具，在公共气象管理实践中发挥着指引、评价、预测、教育、强制等功能。

2. 政策法律在公共气象管理中的功能类型

指引功能指作为一种行为规范、行动指南或行动方案的政策法律，为不同主体或不同行业发展提供行为模式或行动方向，指引不同主体做出合理合法合规的行为。法律的指引作用主要体现为通过法律指引人们可以这样行为、必须这样行为或不得这样行为，从而对行为者本人的行为产生实际影响，如法律义务的履行、违法责任的承担。政策的指引主要体现为国家或政党为实现一定时期的社会目标而发布相应的行动准则、措施、方针或方案规划等来进行宏观指导或方向引领。例如，为了发展我国气象观测技术或持续推进我国气象科普工作而发布的相关规划或管理办法即具有指引功能。

评价功能是指政策法律为不同主体提供的某种行为模式或行动方向的判断依据。法律的评价作用主要通过对具体行为或行为后果的合法性或违法性体现出来，合法的行为会得到法律认可与保障，但违法的行为则会受到限制与制裁。在法律适用过程中，法律的评价功能往往通过政府部门的行政执法、司法机关的司法裁量、社会公众的自觉守法等多方面体现出来。政策评价是指在政策执行后，依据标准对政策实施的效果、效益或效应的分析和判断。政策的评价作用与对政策自身的评价并不是一回事，政策的评价作用是指已经发布的政策对相关主体行为是否符合政策目标的一种测评，以引导不同主体遵循政策要求为目的。在当前政策环境中，政府作为公共政策的主要制定者、执行者和评价者，在政策活动中占据着主要地位，对政策效果的判断很大程度上由政府来决定。在公共气象管理中，宏观层面的产业行业发展更多依赖于政策指引，微观层面行为的合法性则更多由法律法规来约束。

预测功能是指依据现有政策法律，行为主体可预先了解认知（或评估）在不同时空、条件及关系背景下，主体相互之间如何行为才是合法、合规、有效的；或依据行为主体的预先认知来判断自身行为是可以持续进行的。对行为及行为后果的预测是法律所具有的重要功能之一，也是社会得以有序运行的大前提之一。《气象法》《气象设施和气象探测环境保护条例》等颁布与实施，使相关主体能够通过法律法规来预见自己的行为及行为后果，使与气象相关的活动主体能有序地从事相关活动。法律的预测功能，指人们以法律为依据能够预估他人的行为并且衡量自己的行为将产生的结果而对个人行为进行安排，法的规范性、确定性和稳定的特征是人们预估他人行为的根本依据。相较于法律而言，政策的预测具有更大的变化性与不确定性。公共政策的预测主要通过政策的评估者与政策实施者的反馈体现出来。政策的预测主要是依据评估手段、技术方案或政策方案的运行状况进行价值评判与目标评测，进而确定该公共政策的合理性、科学性与可行性。政策预测功能的发挥往往与制订者、决策者、执行者对政策的阐释或宣传教育有密切联系。

　　教育功能是通过政策法律的实施、引导、规范，使相关主体（尤其是利益相关者）强化对某些行为的理解与认知，进而促成既定目标的达成。国家制定公共气象管理法律的目的是用法来调整和规范人们的气象行为。尽管教育的内涵贯穿气象类法律的制定、修改、遵守、执行的整个过程，但其效果仍有待具体的制度来保障。政策的教育功能在公共气象管理活动中主要体现为以下三方面：一是通过相应公共政策或决策规划确定应该如何强化此类教育。二是通过政策直接规划气象科普基地建设、气象科普平台与科普人才建设等，达成其宣教目标。三是通过相关政策加强对气象宣传、科学普及与教育等先进团体、先进人物的表彰，来达成政策教育功能的实现。从教育功能的实现来看，政策法律在宏观、中观与微观层面对人们具体行为的实施均会产生实质性影响。

　　相较而言，法律的强制性是得到认可并被广泛写进教科书的内容，而政策的强制功能则会因政策类型的不同而存在明显差异，因此，对于政策法律在公共气象管理中的强制作用应辩证看待。法律的强制功能，指法律强制人们为或不为一定行为的能力，通过发挥法律的国家强制性，对违法行为进行制裁，保障法律权利的充分享有和法律义务的正确履行，确保法律的权威性得到发挥以及良好的社会秩序得以形成。法律的强制主要体现法律义务的履行与法律责任的承担。政策的强制功能在近年来一些城市地方政府推行的垃圾分类中体现得十分明显，但在公共气象管理领域则鲜见。

3.1.3　辩证看待政策法律在公共气象管理中的角色与功能

1. 政策法律在公共气象管理中的差异性

　　政策是人类社会发展到一定阶段的产物，是国家、政党为实现一定历史时期的政治、经济、文化等任务和目标而确立的行动准则、措施和方针。从狭义的政策内涵来看，公共气象管理中的政策不包括气象类法律，主要是政府通过各种"作为"或"不作为"来处理公共问题、满足公共需求的手段或工具。总之，公共气象管理政策是指国家或政府为了有意识地解决某类问题、实现某类目标或引导气象类行业产业的发展而制定的行为准则、行动规划、发展规划等。政策除具有自上而下的特征外，大多具有一定的时效性与非普遍适用性。任何一项政策的出台并不总是符合所有人的利益，有时甚至需要其中的某些对象为了全体利益而做出某些牺牲（顾建光，2014）。公共气象管理政策的行业特色明显，这种行业性表明了政策不加区分地适用于所有个体或群体的可能性较弱。

法律是"掌握国家政权者通过国家制定或认可并以国家强制力控制社会主体在追求物质利益、精神利益、政治利益最大化过程中实现自然与人、人与人和谐相处的规范体系"。公共气象管理法律是指由国家制定或认可，并以强制力保证其实施的，以公共气象服务及其行业发展等相关行为约束为主导的规范体系。该规范体系具有法的一般特征，即稳定性、普适性、强制性等。从我国公共气象管理类的法律法规来看，除《气象法》以及《中华人民共和国防洪法》（以下简称《防洪法》）、《中华人民共和国大气污染防治法》（以下简称《大气污染防治法》）等其他关联性法律中涉及相关内容外，大多在形式上表现为行政法规或部门规章。因此，我国公共气象管理的法律，除了《中华人民共和国宪法》（以下简称《宪法》）与基本法律中所包含的关联性内容外，主要是指《气象法》及关联性法律、国务院颁布的管理条例、中国气象局颁布的部门规章、地方性法规这四大类。

2. 辩证看待政策法律的角色与功能定位

在公共气象管理实践中，政策与法律都是促进并保障我国气象事业有序发展的重要工具。在各自的领域，二者都无法做到完全的自给自足，政策在完善自身的同时也为法律提供了经验，法律在改进自身时也为政策提供参考，二者相对独立、相互建塑、优势互补、互联谐变，共同构成一个完整的社会规范体系。

虽然法律与政策均有指引性、规范性，但由于法是以强制力保证实施，且以法律责任的承担或法律义务的履行作为具体保障的，因此，政策与法律的实施相比较而言，法律具有实在性、预测性与确定性，在不履行某种义务或违法实施某类行为后，均会要求承担具体的法律责任；而政策的落实则更多地依赖于政府的具体行为与相关的考核指标。例如，《气象法》明确规定，违反本法规定，非法向社会发布公众气象预报、灾害性天气警报的，由有关气象主管机构按照权限责令改正，给予警告，可以并处五万元以下的罚款。但政策中一般不会有此类具体的法律责任承担方面的规定。

一方面，不同政策法律的角色定位在一定程度上决定了具体功能。《气象法》不仅有渊源性也具有工具性，因而，各项具体功能均有体现。但并非所有的政策法律均如此，如《国务院办公厅关于推进人工影响天气工作高质量发展的意见》虽然也具有渊源性与工具性，但却没有体现强制性。另一方面，政策法律在实践中的角色与功能存在明显区别。法律更侧重从微观的管理层面来制约与规范不同主体的气象相关行为，而政策更侧重从宏观与中观层面来指引政府机关、相关组织的行为模式选择。

3.2　公共气象管理的基本法律与主要法规

总体上，我国公共气象管理的法律法规主要包括四类：一是全国人大或人大常委会所制定的法律；二是国务院根据《宪法》和法律所制定的涉及公共气象管理的行政法规；三是由国务院各部、委员会等，根据法律和国务院的行政法规、决定、命令，在本部门的权限范围内，制定的涉及公共气象管理的规章；四是省、自治区、直辖市的人民代表大会及其常务委员会根据本行政区域的具体情况和实际需要，制定的地方性法规。

3.2.1　《气象法》的立法进程与发展

《气象法》是我国第一部综合全面规范气象活动的法律，高度概括了党和国家发展气象事业的一系列方针、政策以及我国气象事业取得的一系列成功经验。

1. 《气象法》立法进程

第一阶段是起步阶段。这一阶段开始筹建我国气象工作体制机制，并开始规范气象预报、气象预警等业务。1949 年 12 月 8 日，中央军委气象局宣告成立，中国气象事业就此翻开崭新的一页。为适应国家三年全面恢复建设的需要，迅速建设气象台站网，1950 年中央军委气象局发出《关于加强气象工作的通知》。1953年中央军委气象局整体转制为政务院管辖的气象局，成立中央气象局，军队另立一个气象局。1954 年，中央人民政府政务院颁布《关于加强灾害性天气预报、预警和预防工作的指示》，指出我国需要在气象测报台站建设、干部培养训练和气象科学研究等方面，继续努力创造条件，提高天气预报质量。1955 年，《国务院关于加强防御台风工作的指示》发布，强调各级气象部门应进一步提高台风警报的时效性与准确性。1959 年，《国务院关于加强气象工作的通知》，明确气象工作内容及管理机构建设，提出气象部门应改进气象预报方法，提高气象预报质量，改善工作机制等。

虽然 1966～1976 年我国气象法建设受到严重干扰，但以国务院、中央军委名义或经其批准，中央气象局与有关部门联合或者自行发布的一系列文件，对当时的气象工作有重要的指导意义。这些文件包括《国务院、中央军委关于使用飞机进行人工降水问题的通知》《国务院批转农林部关于加强海洋渔业气象服务的报告的通知》《国务院批转中央气象局关于边远、高山等地气象台站几个问题的报告的通知》等。进一步拓展了气象法规的领域与范围，对于维护气象工作的正常秩序，保持气象业务工作的连续性，起到重要作用。

第二阶段是初创阶段。这一阶段集中体现为系列气象法规的发展与《气象法》立法的筹备。在着手进行《气象法》立法前，发布了《国务院批准中央气象局关于保护气象台站观测环境的通知》《国务院办公厅转发国家气象局关于气象部门管理体制第二步调整改革的报告的通知》《国务院办公厅转发国家气象局关于全国气象部门机构改革方案的报告的通知》《基准气候站观测环境保护规定》等（温克刚，1999）。此阶段气象法规的建设逐步深入到气象台站建设、气象工作的机制体制改革等领域，为气象工作在法律方面的保障与落实提供了进一步的依据，并为后续立法奠定了基础。

1986年11月，当时的国务院法制局将《气象法》列入立法计划。1987年，《气象法》起草小组草拟了《气象法》草案并对该草案进行修改。1989年，基于国务院法制局的建议[①]，《气象法》起草小组在《气象法》（修改稿）基础上重新设计并起草了《中华人民共和国气象条例》（以下简称《气象条例》）。1990～1993年，陆续出台了《气象技术装备使用许可证管理暂行办法》《关于气象部门专业服务收费及其财务管理的补充规定》《发布天气预报管理暂行办法》《汛期气象服务规定》《气象部门经营性国有资产管理暂行办法》《组织拍发航空天气报告和危险天气通报管理办法》等重要法规（《中华人民共和国国史全鉴》编委会，1996）。

第三阶段是由《气象条例》迈向《气象法》的阶段，这是由行政法规迈向法律的过渡性阶段。1994年8月18日，我国第一部由国务院发布的综合性气象法规——《气象条例》实施，意味着我国《气象法》的建设由部门规章上升到行政法规，提升了立法层次、拓展了适用范围。《气象条例》明确了气象工作的基本目的、适用范围、监管体系及不同主体气象行为规范的原则，规定了我国的气象探测、预报与警报、气象灾害防御、气象服务与气候资源利用、气象工作的监督管理，以及相关气象类违法行为所应承担的法律责任等。自《气象条例》实施以来，各省也依据各自气象工作的具体情况相继发布且实施了省级《气象条例》，为进一步加强气象工作的法律规范提供依据。然而，由于《气象条例》法规层次低[②]，气象工作的机制体制仍不健全，各地政府保护措施不力，破坏气象探测环境、损毁探测设施的情况等仍时有发生。

第四阶段是《气象法》颁布实施及其法律体系的不断完善阶段。此阶段以《气象法》的实施为基础，围绕气象工作的实践与需求展开，不断健全与完善气象业务工作、行业监管、社会需求等方面的具体制度与规则体系。

2. 《气象法》的制定颁布与完善

《气象法》于1999年10月31日第九届全国人民代表大会常务委员会第十二次

---

① 国务院法制局认为，气象部门无立法基础和经验，且不具备执法能力，建议《气象法》立法采取"两步走"的方式推进，即先制定《中华人民共和国气象条例》（以下简称《气象条例》），在《气象条例》实施一段时间后，再将其上升为《气象法》。

② 《气象条例》属于《立法法》中的行政法规，法律位阶低于基本法律与一般法律。

会议通过，并于 2000 年 1 月 1 日正式实施，其主要内容延续了《气象条例》的规定。伴随着我国气象事业的不断发展完善及气象工作领域的不断延展，《气象法》历经了三次修正。

第一次修正为 2009 年，此次仅修正了该法第三十五条第二款中的援引类法律条款，即将该法中的"《中华人民共和国城市规划法》"修改为"《中华人民共和国城乡规划法》"。

第二次修正为 2014 年，将该法第二十一条由"新建、扩建、改建建设工程，应当避免危害气象探测环境；确实无法避免的，属于国家基准气候站、基本气象站的探测环境，建设单位应当事先征得国务院气象主管机构的同意，属于其他气象台站的探测环境，应当事先征得省、自治区、直辖市气象主管机构的同意，并采取相应的措施后，方可建设"修改为："新建、扩建、改建建设工程，应当避免危害气象探测环境；确实无法避免的，建设单位应当事先征得省、自治区、直辖市气象主管机构的同意，并采取相应的措施后，方可建设"。在气象探测环境的监管与保护中，将原本属于国家气象主管机构的监管权限下放给了省级气象主管机构，这种权限下放体现了公共气象管理中的属地原则。

第三次修正为 2016 年，此次修正内容所涉及的条款相对较多。一是对《气象法》第十条的修订，将"重要气象设施建设项目，在项目建议书和可行性研究报告报批前，应当按照项目相应的审批权限，经国务院气象主管机构或者省、自治区、直辖市气象主管机构审查同意"修改为："重要气象设施建设项目应当符合重要气象设施建设规划要求，并在项目建议书和可行性研究报告批准前，征求国务院气象主管机构或者省、自治区、直辖市气象主管机构的意见"。强调气象设施建设中规划的重要性。二是对第三十四条第二款与第三十八条（三）进行修改，将"使用气象主管机构提供或者经其审查的气象资料"与"使用的气象资料不是气象主管机构提供或者审查的"分别修改为："使用符合国家气象技术标准的气象资料"与"使用的气象资料不符合国家气象技术标准的"，突出管理过程中相关标准的应用性与规范性，弱化气象主管部门的干预。三是对《气象法》第三十九条的修订，该条款主要涉及人工影响天气的法律责任。将"气象主管机构规定的资格条件"修改为"气象主管机构规定的条件"，显示了《气象法》修订对法律语言的不断规范。

2019 年以来，在中国气象局的推动下，《气象法》修订已列入《十三届全国人大常委会立法规划》，明确由国务院提请全国人大常委会审议、由全国人大农业与农村委员会负责联系，并经党中央批准实施。重点修改完善气象灾害防御、气候资源保护和利用、气象设施和气象探测环境保护的有关法律制度；补充完善气象探测和气象数据管理的有关法律制度；修改完善气象预报和气象灾害预警、人工影响天气的有关法律制度；补充完善气象信息服务的有关法律制度，新增监督管理的有关法律制度。

3.2.2　《气象法》的本质与目的

《气象法》是调整公民个人、国家机关及其他社会组织之间在气象活动过程中所形成的各种社会关系的法律规范的总称。《气象法》属于社会公益法（焦冶，2010）。由全国人大常委会制定的《气象法》在气象领域内具有基本法特征，而其他都是行政法规、部门规章以及地方性法规和规章，效力层次均低于《气象法》。

1. 《气象法》的本质

《气象法》的调整对象是人类在认识气象，进而利用与开发气候资源，并应用与服务于人类政治、经济、文化生活诸领域等气象活动及相关社会活动过程中所产生的气象社会关系。从《气象法》所调整的气象社会关系来看，很难将其纳入私法之中，亦不可将其绝对划归为公法之中，这是因为气象社会关系不仅涉及某些气候资源的平等开发利用，也涉及国家或政府对不同主体气象行为的规范与监管。《气象法》不仅凸显了介于公法与私法之间的社会公益性质，具有国际法、国内法相结合的特点，还充分体现了实体法和程序法相结合的性质（钮敏，2009；徐骏和何亮亮，2009）。另外，《气象法》既非为单纯地保护国家利益而设，也非为单一地保护私人利益而设，主要是通过调整人与人之间的关系达到人与气象之间的和谐，《气象法》之利益所在为全社会甚至全人类之利益。因此，《气象法》的社会公益法属性是《气象法》的本质体现，并因此决定了其社会责任本位原则、公益优先原则的理念与功能。尽管通常认为《气象法》不属于传统的公法或私法，但大多现行有效的气象法律法规仍具有明显的公法特征。

2. 《气象法》的立法目的

《气象法》的立法目的是调整气象社会关系（宋晓丹，2012）。气象社会关系具体包括气象机构组织关系，气象设施建设与管理关系，气象探测、预报与灾害性天气预警关系，气象行政管理关系和气象民事法律关系等。

《气象法》作为我国公共气象管理方面的基本法律，其第一条明确立法目的为"发展气象事业，规范气象工作，准确、及时地发布气象预报，防御气象灾害，合理开发利用和保护气候资源，为经济建设、国防建设、社会发展和人民生活提供气象服务"，此目的起统领作用。《气象法》虽不属于《立法法》中的基本法律，但作为调整气象社会关系的综合性法律，在气象社会关系调整方面的基本法律地位是毋庸置疑。

《气象法》第一条所规定的立法目的细分为四类：一是为我国气象事业有序发展提供法律依据；二是有效规范不同类型的气象工作（包括但不限于气象监管体制的确立、气象预报工作、气象灾害防减、气象信息管理等）；三是为我国气候资源的合理开发利用及保护提供法律保障；四是为各类气象服务的规范性进行提供法律依据。从这四类目的来看，该法依然被定义为一部调整人类与自然斗争所形成的社会关系的专业性法律，主要目的是保障国家、集体或个人的经济利益或社会秩序，并未充分尊重气象环境本身的价值。

3.2.3 《气象法》的适用范围与基本特征

《气象法》作为气象法律部门的基础性法律，是体现《气象法》基本特点、基本精神、基本理念与基本价值取向的综合性法律，不仅聚焦于调整人们在认识了解气象工作、开发利用气象资源、开展气象活动等中产生的各种社会关系，更是从多个层面体现了该法的专业性、公益性与综合性。

1. 《气象法》的适用范围

依据《气象法》规定，在我国领域和管辖的其他海域从事气象探测、预报、服务和气象灾害防御、气候资源利用、气象科学技术研究等活动，应当遵守该法规定。这表明《气象法》适用于我国领域及管辖的其他海域的气象活动，以及我国管辖的海上钻井平台和具有我国国籍在国际航线上飞行的航空器、远洋航行的船舶等气象探测活动。

2. 《气象法》的基本特征

对天气与气候现象的关注是近代以来的事情，伴随人类气象社会活动越来越频繁，人类对天气与气候的影响也越来越明显，对相关活动或社会关系进行法律规范的必要性被不同国家提上日程。相较于其他法律侧重于规范人与人之间的关系而言，虽然《气象法》所规范的也是社会关系，但这种社会关系必须以天气现象或气候现象为媒介。

第一，公益性是《气象法》首要特征。

首先，《气象法》的公益性由社会法的本质所决定。作为社会法的《气象法》，其相关行为或活动具有明显的公益性。这表明，基于气象社会关系的公共气象服务行为总体上应由政府付费。社会法上的国家给付具有长期性和稳定性特征，是法律赋予政府的强制性义务，这种强制性义务不仅是因为此类行为所承载的社会发展与社会需求的公共属性（谷景生，2007），更多是因为此类行为在绝大多数情形下不能被私有化。

其次，气象事业是事关经济与国防建设、社会发展和人民生活的基础性公益事业。这项基础性公益事业的首要提供者应为政府，这是我国不同层级的专业性气象管理机构得以确立的大前提。不同地方人民政府应将公益性气象服务放在首位，以确保相应的财政预算、农业生产发展、防灾减灾、气象信息供给等的有序展开。虽然依据《气象法》第三条与第四十二条规定，气象台站可依法开展气象有偿服务，但气象有偿服务的范围、项目、收费等具体管理办法，由国务院依据本法规定。《气象法》第四十二条对有偿服务的规定，重申并确保了气象法的公益性。基于此规定，中国气象局相继于 2015 年 5 月废止了《气象专业有偿服务收费项目及标准的原则规定》、2017 年 12 月废止了《关于将气象有偿服务费转为经营服务性收费（价格）的通知》。

最后，公共气象服务的提供应以无偿为主，以有偿服务的提供为补充。这是《气象法》服务于社会的核心，也是《气象法》承载的核心价值所在。尤其是作为公共信息的气象预报本身并不具备知识产权保护特征，由不同气象台站所发布的气象预报在一般条件下都是公众可免费获得的信息。尽管公共气象服务在总体上是由政府专业机构免费提供的，但并不代表所有公共气象服务都是无偿的。

第二，专业性与科技性是《气象法》的重要特征之一。

气象事业的可持续开展与气象工作的有序展开均与科学技术的发展密切相关，这是由气象认知的科学伴随性与气象工作的科技支撑性所决定的。《气象法》中对气象社会关系的规范，是在科学进步、技术保障以及二者共同作用下进行推演而逐渐确立的行为模式与法律后果，并使气象法律法规的调整与变更呈现出正向的科技依赖性，一方面使得《气象法》的发展与气象法律规范的变更在很大程度往往会依赖于科学进步与发展；另一方面表现为大量的气象法律规范都是由气象技术标准、气象管理规范与规程等形式来进一步确立法律规范的内容。

气象服务与气象事业具有专业性。气象服务是一项复杂的专业技术活动，需要系统专业的知识、专业人员等来提供准确、及时、有效的服务，更需要有专门的机构、制度化的管理机制等来保障气象工作的有序展开、气象服务规范提供以及气候资源的有效开发利用。

第三，综合性也是《气象法》的重要特征之一。

《气象法》是法律对气象社会关系予以直接干预与作用的后果，也是法学与气象学共同交叉作用规范社会行为的体现。在对气象社会关系通过法律手段予以规范时，往往以现实的社会需求为导向，将现有的综合性法律手段或调整方式直接应用于气象工作与气象事业的实践。其具有的综合性，一方面体现为气象法律关系是此领域内的民事、行政与刑事法律关系，需要通过相应的法律法规来进一步确保不同法律关系的实现；另一方面体现为气象社会关系的法律保障，这种保障往往要依赖于综合性的法律方式或法律手段来实现。

3.2.4　《气象法》的主要内容

1. 气象工作机制与监管体制

气象工作与气象事业都具有专业性与科技性，因此，要确保气象工作与气象事业的有序开展，必须要通过法律予以规范。

气象台站是从事气象业务活动的主要主体，依法进行气象探测，按照职责向社会发布公众气象预报和灾害性天气警报。县、市气象主管机构所属气象台站应当主要为农业生产服务,及时主动地提供保障当地农业生产所需的公益性气象信息服务。其他有关部门所属的气象台站和与灾害性天气监测、预报有关的单位亦在其权限范围展开气象活动。

各级气象主管机构是气象工作的监管机构,以行政区域为基础展开工作。国务院气象主管机构负责全国的气象工作。而地方各级气象主管机构负责本区域内的气象工作。气象主管机构的管理事项包括:气象设施的规划、选址、建设、迁移与运行;气象探测资料的收集、发布、交换等;气象预报与灾害性天气警报的发布管理;组织气象灾害防御的监测、预报;人工影响天气工作的管理;雷电灾害防御的组织管理;气候资源的综合调查、区划;气候监测、分析、评价的组织;组织气候资源开发利用项目的气候可行性论证等。地方人民政府负责一定地域范围内气象工作的领导和协调,从财政、预算、资金等方面确保地方气象事业项目的有序发展。县级以上地方人民政府应当根据防御气象灾害的需要,制定气象灾害防御方案,并根据气象主管机构提供的气象信息,组织实施气象灾害防御方案,避免或者减轻气象灾害。

2. 气象设施的建设与管理

气象设施,指气象探测设施、气象信息专用传输设施和大型气象专用技术装备等。《气象设施和气象探测环境保护条例》第三条规定,"气象设施和气象探测环境保护实行分类保护、分级管理的原则。"各级气象主管机构负责编制气象设施建设规划,并在编制前向上级气象主管机构征询规划的可行性意见。地方人民政府应在法律规范的范围内尽力确保气象设施的正常运行。

依据《气象法》《气象设施和气象探测环境保护条例》《气象探测环境和设施保护办法》的规定,对以下四类不同的气象设施实施分类管理。

第一类是气象探测设施,指用于各类气象探测的场地、仪器、设备及其附属设施。对此类设施实施严格保护,禁止任何组织和个人侵占、损毁和擅自移动气象探测设施;禁止在气象探测环境保护范围内设置影响气象探测设施工作效能的高频电磁辐射装置①。对违反上述禁止性规定的,相关气象主管机构可责令限期恢复原状或者采取其他补救措施,可并处5万元以下罚款;造成损失的,依法承担赔偿责任;构成犯罪的,依法追究刑事责任。

第二类是气象信息专用传输设施,是指气象信息服务单位传输气象资料和气象预报产品的设施。此类设施的利用与管理除了应符合《气象法》中的相关规定,还应满足其他相关法律法规的规定。

第三类是气象专用技术装备,该类设施应当符合国务院气象主管机构规定的技术要求,并经国务院气象主管机构审查合格;未经审查或者审查不合格的,不得在气象业务中使用。使用不符合技术要求的气象专用技术装备,造成危害的,由有关

① 参阅《气象设施和气象探测环境保护条例》《气象探测环境和设施保护办法》的规定。

气象主管机构按照权限责令改正，给予警告，可并处 5 万元以下罚款。

第四类是其他气象设施，主要包括气象灾害防御、气象计量器具等。雷电防护装置的设计、审核、竣工验收、检测等均应符合相关规章与标准的要求。气象计量器具应当依照《中华人民共和国计量法》规定，经气象计量检定机构检定，未经检定、检定不合格或者超过检定有效期的气象计量器具，不得使用。

除了上述这四类设备设施的管理外，气象台站作为各类气象设施集中应用地，该区域范围内的各类设施的管理也应按照法律规范进行。

3. 气象探测

气象探测规范主要包括气象探测业务主体，气象探测资料的获取、汇交、发布与保存，气象探测区域的确定，相关项目对气象探测环境影响的限制性规定等。

在我国，从事气象探测业务主体包括三类：各级气象主管机构所属的气象台站，国务院其他有关部门和省、自治区、直辖市人民政府其他有关部门所属的气象台站，以及其他从事气象探测的组织和个人。其中，外国的组织和个人，经国务院气象主管机构会同有关部门批准后，方可在我国领域和管辖的其他海域从事气象活动。

气象探测资料除了在国民经济、社会发展和人民生活等诸多领域有着广泛的用途外，在国防建设和军事活动等方面也有很大的使用价值。不同类型气象探测资料的获取、汇交、发布与保存都应该遵守法律的规定。因此，除了可以公开发布的基本气象探测资料外，特殊地区为特殊目的而设置的气象台站所获得气象探测资料是具有一定机密性的，有些探测资料按照内外有别的原则，在一定时期内也是需要强调保密的，具体密级的确定、变更和解密等，可以按照国家有关规定执行。依据中国气象局 2017 年颁布的《气象探测资料汇交管理办法》规定，涉及国家安全、国家秘密的气象探测资料，其密级的确定、变更和解密，以及汇交传递、存储和使用，依照有关国家安全和保守国家秘密的规定执行。对于涉外气象探测资料的提供、使用与汇交适用《涉外气象探测和资料管理办法》的规定。

气象探测环境与设施受法律保护，任何组织和个人都有保护气象探测环境与设施的义务。禁止在气象探测环境保护范围内设置障碍物、进行爆破和采石；禁止在气象探测环境保护范围内设置影响气象探测设施工作效能的高频电磁辐射装置；禁止在气象探测环境保护范围内从事其他影响气象探测的行为[①]。受法律保护的气象探测环境和设施包括：一是国家基准气候站、国家基本气象站、国家一般气象站、自动气象站、太阳辐射观测站、酸雨监测站、生态气象监测站（含农业气象站）的探测环境和设施；二是高空气象探测站（包括风廓线仪、声雷达、激光雷达等）的探测环境和设施；三是天气雷达站的探测环境和设施；四是气象卫星地面接收站（含静止气象卫星地面接收站、极轨气象卫星地面接收站）、卫星测控站、卫星测距站的

---

① 参阅《气象法》第二十条。

探测环境和设施；五是大气本底台站、沙尘暴监测站、污染气象监测站等环境气象监测站的探测环境和设施；六是遥感卫星辐射校正场的探测环境和设施；七是闪电探测站的探测环境和设施；八是全球定位系统（global positioning system，GPS）气象探测站外场环境；九是气象专用频道、频率、线路、网络及相应的设施；十是其他需要保护的气象探测环境和设施①。这十类环境与设施，既是法律保护的对象，也是法律保护的范围。

4. 气象预报与灾害性天气警报

气象预报与灾害性天气警报主要包括公众气象预报和灾害性天气警报的统一发布制度、专项气象预报的发布制度与气象预报的通信保障制度。

公众气象预报和灾害性天气警报的统一发布制度体现为发布主体、发布方式（发布途径）的统一性与法定性。近年来，社会上一些个人或者组织擅自把个人的气象预报意见或学术讨论会上的预报观点通过传媒向社会公开发布的情况屡有发生。这些意见或观点在社会的广泛传播，给政府组织防灾减灾和人民群众正常的生产、生活秩序带来了不良影响。为了保证气象预报的质量，更好地满足社会公众和国家经济建设、国防建设的需要，维护正常的生产、生活秩序，《气象法》第二十二条明确规定国家对公众气象预报和灾害性天气警报实行统一发布制度。向公众发布的气象预报与灾害性天气警报不仅涉及不确定范围内公众对气象信息的认知，也涉及公众应用该预报或警报用于指导或引导生产，甚至以此为依据做出相应的预警预案，因此，基于谨慎性与权威性，《气象法》规定公众气象预报和灾害性天气警报由法定的主体——各级气象主管机构所属的气象台站——予以发布。

专项气象预报的发布制度是适用范围有限的专项性预报。国务院其他有关部门和省、自治区、直辖市人民政府其他有关部门所属的气象台站，可以发布供本系统使用的专项气象预报。专项气象预报不仅发布范围、影响大小相对有限，而且主要是用于专项的生产活动领域。

气象预报的通信保障制度包括两方面：一是相关信息产业部门的协同配合，确保气象通信畅通，准确、及时地传递气象情报、气象预报和灾害性天气警报；二是气象无线电专用频道和信道受国家保护，任何组织或者个人不得挤占和干扰。伴随通信科技及应用领域的渐增，《气象法》修订中应对违反此规定的现象给出明确的制裁性规定。

5. 气象灾害防御

气象灾害是自然灾害之一，指因气象原因导致的人类生命财产和国民经济建设及国防建设的直接或间接损害，包括台风、暴雨（雪）、寒潮、大风（沙尘暴）、低

---

① 参阅《气象探测环境和设施保护办法》第七条。这十类是不断变化的，如何将法律保护范围的精准性与变化性结合起来，是未来气象立法不得不关注的重要议题。

温、高温、干旱、雷电、冰雹、霜冻和大雾等所造成的灾害。

全国气象灾害防御工作由国务院气象主管机构和国务院有关部门按照职责分工共同展开。地方气象灾害的防御工作由各级地方人民政府统筹指导、气象主管机构与其他部门协同配合。县级以上地方人民政府负责制定气象灾害防御方案，各级气象主管机构组织监测与监管，各级气象主管机构所属的气象台站及时提供预报与监测信息，为地方人民政府的气象灾害防御提供有效信息。

气象灾害防御包括以下内容：一是气象灾害的预防，包括气象灾害普查、气象灾害数据库的建立、气象灾害风险区域的评估与划定、气象灾害防御规划的编制与实施、气象灾害防御设施建设、气象灾害应急预案的制定与报备、气象灾害应急演练与气象灾害防御的宣教、其他建设项目与气象灾害防御设施建设的配套、各类（如雷电、大风等）气象灾害防御场所及设备的建设与应用等；二是气象灾害的监测、预报和预警，包括应急移动气象灾害监测设施、应急监测队伍的建设，气象灾害监测信息网络的完善，灾害性气象预报系统的优化，不同部门在气象预报与气象信息交流方面的协作，灾害性天气警报和气象灾害预警信号的发布规则、发布主体、发布流程等；三是气象灾害的应急处置，是气象灾害防御的终端手段，主要包括灾害发生后的及时上报，灾害应急预案的启动与实施，气象灾害危险区的确立、评估与划定，配套应急处置措施的及时有序实施，地方人民政府及各政府部门的依法履职与密切配合，气象灾害信息的及时发布与传播，灾害结束后的损失调查及重建计划等。

6. 气象信息服务

气象信息服务的相关规定散见于其他章节与相关法律法规。气象信息服务是指气象信息服务单位利用气象资料和气象预报产品，开展面向用户需求的信息服务活动。气象信息服务的提供主体为气象信息服务单位，指依法设立并从事气象信息服务的法人和其他组织，自然人个人不能成为气象信息服务的法定主体。气象信息服务的监管主体为各级气象主管部门，承担对气象信息服务的业务监管、行业流程监管等职能。

7. 气候资源开发利用和保护

气候资源是在目前的社会经济技术条件下可以为人们所直接或间接利用、能够形成财富、具有使用价值的气候系统要素或气候现象的总体，通常包括光能、热量、降水、风速、气体等（葛全胜，2007）。在地方立法中，一般认为，气候资源是指可以被人类生产和生活利用的太阳辐射（太阳光照）、热量、风、云水和大气成分等能量和自然物质[1]。立法中对气候资源的界定是以其所能体现的客观物质载体为直接

---

[1]《山西省气候资源开发利用和保护条例》《湖北省气候资源保护和利用条例》等均对"气候资源"有明确的定义。

依据，将其定性为能量与自然物质；而学理上的气候资源则将其定位为气候系统要素或气候现象，侧重于气象学与气候学特征的归纳。

虽然有地方立法明确了气候资源的内涵，但由于目前国家立法未给出明确的法律界定，其内涵与外延仍有待进一步明晰，尤其是将气候资源作为一种广域意义上的自然资源来对待，或是将其作为全人类共同且平等享有的物资而非作为物权法意义上的保护对象（刘国涛和王新烨，2021）。但无论如何，目前立法中的"气候资源"界定属"泛气候资源"。

8. 法律责任

违反《气象法》的法律责任包括行政责任、刑事责任与民事责任。

行政责任承担所涉及的违法事由涉及范围最广泛，包括侵占、损毁或者未经批准擅自移动气象设施的；在气象探测环境保护范围内从事危害气象探测环境活动的；在气象探测环境保护范围内，违法批准占用土地的，或者非法占用土地新建建筑物或者其他设施的；使用不符合技术要求的气象专用技术装备，造成危害的；安装不符合使用要求的雷电灾害防护装置的；非法向社会发布公众气象预报、灾害性天气警报的；广播、电视、报纸、电信等媒体向社会传播公众气象预报、灾害性天气警报，不使用气象主管机构所属的气象台站提供的适时气象信息的；从事大气环境影响评价的单位进行工程建设项目大气环境影响评价时，使用的气象资料不符合国家气象技术标准的；违反人工影响天气相关规定的；各级气象主管机构及其所属气象台站的工作人员由于玩忽职守，导致重大漏报、错报公众气象预报、灾害性天气警报，以及丢失或者毁坏原始气象探测资料、伪造气象资料等事故的[①]。

刑事责任主要涉及各级气象主管机构及其所属气象台站的工作人员由于玩忽职守而导致的相关行为，侵占、损毁或者未经批准擅自移动气象设施的行为，在气象探测环境保护范围内从事危害气象探测环境活动的行为，以及因人工影响天气作业导致的损害责任。

民事责任在《气象法》中仅涉及两项：一是因不符合使用要求的雷电灾害防护装置给他人造成损失的，相关单位或主体应依法承担赔偿责任；二是因人工影响天气作业，给他人造成损失的，应依法承担赔偿责任。但《气象法》及相应的管理条例中并未明确此类责任主体及赔偿范围。

3.2.5 公共气象管理的行政法规与规章

1. 公共气象管理的行政法规与规章的框架

我国公共气象管理的主要行政法规与规章（图 3-1）围绕《气象法》中的六方面展开。目前，国家层面的行政法规与行政规章涵盖了《气象法》中的四大方面：

---

① 参阅《气象法》第三十五～第四十条。

气象设施的建设与管理、气象探测、气象预报与灾害性天气警报、气象灾害预防的
内容。而气候资源开发利用与保护、气象信息服务管理仅在行政规章中予以规定①。

2. 公共气象管理行政法规与规章的特点

《气象法》作为气象领域的综合性法律，难以详尽规范此领域所有问题，而相关
的行政法规、部门规章与地方性法规在细化并落实《气象法》、强化《气象法》的实
践性与可操作性等方面起到了关键性作用。

首先，我国所颁行的行政法规与规章（图 3-1）是对《气象法》的进一步细化
与落实。一方面，《气象法》作为气象领域的基础性法律，不可能全面彻底地规定此
领域内所有的事项。另一方面，这种立法模式既符合《立法法》中的法治要求，也
符合我国对特定事项行政监管法律依据确立的习惯性做法。

气象设施的建设与管理	《气象设施和气象探测环境保护条例》《气象探测环境和设施保护办法》《气象台站迁建行政许可管理办法》《国家气象科普基地管理办法》《气象行业管理若干规定》《新建、扩建、改建建设工程避免危害气象探测环境行政许可管理办法》《气象专用技术装备使用许可管理办法》
气象探测	《气象设施和气象探测环境保护条例》《涉外气象探测和资料管理办法》《气象探测环境和设施保护办法》《气象专用技术装备使用许可管理办法》《新建、扩建、改建建设工程避免危害气象探测环境行政许可管理办法》
气象预报与灾害性天气警报	《气象灾害防御条例》《人工影响天气管理条例》《气象灾害预警信号发布与传播办法》《气象专用技术装备使用许可管理办法》
气象灾害预防	《气象灾害防御条例》《人工影响天气管理条例》《防雷减灾管理办法》《雷电防护装置检测资质管理办法》《雷电防护装置设计审核和竣工验收规定》
气候资源开发利用与保护	《人工影响天气管理条例》《气候可行性论证管理办法》《升放气球管理办法》《气象专用技术装备使用许可管理办法》
气象信息服务管理	《气象信息服务管理办法》《气象信息服务企业备案管理办法》《气象预报传播质量评价管理办法》《涉外气象探测和资料管理办法》《气象资料共享管理办法》《气象部门政府信息公开办法》

图 3-1　我国公共气象管理的行政法规与规章

其次，现有行政法律与规章最大程度上确保了气象活动的有序展开。气象设施
与气象探测环境的保护是气象活动的基础，因此，此类行政法规与规章较全面。为
了保护气象设施和气象探测环境，确保气象探测信息的代表性、准确性、连续性和
可比较性，2012 年出台了《气象设施和气象探测环境保护条例》，系国务院颁发的
行政法规。中国气象局制定的《气象探测环境和设施保护办法》《气象台站迁建行政

① 虽然《人工影响天气管理条例》第三条规定，该条例中的人工影响天气活动是为了避免或者减轻气象灾害、合理利用气候资源，但人类影响天气活动仅是气候资源开发活动中的一类，并不能涵盖所有气候资源开发行为的规定。

许可管理办法》《新建、扩建、改建建设工程避免危害气象探测环境行政许可管理办法》《气象行业管理若干规定》，以及中国气象局与科技部联合发布的《国家气象科普基地管理办法》等，对进一步落实不同类型气象设施的建设、使用、撤销，以及不同条件下气象探测环境保护、气象探测工作的顺利开展提供了切实的管理依据。精确有效的气象预报或灾害性天气警报的发布并确保利益主体充分了解此类信息，是关系农业、工业、运输业、渔业等产业发展的重要保障。

最后，我国所颁行的一系列的行政法规与规章，是推进我国气象事业有序发展、对气象工作进行有效监管的保障。从《气象法》中的六大类气象领域①相关事项来看，每一类的具体内容要付诸实践均具有明显的专业性、差异性与实践性特征，这就需要在国家层面通过进一步的明确规定来保障专业性、差异性与实践性得以相对平稳地推进与实现。因此，在依法治国的大背景下，选择通过国务院颁行行政法规、各部委或部委联合颁行规章，是确保我国气象事业、气象工作得以稳步推进、有序落实的基石。

颁布并保障一系列气象类行政法规与规章是确保气象惠民、气象为民之法治精神的精细化体现。专业化程度高且科技依赖性强的气象工作所涉及的是万千人民的生产生活。因此，从法治精神与法律公平的角度来看，该类法规与规章不能仅仅只对上位法进行细化与落实以体现法律的权威性，还应该在完善相应的法律文本的基础上，强化法律实践以进一步突出法的公平性与合理性。

除了《气象法》，或以气象为核心的相关行政法规、行政规章外，地方性法律法规也在公共气象管理方面发挥了重要作用。

3.3　公共气象管理的其他法律法规

法律法规对某一领域社会事务所产生的效果是以体系化的方式综合呈现，某一部法的单独作用并不能发挥最全面、最综合的法律实效，在公共气象管理领域亦如此。

3.3.1　其他涉及公共气象管理的法律框架及主要特征

从我国法律体系上看，在其他法律（图 3-2）中直接规定公共气象管理的法律并不多，且这些法律均由全国人大常委会制定。从现有的法律框架（图3-2）分析，主要有以下几个特征。

---

① 本教材未将气象工作机制与监管体制、法律责任这两类分别作为单独一类在此部分予以编写，主要是因为在我国现有的气象行政法规、行政规章等并未体现出这两类的独立性，且这两类均与六类不同的气象工作具有关联性。

图 3-2　其他法律涉及公共气象管理的相关内容

　　一是，国家根本大法与相关基本法律虽未直接明确规定气象管理内容，但涉及气象问题的相关事项仍具有可适用性。一方面，尽管《宪法》未直接规定气象领域的相关内容，但《宪法》及其他相关法律如《中华人民共和国地方各级人民代表大会和地方各级人民政府组织法》所涉及的监管体制、政府职能配置等直接决定着我国气象主管部门的设立、工作机制、运行规则等。另一方面，尽管《中华人民共和国民法典》《中华人民共和国刑法》等法律中也未直接明确规定气象监管的内容，但其中涉及民事行为、合同履行、渎职等方面的内容仍是公共气象监管中要密切关注的。

　　二是，涉及气象活动或监管的相关法律均为全国人民代表大会常务委员会所制定。这些法律规定的内容涵盖了不同部门间的协同合作、气象服务的有序提供、气候资源的保护与合理利用、气象资料的共享交换等方面（图 3-2）。

　　三是，其他法与《气象法》的协同性。一方面是因为其他相关活动对气象预测预报的依赖性，唯有一致才能确保法律实施基础的一致；另一方面是因为唯有法律共同作用才能产生更优的法律效果，其他法律法规的适用需与气象类法律法规共同适用，方能有效减少冲突与矛盾。事实上，其他相关法律如《中华人民共和国农业法》(以下简称《农业法》)、《中华人民共和国农业技术推广法》(以下简称《农业技术推广法》)、《大气污染防治法》、《中华人民共和国防沙治沙法》(以下简称《防沙治沙法》)、《防洪法》、《中华人民共和国城乡规划法》(以下简称《城乡规划法》)、《中华人民共和国森林法》(以下简称《森林法》)、《中华人民共和国草原法》(以下简称《草原法》)、《中华人民共和国道路交通安全法》(以下简称《道路交通安全法》)、《中华人民共和国海上交通安全法》(以下简称《海上交通安全法》)等，均通过明确的授权性或调整性规范的形式，规定了气象监测的作用，这种规定既是行业性与专业性的体现，也是公共气象管理活动过程中部门协同与协调的法律保障。

四是，适用领域的制约性与限制性。虽然气象活动或气象工作涉及自然人、法人或其他组织的方方面面，但明确规定需要气象部门提供监测、预报、资料等仍限于对自然环境依赖性强的一些行业、产业或领域，尤其是农业生产、自然灾害防减、交通运输等。这些规定在法律上明确了气象部门（或气象单位）必须履行义务（或执行职责）的法定性，若不按照法律规定严格实施，导致损害或损失应承担相应的法律责任。而对自然环境依赖较弱的一些产业或行业并无明确规定。尽管某些法律中未明确规定气象部门（或气象单位）应履行哪些义务，但并不妨碍相关主体有依照《气象法》的规定享有气象公共服务或信息服务的权利。

3.3.2　公共气象管理的其他法律的主要内容

涉及公共气象管理的其他法律，依据其所涉及的领域及规范内容所保障的范围可分为自然资源开发利用、自然灾害防减和城乡规划。

1. 《气象法》与自然资源开发利用

《气象法》在自然资源开发利用方面除了体现为对我国农业发展的保障外，还体现在为其他类型资源或自然生态对气候调节的保护。

首先，公共气象管理集中体现为农业生产的两方面：一是地方政府对农业气象服务的支持与推动，确保气象预报、气象信息能有效地为农业生产与农业发展提供保障；二是从法律上将农业气象技术纳入农业技术范畴，在法律上定位农业气象技术并支持农业发展。这两方面既反映出农业是对气象条件依赖性大、受气象条件影响最敏感的产业，也反映出政府在立法上的有效支持与立法中的法律确认。气象服务于农业发展不仅是各地气象部门（或气象单位）的重点关注和研究的对象，也是地方政府应当予以扶持的法律责任与法律义务。公共气象管理在农业生产、农业科学发展等方面的保障不仅是《气象法》[①]中以公益性为基本原则的体现，更是《农业法》中有效支持地方气象事业发展的重要内涵。

---

① 参见《气象法》第四条　县、市气象主管机构所属的气象台站应当主要为农业生产服务，及时主动提供保障当地农业生产所需的公益性气象信息服务。

其次，气象服务贯穿于农业发展的三个方面。一是气象应始终贯彻为农业服务的宗旨与理念，相关气象台站应及时主动为当地农业生产提供有效、科学的气象信息，以确保当地农业生产的有序展开；二是气象信息服务或气象预报服务应适时提供可能危及农业生产的灾害类的预测、预报信息，以减少因气象或气候原因造成的农业损失；三是气象信息的提供、发布等相关部门（或单位）应发挥自身的专业优势，与农业、渔业、林业等部门合作、协调等，采取各种有效措施减少各类损失。气象预报、气象灾害预报等是提升农业生产力发展的科学手段之一，也是现代农业与未来农业发展的支撑要件之一。

最后，除了《气象法》外，其他法律明确规定了资源开发利用中的管理内容。例如，《草原法》《中华人民共和国长江保护法》（以下简称《长江保护法》）[1]（图 3-2）规定对具有调节气候、涵养水源等特殊作用的基本草原实施严格管理。《森林法》规定了国家加强森林资源保护，发挥森林调节气候、改善环境、维护生物多样性和提供林产品等多种功能。这些规定，与《农业法》差异明显，未规定气象预报在其中的作用，亦未明确要求相关气象部门（或气象单位）的义务，而是要求在充分了解草原在气候调节中的生态价值后，对此部分资源利用中可能涉及的气候资源问题进行限制性规范。

2. 《气象法》与自然灾害防减

为了确保自然灾害防减方面气象工作与气象服务，除《气象法》及气象类行政法规等发挥重要的规范与强制作用外，其他法律如《大气污染防治法》《防洪法》《防沙治沙法》等明确规定气象主管机构在重污染天气应对、防沙治沙与防洪中的法定义务与监管职责。

1）重污染天气应对

气象主管机构在重污染天气应对中的作用主要为重污染天气监测预警体系的建设与重污染天气应对中政府部门间会商机制的建设。

气象主管机构对重污染天气监测预警体系建设的义务具有法定性，这种法定除了法律规定和确认外，还体现为重污染天气应对实践中对气象预报、气象信息的高度依赖性。《大气污染防治法》规定国家建立重污染天气监测预警体系。国务院生态环境主管部门会同国务院气象主管机构等有关部门、国家大气污染防治重点区域内有关省、自治区、直辖市人民政府，建立重点区域重污染天气监测预警机制，统一预警分级标准。这表明，在重污染天气监测预警体系的建立过程中，气象主管机构提供科学的气象信息，与相关部门联合制定监测预警机制与预警分级标准。同时还规定省级气象主管机构在该行政区域重污染天气监测预警机制建设中的责任。《大气污染防治法》中重污染天气监测预警机制的内容至少包含：重污染天气预防与应

---

① 参见《草原法》第四十二条、《中华人民共和国长江保护法》第四十条、《森林法》第二十八条等相关规定。

对中的气象条件预测预报；重污染天气预防与应对过程中的气象服务、气象信息完善；重点区域重污染天气监测预警机制的建设及相关标准、规则的确立；与生态环境、应急管理等相关部门的合作、协调等①。

重污染天气应对中会商机制的确立、发展与完善，均离不开气象主管机构的配合、协调、主动介入与积极作为。重污染天气预警等级的确立、启动时间长短及范围大小、等级调整及预警解除等需要有准确有效的气象预报，才能确保这种预警的科学性与有效性，因此，在重污染天气应对中，污染物的监测与评估固然十分重要，但涉及污染物累积、扩散、转化等与气象条件的认识亦必不可少。《大气污染防治法》第六章第九十五条第一款②规定表明，部门会商不是简单的信息发布、信息交流或储存，而是通力合作的法定义务。

2）防沙治沙

《防沙治沙法》的实施使中国的防沙治沙工作走上了法治化的轨道，该法明确规定了气象主管机构的职责。

首先，防沙治沙工作中气象主管机构的协同配合，既是一般原则性要求，也是我国气象主管机构应履行的职责。在《防沙治沙法》第五条第二款规定："国务院林业草原、农业、水利、土地、生态环境等行政主管部门和气象主管机构，按照有关法律规定的职责和国务院确定的职责分工，各负其责，密切配合，共同做好防沙治沙工作。"这表明，无论由哪个部门主导或启动的防沙治沙工作，气象主管机构都应该遵循《气象法》《防沙治沙法》等相关法律法规的规定，与相关部门各司其职，并密切配合相关部门的工作。

其次，对气象干旱和沙尘暴进行监测和预报是气象主管机构的义务，并有义务将监测结果及时报告当地人民政府。该法第十五条第二款规定："各级气象主管机构应当组织对气象干旱和沙尘暴天气进行监测、预报，发现气象干旱或者沙尘暴天气征兆时，应当及时报告当地人民政府。"此规定与气象业务的公益性相符，也与气象主管机构的工作范围相符。

3）防洪

防洪是公共气象服务的重要领域。洪水的产生往往与异常天气或极端气候关联。《防洪法》规定了洪水防御能力建设、防汛抗洪服务中气象部门的主要职责。《防洪法》不仅规定了气象主管机构应该在防洪中所履行的具体职责，还明确了防汛时期气象主管机构的信息提供义务。根据《防洪法》，首先，在地方的防洪规划、防御洪水方案的制订、洪涝灾害监测系统的建设过程中，气象部门应密切配合各部门及地方人民政府，及时提供相关信息与决策决断材料。气象主管部门所提供的气象信息

① 参见《大气污染防治法》第六章的规定。
② 省、自治区、直辖市、设区的市人民政府生态环境主管部门应当会同气象主管机构建立会商机制，进行大气环境质量预报。

对提高地方的防洪能力具有重要价值与意义。其次，气象主管机构应严格按照相关法律法规的规定，及时向有关防汛指挥机构提供天气、水文等实时信息和风暴潮预报。

《防洪法》确定了三方面的内容：一是将气象主管机构提供的信息或应履行的职责按汛期与非汛期来进行规范，这种规定区分了公共气象管理活动的应急性与常规性；二是对于应急时期，向特定机构（即防汛指挥机构）所提供的天气与风暴潮预报必须及时，但仍未明确预报的准确性及其责任；三是气象主管机构有责任在非汛期应为洪涝灾害监测系统、防洪规划和防御洪水方案提供信息与数据支持，这是一种提供气象信息服务的法定责任。

3. 《气象法》与城乡规划

产业结构布局、生产生活网络的形成、社会经济发展、生态环境保护等均与一定地区范围的气候或气象条件相关，因此，在城乡规划中，加强气象监测与数据提供，对一定范围内城乡综合发展尤为关键。根据《城乡规划法》，编制城乡规划时，应当具备国家规定的气象基础资料，气象基础资料一般由气象主管机构来管理，因此，在编制城乡规划时，作为管理者①，气象主管机构有义务为国家或地方人民政府提供这些基础资料。

除上述三类外，气象工作或气象信息的提供也为我国交通运输事业的发展、环境保护工作的顺利开展提供了重要依据。

复　习　题

1.《气象法》的特征是什么？
2.《气象法》的主要内容是什么？
3. 如何辩证看待政策法律在公共气象管理中的角色与功能？
4. 我国公共气象管理的行政法规与规章有哪些？
5. 涉及公共气象管理的其他法律有哪些，请简述主要内容。

主要参考文献

葛全胜. 2007. 中国气候资源与可持续发展. 北京: 科学出版社: 3.
顾建光. 2014. 公共经济与政策学原理. 上海: 上海人民出版社: 232.
谷景生. 2007. 论气象预报不具有知识产权属性: 气象部门利益膨胀有损公众利益. 河北法学, (9): 188-200.
焦冶. 2010. 气象法概论. 北京: 气象出版社: 30.
刘国涛, 王新烨. 2021. 论类型化视野中气候资源的法律属性. 中国政法大学学报, (1): 54-65.

① 该法律认知来源于《气象资料共享管理办法》中的规定，根据该办法，我国的气象资料由各级气象主管机构组织收集并存档。

钮敏. 2009. 气象法理论与应用问题研究. 北京: 气象出版社.

宋晓丹. 2012. 气象基本法视域下《气象法》的不足与完善. 阅江学刊, 4 (6): 96-101.

温克刚. 1999. 辉煌的二十世纪新中国大纪录. 气象卷. 北京: 红旗出版社: 229-234.

徐骏, 何亮亮. 2009. 气象法初论: 基本范畴、调整对象与特征. 理论月刊, (12): 123-126.

《中华人民共和国国史全鉴》编委会. 1996. 中华人民共和国国史全鉴(第 2 卷 1954-1959). 北京: 团结出版社: 2464.

第4章 公共气象战略管理

导入案例

2021年11月24日，中国气象局印发《"十四五"公共气象服务发展规划》，明确主要发展目标和七大主要任务，提出到2025年，气象服务数字化、智能化水平明显提升，智慧精细、开放融合、普惠共享的现代气象服务体系基本建成。

"十三五"时期，我国公共气象服务防灾减灾成效显著，气象服务现代化取得明显进展，重大战略气象保障持续深入，气象服务管理机制逐步健全。"十四五"是我国开启全面建设社会主义现代化国家新征程的关键时期，对气象服务工作提出新任务和新需求，催生新动能，气象服务面临新变革。

《"十四五"公共气象服务发展规划》以习近平总书记关于气象工作重要指示精神为根本遵循，以满足人民日益增长的美好生活需要为目标，坚持"以人民为中心、以需求为牵引、以创新为驱动、以改革促发展、以开放促融合"的原则，提出筑牢气象防灾减灾第一道防线、增强气象服务经济社会发展能力、为美好生活提供高质量气象服务、提升生态文明建设气象能力、加强气象服务能力建设、提升气象服务现代化水平、创新气象服务机制等七大主要任务。

《"十四五"公共气象服务发展规划》明确，"十四五"时期，气象服务保障生命安全、生产发展、生活富裕、生态良好更加有力，气象防灾减灾第一道防线作用更加凸显。在保障生命安全方面，强化气象在监测预警、预警信息发布、风险管理、应急处突保障方面的作用，构建协同联动的气象灾害防御机制；融入生产发展，面向粮食安全、乡村振兴、交通强国、国家能源、海洋强国、区域协调发展强化气象保障服务，发展全球气象服务业务；助力生活富裕，提高公众气象服务供给能力，推进基本公共气象服务均等化，发展城市、健康、旅游气象服务，提升全民气象科学素养；保障生态良好，加强生态系统保护和修复，防治大气污染，科学安全发展人工影响天气。

针对提升气象服务数字化和智能化水平目标，《"十四五"公共气象服务发展规划》提出夯实基础支撑，建设气象服务业务支撑平台，分类升级气象服务业务系统；坚持创新驱动，加强气象服务核心技术研发，深化信息技术融合应用。提升气象服务自动化水平，加快科技创新与成果转化；适应改革要求，推进系统发展、融入发展、集约发展、开放发展。

资料来源：《"十四五"公共气象服务发展规划》印发 2025 年气象服务数字化

智能化水平明显提升. http://www.cma.gov.cn/2011xwzx/2011xqxxw/2011xqxyw/
202111/t20211126_588208.html[2022-09-05]

4.1 公共气象战略管理概述

4.1.1 战略和战略管理

1. 战略

在西方，"战略"一词源于希腊语"strategos"，意为军事将领、地方行政长官。其最初使用于军事领域，是指对战争全局的策划与指挥，即根据敌我双方的军事、政治、经济、地理等因素，遵从战争规律，从战争全局的各方面考虑，所制定的和采取的有关方针、政策和方法（王名，2010）。《简明不列颠百科全书》则将"战略"定义为"在战争中利用军事手段达到战争目的的科学和艺术"。

20世纪60年代，安索夫（Ansoff）将战略概念引入商业领域，形成了"企业战略"的概念，尔后战略概念逐渐在政治、科技、文化、社会管理等领域得到延伸。钱德勒（Chandler）认为战略是决定企业的基本长期目标以及为实现这些目标而采取的行动和分配资源；安索夫认为战略是企业为了适应外部环境，对目前从事的和将来要从事的经营活动而进行的战略决策；安德鲁（Andrews）认为战略是公司决策模式，它确定和提示公司的目的或目标，制定实现这些目标的主要方针和计划，规定公司将从事的业务范围、公司现在的或期望的经济和人文组织类型，以及公司期望为其股东、雇员、顾客和社区做出的经济与非经济的贡献。

2. 战略管理

不同学者从不同角度对战略管理进行界定。Tompson和Strickland（1995）认为战略管理是指规划、执行、追踪和控制组织战略的过程。纳特和巴可夫将战略管理定义为一种计划模式，包括：①根据环境发展趋势、总体方向及标准概念描述组织的历史关联因素；②根据现在的优势和劣势、未来的机遇与威胁分析判断目前的形势；③制定出当前要解决的战略问题议程；④设计战略选择方案，解决需要有限考虑的问题；⑤根据利害关系人和所需要的资源评价战略选择方案；⑥通过资源配置和对人员的管理贯彻需要优先考虑的战略（纳特和巴可夫，2016）。张成福和党秀云（2007）则将战略管理定义为"管理者有意识地选择政策、发展能力、解释环境，以集中组织的努力，达成目标的行为"。

4.1.2 公共气象战略管理的概述

1. 公共气象战略管理的概念界定

2000年1月1日，《气象法》正式施行。《气象法》从气象设施的建设与管理、气象探测、气象预报与灾害性天气警报、气象灾害防御、气候资源开发利用和保护等方面对气象工作进行了规范。气象工作是一项关系到"经济建设、国防建设、社会发展和人民生活的基础性公益事业"。公共气象战略管理最初渊源于此。姜海如（2004）通过将气象产品划分为纯公共气象产品、准公共气象产品以及私人气象产品，得到了最早的有关公共气象的判断，即政府是公共气象产品的提供主体；社会公众是公共气象产品的消费受益主体，而公共气象的宗旨是不断提高社会公众对公共气象产品的满意程度，不断满足社会公众日益增长的精细性和多样性的气象服务需求。公共气象服务包括决策气象服务、公众气象服务、专业气象服务和气象科技服务（骆月珍和吴利红，2008）。

公共气象战略管理有广义和狭义之分。

休斯（2001）指出，"战略管理包括战略计划的两个方面，并把战略扩大到包含战略执行和战略控制在内的更大范围"。狭义的公共气象战略管理，则单指战略规划，也就是对气象部门及其内外部环境进行系统的战略思考，从而确定气象部门的目的、宗旨和目标，制定切实可行的规划的一系列方法和过程。狭义的公共气象战略管理并不关注战略方案的执行与战略实施效果的评估，而是侧重于制定战略方案的过程与其他内在要求。

广义的公共气象战略管理，是指公共气象管理部门根据公共气象业已明确的事业和行业使命，以公共气象组织的外部环境和内部状况为条件，设定公共气象组织的战略目标，为保证目标的正确落实和实现进行谋划，并依靠组织内部能力将这种谋划和决策付诸实施的一个动态管理过程。

公共气象战略管理不仅涉及战略的制定和规划，还包含着将制定出的战略付诸实施的管理，是一个全过程的管理。

公共气象战略管理不是静态的、一次性的管理，而是一种循环的、往复性的动态管理过程。需要根据外部环境的变化，组织内部条件的改变，以及战略执行结果的反馈信息等，重复进行新一轮的战略管理的过程。

公共气象战略管理既不是组织的日常管理，也不是危机管理，而是涉及未来3～5年的组织中期发展目标的战略性的计划或规划的管理。

2. 公共气象战略管理的特征

1）前瞻性与导向性

公共气象战略管理要求通过对气象部门内外部环境的分析，制定出切实可行的发展计划，能够使气象部门明确理解其目标、宗旨与使命，为气象部门的发展指明方向。

2）全局性与长期性

公共气象战略管理强调气象部门整体目标的实现，关注于气象部门的全局性工作而非局部性的工作，关注于气象部门的长期发展目标和方向而非眼前的具体任务。

3）持续性和循环性

气象部门所面临的内外环境是动态变化的，公共气象战略管理要求气象部门能够根据内外环境的变化而持续不断地关注其发展态势，并有针对性地进行调整与应对，确保气象部门的战略计划能够得到有效执行。

4.2　公共气象战略管理系统

4.2.1　公共气象战略管理的主体

在研究公共气象战略管理系统及战略管理过程中，需要首先了解：公共气象战略是由谁制定的？谁来执行？谁进行战略评估？谁进行战略控制？

1. 公共气象战略管理主体界定

主体，作为一个哲学范畴，是指具有自觉能动性和自我意识，能够对客体进行认识和实践的人；作为一个管理学范畴，主体是指在管理活动中，承担和实施管理职能的人或组织，包括拥有一定的权力可以进行管理活动的各级各类领导者、管理者和各种管理机构，故此，公共气象战略管理主体是指具有一定的权力围绕公共气象实施管理活动的各级各类领导者与管理机构。

2. 公共气象战略管理主体构成

1）气象部门

根据《气象法》，分别由国务院气象主管机构和地方各级气象主管机构负责全国的和本行政区域内的气象工作。故而，公共气象战略管理的主体，从具体构成上来讲，包括中国气象局、各省（区、市）气象局以及各市、县气象局。

2）政府

《国务院关于进一步加强气象工作的通知》（国发〔1992〕25 号）明确指出我国实行的是"'气象部门和地方政府双重领导，以气象部门为主'的领导管理体制"，"各级人民政府要进一步加强对气象工作的领导，积极推进气象科学技术现代化，加强国家气象业务体系的建设，并以此为依托，积极发展主要为当地经济建设服务的地方气象事业，提高气象服务的社会、经济效益。"由此，县级以上人民政府也是实施公共气象战略管理的重要主体。

3）战略管理者

战略管理者是气象部门战略规划、实施、评价全过程的管理人员。战略管理者需要对公共气象战略管理活动进行深入分析，全面考虑战略管理的内外环境因素及各利益相关者的因素，指导公共气象战略管理的基本理论知识和技术方法的实施与应用，推动完成公共气象战略管理的各个环节与步骤。

　4）领导者

　　领导者是气象部门或政府部门对于组织实施战略管理的最主要的高级管理者，对于公共气象战略管理具有决定性的作用。领导者是公共气象战略管理的分析者、决策者、组织者。气象部门公共管理战略使命和目标由领导者最终确定；气象部门实施战略管理过程中的资源配置都由领导者来决定；公共气象战略管理的执行和评估也由领导者来控制；气象部门战略管理的实施效果从某种程度上来讲是由领导者来决定的。

　　5）规划者

　　当气象部门决定实施战略管理时，需要成立一个成员来源广泛的战略管理委员会来负责设计公共气象战略管理方案。规划者即是指对气象部门战略进行环境分析、战略规划、设计、分析的人员和机构。规划者的构成的一部分可以是战略管理者，但是规划者不完全同于战略管理者。规划者既包括气象部门的领导者、高级管理者，也包括气象部门外的专家、学者、智库、咨询机构等。规划者的职责是科学预测、拟制方案、评估论证方案、追踪战略实施等。

　　6）执行者

　　公共气象战略管理的执行者是指在公共气象战略管理中，运用各种资源，采取实际行动，实现战略目标的人员，主要由气象部门工作人员构成。执行者是将战略目标和方案变为现实的中介者，是气象部门战略管理的实操者，也是公共气象战略管理得以有效执行的最重要条件。公共气象战略管理执行者的主要任务职责是做好战略实施准备、进行具体的实施行动、总结执行情况、及时反馈信息等。

　　7）评估者

　　作为战略管理有效推进的保证，需要对战略方案的实施做事前、事中、事后的评估反馈。所谓评估者，是指依据一定的标准和程序对公共气象战略实施的效益、效率和效果进行评价，并将评价结果反馈给战略领导者、规划者、执行者的人员和组织，包括内部评估者和外部评估者。

　3. 公共气象战略管理主体特征

　1）公共气象战略管理主体构成的多元化

　　公共气象战略管理主体在构成上既包括组织，即各级政府、各级气象部门，也包括相关个人，即气象部门或政府部门的相关领导者、管理者以及公共气象管理的规划者、执行者、评估者等。

　2）公共气象战略管理主体目标的多元化

　　公共气象战略管理主体在实施战略管理过程中，一方面，既要考虑到气象部门的整体利益，也要考虑到公共气象本身需要代表的社会公共利益，还要考虑到作为个体的每一个参与公共气象战略管理的个人的利益；另一方面，还要考虑到公共气象的中长期目标与短期目标的一致性。

3）公共气象战略管理主体参与方式的多元化

不同战略管理主体以不同方式参与公共气象战略管理。政府及相关部门可以对公共气象战略管理规划的制定与实施进行宏观指导；气象部门的领导者则可以通过个人偏好影响公共气象战略管理的方向；规划者、执行者、评估者也可以通过对不同战略管理环节的具体实施、执行来影响战略管理的预期。

4.2.2 公共气象战略管理的客体

客体，作为一个哲学范畴，是指独立于主体之外客观存在的事物，亦即主体认知和实践的对象；作为一个管理学范畴，客体是指在管理活动中，管理主体所辖范围内的一切对象。故此，公共气象战略管理客体是指公共气象管理主体所作用与实施的个人与组织。在实践中，公共气象管理的客体是全国和地方的气象事业，主要包括：①各级气象部门及所属的气象台站；②各行各业中的专业气象单位，如农业、林业、渔业、民航、远洋运输等行业中的气象单位；③社会及各行各业和气象有关的气象用户（薛恒，2010）。

公共气象战略管理客体的构成即为公共气象管理的对象。

4.2.3 公共气象战略管理环境

1. 公共气象战略管理环境界定

"环境"主要有两层意思，一是指某事物发生、存在或进行某种活动时的生态条件或背景；二是从系统论观点看，任何事物都能构成一个相对独立的系统，并处于更大的系统之中，成为更大的系统之中的子系统，更大的系统则成为该子系统的环境（纳特和巴可夫，2016）。

公共气象战略管理环境，是指直接或间接影响公共气象战略管理的一切因素的总和。一方面公共气象战略管理环境会影响到战略管理实施的效果，另一方面战略管理本身也必须在一定的环境中展开。

2. 公共气象战略管理环境构成

公共气象战略管理环境主要由外部环境和内部环境构成，其中，内部环境是公共气象战略管理组织的内部人际环境、组织文化和组织结构等，内部环境主要影响公共气象管理的运行过程本身；外部环境则是外在于公共气象管理组织的政治环境、经济环境、社会环境、技术环境、自然环境，外部环境则制约公共气象战略管理的运行方向。内部环境与外部环境之间相互影响、相互制约。

1）公共气象战略管理外部环境

（1）政治环境

政治环境是指制约公共气象战略管理的政治制度、政治结构、政治关系和法治状态等因素，既包括国内政治环境，也包括国际政治环境。公共气象战略是在一定的政治环境下制定和实施的；不同的政治环境下，公共气象战略管理的目标选择和实施路径都存在巨大的差异；随着政治环境的发展，公共气象战略也会随之而调整。

（2）经济环境

经济环境是实施公共气象战略管理的外部经济条件，主要包括经济制度、经济发展水平、经济体制、经济结构等因素。经济环境是实施公共气象战略管理的出发点和基础。经济环境决定了公共气象战略管理的水平，公共气象战略管理必须要与经济环境相匹配，不能超越也不能落后于经济环境。

（3）社会环境

社会环境是实施公共气象战略管理的总体社会状况，主要包括人口结构、人口规模、就业政策、劳动保护与失业救济、社会福利与保障体系、社会人伦关系、道德风尚、传统习惯、民族心理、价值取向等。公共气象战略管理的出发点和归宿，都是要从自身所处的社会环境、社会背景和具体的社会关系出发的。

（4）自然环境

自然环境是指一切制约和影响公共气象战略管理的自然因素的总和，包括地形地貌、气候、土壤、水系、资源分布等。自然资源是人类赖以生产的基础，为人类提供生产的生物资源和非生物资源，是公共气象战略管理顺利实施的前提和基础。

（5）技术环境

技术环境是指影响公共气象战略管理的技术因素。技术环境不仅包括革命性的新发明、新应用，还包括与公共气象管理有关的新技术、新工艺、新材料的出现和发展趋势以及应用背景。

2）公共气象战略管理内部环境

（1）组织结构

组织结构是组织关系的框架，是完成组织目标和组织使命的工具，组织结构影响着组织信息的传递和管理的效率，进而影响组织战略的执行和战略管理的效率。公共气象管理部门具有明显的科层结构，在一定的历史时期推动了我国气象事业的发展，但也存在一系列的弊端，需要构建更加弹性、灵活的组织结构。

（2）组织文化

组织文化是组织成员共有的一整套假设、信仰、价值观和行为准则（纽斯特罗姆和戴维斯，2000）。组织文化能够强化公共气象管理部门成员的组织认同感，通过巨大的内聚作用将公共气象战略管理部门凝聚起来；能够调整组织的个体目标和整体目标，发挥目标导向作用；能够激励全体成员自强自信、团结进取；能够通过组织内的道德和价值准则塑造成员的态度和行为。组织文化决定了公共气象战略管理主体的行为准则，既能促进公共气象管理部门的战略变革，也会组织公共气象管理部门的战略创新，成为公共气象战略管理的内在障碍。

（3）组织资源

组织资源一般是指组织的人力、物力和财力资源，也包括组织系统和技术能力。

公共气象管理部门应该认真分析内部资源，以确定组织内部的优势和劣势。公共气象管理部门应该了解各种功能资源的作用，这些功能资源将会影响公共气象部门战略管理的效能。

3. 公共气象战略管理环境特征

1）多样性和复杂性

公共气象战略管理是在一定的环境之中开展实施的。环境是公共气象战略管理赖以存在的所有因素的总和，既包括物质的，也包括精神的；既包括社会的，也包括自然的；既包括国内的，也包括国际的。公共气象战略管理的各环境因素，一方面会作用于公共气象战略管理，另一方面各环境因素内部之间也存在错综复杂的相互交织关系，进而影响公共气象战略管理。

2）差异性和变化性

不同地区、不同级别的公共气象管理部门在实施公共气象战略管理过程中，会面临不同的社会结构、经济发展水平、政府政策等环境要素；同一地区同一公共气象战略管理部门在不同的时期进行公共气象战略管理中也会面临不同的经济发展水平、政府政策等环境要素，从而导致实施不同的公共气象战略管理。

3）融合性和互动性

公共气象战略管理需要融入同时代的环境之中，使战略管理适应时代环境的要求；同时，公共气象战略管理也可以对通过一定的途径反作用于环境，引导战略管理环境的变化与发展。

4.3　公共气象战略管理的过程

公共气象战略管理涉及公共气象战略管理主体、客体与环境及其相互作用，从流程上看，其包括战略规划、战略实施和战略评价三个环节。

4.3.1　公共气象战略规划

1. 公共气象战略规划的定义

明茨伯格（2010）将战略规划定义为一个一体化决策系统产生并发出连贯协调的结果的正规化程序。布莱森则认为战略规划是一种确定基本决策和行动的训练有素的努力。战略规划由一套用以帮助领导者和管理人员完成其组织任务的概念、过程以及工具组成（Bryson，1996）。简言之，战略规划是一个不断发展变化的过程，是"决策—执行—评估"三环节中的重要一环，关系到对当前决策的未来结果的预期。组织应该对其面临的潜在威胁和机会进行评估，充分评估自身的优势和劣势以制定更好的决策方案。据此，公共气象战略规划是围绕公共气象发展的重大问题，在环境分析的基础上，评估公共气象部门的机会与潜在威胁，明确公共气象发展的优势与劣势，研究拟定公共气象战略决策的过程。

公共气象战略规划需要回答以下 4 个问题：需要做什么？可以做什么？能够做什么？应当做什么？围绕这 4 个问题，公共气象战略规划需要明确：①方向和目标，即在综合考虑公共气象部门的优劣势以及机会与威胁的基础上，明确公共气象部门的发展方向与目标；②约束与政策，即要找到外部环境和机会与公共气象部门组织资源之间的平衡；③计划与指标，即根据公共气象部门的发展方向与目标，综合评估自身优劣势，设计公共气象部门的中长短期计划。

在实践中，公共气象战略规划包含两个环节：战略分析和战略选择。战略分析即通过资料的收集和整理分析公共气象部门的内外环境，包括组织诊断和环境分析两个部分。战略分析包括确定公共气象部门的使命和目标；了解公共气象部门所处的环境变化，这些变化将带来机会还是威胁；了解公共气象部门的地位、资源和战略能力；了解与利益相关者的利益期望，在战略制定、评价和实施过程中，这些利益相关者的反应以及这些反应对公共气象部门的影响和制约。

一个好的战略规划应该包括 4 个方面的内容：①战略范围，即要说明公共气象战略管理部门要在何种范围之内就何种目标进行战略管理；②资源部署，即公共气象部门拥有何种资源（包括物资资源、人力资源、财力资源），各种资源的质和量分别是怎样的，这些资源是如何分配与部署的；③机会与威胁，即要说明公共气象部门在自身的战略范围内存在何种机会与威胁，需要对机会与威胁进行全面而充分的评估；④最佳协调作用，即在战略范围内，公共气象部门要使资源部署与竞争的优势相协调。

2. 公共气象战略规划过程

战略管理的哈佛模式将战略管理划分为组织内外部评估、制定备选战略、战略评估与选择和推行战略 4 个环节，纳特-巴可夫模式则将战略管理划分为确定理想与方向、形势评估、问题议程、设计备选战略、可行性评估和战略实施等 6 个环节。格莱斯特的战略管理包括战略制定、战略实施和战略评估等 3 个部分。结合纳特-巴可夫模式，公共气象战略规划主要包括以下 4 个环节。

1）历史回顾

在公共气象部门决定实施战略管理之后，建立公共气象战略管理小组，战略管理小组对公共气象部门的发展历史进行回顾与总结，根据历史的发展趋势以及重大的历史性事件制定出公共气象部门未来的发展方向与目标。

2）形势评估

在确定了公共气象部门的远景发展方向与目标之后，需要进行组织诊断和环境分析，进一步明确公共气象部门所面临的形势。可以运用 SWOT 分析法、PEST 分析法等分析方法进行形势评估。利用上述分析方法可以明确公共气象部门的优势与劣势，以及外部环境给公共气象部门带来的机遇与威胁。形势评估的结果是得到组织诊断报告和环境分析报告。

3）战略议题

议题可以定义为一种对公共气象部门的运作方式或达到预期目标的能力有重大影响的困难。公共气象战略管理小组需要列举出战略议题的清单，并进行优先排序。

4）战略选择

根据所列出的战略议题清单，在综合考虑公共气象部门的优劣势以及机遇与威胁的基础上，设计不同的备选战略方案，并通过一定的既定程序，选择符合公共气象部门发展的宗旨和使命，具有可能性和可行性的战略。影响战略选择的因素有：过去战略的影响；权威网络的反应；公共气象部门的环境；权限；公共气象部门的历史背景。

4.3.2　公共气象战略实施

1. 公共气象战略实施的定义

战略实施是战略规划的继续，即在制定出战略目标和选择好战略方案后，需要将战略思想转化为具体的行动。在这一过程中，既要考虑战略本身的科学性、适宜性和可行性，也要考虑战略的实施任务和模式、资源配置的有效性、管理系统的匹配性等。

公共气象战略管理是指公共气象部门按照确定的战略方案采取行动，最终实现既定战略目标的过程。公共气象战略实施是战略管理的行动阶段，是建立、发展组织的能力的过程；是将战略内容转换为现实的过程；是公共气象部门为了实现战略目标，根据内外部环境的变化调整公共气象部门行为模式的动态过程。

公共气象战略实施是实现公共气象部门战略目标的基本途径。仅仅进行战略规划，设计战略方案是远远不够的，必须通过相关系统，将战略内容付诸实施，才能实现由战略方案到战略现实的转变。"实践是检验真理的唯一标准"，公共气象部门的战略方案只有通过战略实施，才能不断完善与优化。

2. 公共气象战略实施过程

张成福和党秀云（2007）将战略实施的过程确定为明确实际目标与进展指标；进行有效的资源配置；建立有效的组织结构使组织结构与战略相匹配；建立和发展有效沟通与协调机制等环节。布莱森将战略实施划分为计划和方案、预算、实施过程的指导方针三个环节（Bryson，1996）。一般来说，公共气象战略实施可以包括战略发动、制定行动计划、组织准备、资源准备、战略实验、全面实施和战略控制等环节。

1）战略发动

公共气象部门的战略发动即公共气象部门的相关领导者通过系统有序的方式对

公共气象部门的工作人员进行动员，灌输有关战略管理的新思想、新观念，提出新口号、新概念，调动公共气象部门工作人员的积极性和主动性，将公共气象部门的战略理想转变为公共气象部门工作人员的实际行动。在这一过程中，需要让公共气象部门工作人员认识到内外部环境给公共气象部门带来的机遇与挑战，需要使其认识到当前面临的风险与威胁，要让工作人员认清形势，树立信心。

2）制定行动计划

行动计划是为了实现某一个或者一组具体目标的各工作和项目的汇集。公共气象部门在制定行动计划时首先要分解目标，然后制定衡量指标，再做好目标协调，最后做好新旧战略的衔接，减少战略实施的阻力和摩擦。在分解目标阶段，首先要将战略总目标分解为更明确、更具有时间性的阶段目标，然后再分解成合乎该部门总目标层次的一系列的具体目标；在制定衡量指标过程中，则需要考虑公共气象部门为了实施战略所耗费的资源成本、战略实施的进度和成效等；在目标协调时，则要做到公共气象部门的分阶段目标之间、分阶段目标与行动计划目标之间、长期目标和短期目标之间的相互衔接。

3）组织准备

公共气象部门战略实施的成败，在很大程度上取决于公共气象部门是否具有良好的组织结构。在组织准备环节，公共气象部门需要完成3个方面的工作：①建立响应战略需要的组织结构；②配备适合战略实施的管理者和工作人员；③制定必要的规章制度。在进行组织结构设计时，要根据战略实施的需要，调整原有的组织结构，减少战略实施的阻力；在旧的组织结构难以适应战略实施需要的情况下，要果断地重新设计组织结构。在人员配备时，需要处理好人际关系，做到善于用人，人尽其用。在管理规章制度方面，要建立目标责任制度、检查监督制度、奖励惩罚制度、协调沟通制度等必要的规章制度以规范组织、个人的行为，保障战略的实施。

4）资源准备

资源主要包括资金、人员、场所和权力4个方面，其中资金准备和权力准备是影响战略实施的关键因素。公共气象部门的资金来源主要依靠财政拨款，故而，良好的资金准备有赖于能够获得政治支持的计划，以及公共气象部门领导者能够利用自己和部门的政治影响力来获得资金等。公共气象部门的权力是由法律所赋予的，应该依据法律法规审视公共气象部门的战略管理是否符合法律要求，同时充分利用好法律所赋予的权限开展行动。

5）战略实验

战略实验能够对公共气象战略进行验证，如果发现偏差可及时进行反馈、修改和完善战略，能够从战略实验中得到带有普遍指导意义的东西，为全面的战略实施积累经验。进行战略实验，需要根据战略内容，精心挑选典型实验对象进行试点；需要全面细致地考虑各种影响因素，保障战略实验在自然状态下顺利进行；需要系统、全面、科学地对战略实验的过程、结果进行分析。

6）全面实施

全面实施是指公共气象战略在公共气象部门全面推行。在全面实施战略时，应该充分利用组织的资金、信息和权力等资源，全面调动公共气象部门工作人员的积极性，以促进战略的顺利实施。

7）战略控制

由于环境变化的不确定性，即便是战略规划再完善，也无法保证战略实施的结果与预期毫无二致，因此，需要对战略实施过程进行控制。战略控制即是要追踪战略实施行为，了解正在发生和可能发生的情形，通过战略实施过程中的反馈信息，发现偏差，分析偏差产生的原因，并采取纠正行为。

4.3.3　公共气象战略评价

1. 公共气象战略评价的定义

总体而言，对于战略评价的概念，学界持下述 4 种观点。

一是认为战略评价是对战略方案的评价，即通过确定战略实施的对象范围，选择适当的途径，搜集与分析相关信息，为决策者进行战略方案选择提供支持。

二是认为战略评价是对战略实施全过程的评价，即既包括对战略规划的评价，也包括对战略执行和战略实施效果的评价。

三是认为战略评价就是发现偏差，修正误差，即战略评价就是发现问题，解决问题。

四是认为战略评价是对战略实施效果的评价，即战略评价的主要目的在于鉴定战略管理者所实施的战略在达成其目标方面的效果，确认该战略对问题的解决程度和影响程度，通过对战略实施效果的透视和分析，辨识战略实施效果的成因、分析某种效果是战略本身的作用还是其他因素的作用，以求通过改进战略运行机制的方式来强化和扩大战略实施的效果。

综合学界的观点，可以将公共气象战略评估界定为：依据一定的标准和程序，对公共气象战略实施的进展进行评价，并据此不断修正战略决策以达到预期目标的行为。

通常而言，战略评价过程中应该综合考虑以下 6 个因素：环境的适应性、目标的一致性、竞争的优势性、预期的收益性、资源的配套性、战略的风险性。据此，公共气象战略评价的基本标准主要是：①目标的一致性，即横向上要评价公共气象部门各具体职能部门之间的目标的一致性，纵向上要评价公共气象部门上下级之间的目标一致性，时间上要评价长、中、短期目标的一致性。②环境协调性，即包括公共气象部门内部的统一、协调以及公共气象部门与外部环境的统一、协调。③经济可行性，即需要考虑公共气象战略实施过程中，组织的财力和物力是否充分，战略实施的成本和收益分别是多少，战略实施的技术与手段是否具有竞争性。④战略的可接受性，即战略实施后能否被人们所接受，是否满足公众的需要。

2. 公共气象战略评价的步骤

公共气象战略评价可以分为检查战略基础、考核绩效、采取纠正措施 3 个步骤。

1）检查战略基础

检查战略基础是指公共部门在实施一项战略之后，要重新审视组织所处的内外部环境。而作为公共气象战略评价过程中的检查战略基础，即是进行公共气象部门的内外部环境的分析，主要包括外部环境分析和内部环境分析。

外部环境主要包括政治环境、经济环境、社会环境和技术环境。其中，政治环境主要是指对公共气象部门实施战略管理有现实或潜在影响的政治制度、政治体制以及国家的大政方针政策；经济环境主要是指对公共气象部门实施战略管理有影响的国家经济制度、经济体制、经济结构、经济运行状况、经济发展水平等；社会环境主要是指对公共气象战略管理有影响的人口结构、教育状况、生活方式、文化传统等；技术环境主要是指公共气象部门实施战略管理有影响的科技要素，如国家科技体制、科技政策、科技水平等。

内部环境是指公共气象部门实施战略管理所依据的部门内部条件，主要可以分为有形条件和无形条件。其中，有形条件主要是指一个公共气象部门所拥有的财务资源、物资资源、人力资源、组织资源等；无形条件则主要是指公共气象部门所拥有的技术资源、创新资源等。

2）考核绩效

考核绩效是公共气象战略评价的重要环节。通过考核绩效能够知晓公共气象部门战略实施的实际效果，再将其与战略管理的预期结果进行比较即能分析实际战略实施进展与预期的偏差。由于部门战略特性、实施过程、影响因素等诸多方面的差异，公共气象部门进行绩效考核时可以结合自身特点因地制宜地开展绩效考核活动。

3）采取纠正措施

前述的考核绩效存在战略实施符合预期目标或者不符合战略目标两个结果。针对战略实施符合预期目标，则不需要进行战略干预；针对战略实施不符合预期目标，则需要采取一定的纠偏措施，具体而言，包括两个环节：分析差异和采取纠偏措施。

分析差异在于查明导致战略实施效果与战略预期之间差异的原因。导致差异产生的原因主要有 2 类：①战略实施的原因，如战略资源配置不当、人力资源配备不合理、组织机构设置不合适等；②战略规划的原因，如外部环境发生重大变化导致战略规划的目标与实际情况严重背离、战略目标设置过高或过低、战略选择不合适等。

分析并查找到存在差异的原因之后需要采取纠偏措施。纠偏措施依据差异的复杂程度而定。对于微小的偏差，或产生的原因很简单的偏差，可以直接采取纠偏措施；对于复杂原因的偏差或者是重大的偏差，则需要谨慎对待。如果是外部环境发生重大变化或战略制定出现失误导致出现差异，则需要重新调整战略目标，制定新的战略规划；如果是战略实施过程中出现了问题，则需要有针对性地调整策略，消除差异。

复 习 题

1. 什么是公共气象战略规划？
2. 公共气象战略的主体是谁？如何确定公共气象战略规划的原则？
3. 公共气象战略绩效如何考核？
4. 公共气象战略实施的要点是什么？
5. 如何理解公共气象战略的前瞻性和导向性？

主要参考文献

霍斯基森 R E, 希特 M A, 爱尔兰 R D. 2012. 战略管理理论与案例. 2 版. 北京: 清华大学出版社.
姜海如. 2004. 论公共气象. 湖北气象, (3): 34-38.
骆月珍, 吴利红. 2008. 关于公共气象服务的几点思考. 浙江气象, 29(1): 27-31.
明茨伯格 H. 2010. 战略规划的兴衰. 北京: 中国市场出版社.
纳特 P C, 巴可夫 R W. 2016. 公共部门战略管理. 陈振明, 等译. 北京: 中国人民大学出版社.
纽斯特罗姆 J W, 戴维斯 K. 2000. 组织行为学. 10 版. 北京: 经济科学出版社.
王名. 2010. 非营利组织管理概论. 2 版. 北京: 中国人民大学出版社.
休斯 O E. 2001. 公共管理导论. 2 版. 彭和平, 等译. 北京: 中国人民大学出版社.
薛恒. 2010. 关于公共气象管理几个基本问题的认识. 阅江学刊, 2(3): 113-118.
张成福, 党秀云. 2007. 公共管理学. 北京: 中国人民大学出版社.
Bryson J M. 1996. Strategic Planning for Public and Non-profit Organization. San Francisco: Jossey-Bass Publishers.
Tompson A A, Strickland A J. 1995. Strategic Management: Concepts and Case. Chicago: Dryden Press.

第5章　公共气象部门的人力资源管理

导入案例

湖北省气象部门在人力资源开发利用中存在的问题

据统计，截至 1997 年底，湖北省气象部门具有中专以上学历的各类人员有 1637 人，具有初级以上专业技术职务的人员有 1858 人，但这与湖北省气象事业发展的要求仍有一段差距，这种差距在一定程度上制约了湖北省气象事业的可持续发展。

一是部分人才资源相对缺乏，人才素质有待提高。随着气象事业结构战略性的调整，部门内由"小三块"向"大三块"转变，相当一部分人员分流出来从事科技服务和科技产业，但这部分人员大多知识结构单一，实用技术欠缺，而具有非气象专业技术的人员较少，尤其是不具有面向市场、抢占市场份额的知识和能力。

二是人力资源的结构不尽合理。首先是知识、专业结构不合理，从事科技服务和产业的人员缺乏市场经济知识和经营知识，不能很好地立足于市场之中。另外，县（市）气象局缺乏较高水平的天气预报、气象通信人才。其次是年龄结构不合理，特别是现有正研级高工在 20 世纪末绝大多数已到退休年龄，学术和技术带头人断层严重。

三是懂技术、会经营、善管理的复合型人才短缺。从事科技服务和产业开发的人员，过去长期在气象业务部门工作，其生存状态基本上是封闭式或半封闭式的，已习惯于一种直线型思维方式，思想单纯而不活跃，思路严谨而不开阔。要使这部分人员在市场经济的大潮中摔打成复合型人才，就必须有一个适应和锻炼的过程。

资料来源：郑治斌. 1998. 气象部门人力资源开发利用的若干问题与对策. 湖北气象，（3）：39-40.

5.1　公共气象部门人力资源获取含义阐释

5.1.1　公共部门人力资源管理获取

公共部门人力资源获取是指根据组织战略和人力资源规划的要求，通过各种渠道甄别、选取、发掘有价值的人员的过程。这一获取过程有广义和狭义之分，狭义的人力资源获取仅指公共部门通过组织外部和内部渠道招聘工作人员的活动，而广义的人力资源获取则在狭义的基础上，涵盖了从组织内部发现工作人员的新价值，通过培训使得工作人员的人力资本增值等过程。人力资源获取可以采取人力资源的取得和开发两种方式（冯丹丹和陈卫平，2007）。公共管理部门人力资源管理的对象是公共管理部门的工作人员，公共管理部门的人力资源管理是对公共管理部门员工实施的管理方法，以使相关员工能够完成每个职位的职责，并使职位最大限度地满足员工的工作发展需求，充分发挥工作人员的积极性，使工作人员积极投入工作，并完成岗位的相关职责为社会创造价值。

1. 公共部门人力资源获取内部招聘

1）公共部门人力资源获取内部招聘优势

（1）能够对组织员工产生较强的激励作用

对获得晋升的员工来说，由于自己的能力和表现得到企业认可，会产生强大的工作动力，其绩效和对企业的忠诚度便随之提高。对其他员工而言，由于组织为员工提供晋升机会，从而感到晋升有望，工作就会更加努力，增加对组织的忠诚和归属感。

（2）与外部招聘相比，内部招聘的有效性更强，可信度更高

由于管理人员对该员工的业绩评价、性格特征、工作动机以及发展潜力等方面都有比较客观、准确的认识，信息相对外部人员来说是对称的、充分的，在一定程度上减少了"逆向选择"甚至是"道德风险"等方面的问题，从而减少用人方面的失误，提高人事决策的成功率。

（3）与外部招聘相比，内部员工适应性更强

从运作模式看，现有的员工更了解本组织的运作模式，与从外部引进的新员工相比，他们能更好地适应新工作。从文化角度看，内部员工已经认同并融入单位文化，与企业形成事业和命运的共同体，更加认同单位的价值观和规范，有更高的责任心和忠诚度，进入新的岗位适应性更强。

2）内部招聘的缺点

（1）可能造成内部矛盾

"本部制造"需要竞争，而竞争的结果是失败者占多数。竞争失败的员工可能会心灰意冷，士气低下，不利于组织的内部团结。内部招聘还可能导致部门之间"挖人才"现象，不利于部门之间的协作。此外，如果招聘中按资历而非能力进行选择，将会诱发员工养成"不求有功，但求无过"的心理，使优秀人才流失或被埋没，削弱企业的竞争力。

（2）容易造成"近亲繁殖"

同一组织内的员工有相同的文化背景，可能产生"团队思维"现象，抑制了个体创新。尤其是当组织内重要职位成员主要从单位内部基层员工提拔，阻塞优秀人才进入通道，不利于组织的长期发展，如通用电气20世纪90年代所面临的

困境被认为与其长期实施"内部招聘"策略有关。

（3）失去选取外部优秀人才的机会

一般情况下，外部优秀人才是比较多的，一味寻求内部招聘，降低了外部"新鲜血液"进入本组织的机会，表面上看是节约了成本，实际上是对机会成本的巨大浪费。

2. 公共部门人力资源获取外部招聘

1）外部招聘的优点

（1）有利于树立形象

"外部招聘"是一种有效的对外交流方式，"外部招聘"会起到广告的作用，在招聘的过程中，企业在其员工、客户和其他外界人士中宣传了自己，从而形成良好的口碑。

（2）外部招聘能够带来新理念、新技术

从"外部引进"的员工对现有组织文化有一种崭新的、大胆的视野，而少有主观的偏见。另外，通过从外部引进优秀的技术和管理专家，能够给组织现有员工带来一种无形的压力，使其产生危机意识，激发其斗志和潜能，从而产生"鲶鱼效应"。

（3）更广的选择余地，有利于招到优秀人才

"外部招聘"的人才来源广泛，选择余地充分，具备各类条件和不同年龄层次的求职人员，有利于满足企业选择合适人选的需要。能引进许多杰出人才，特别是某些稀缺的复合型人才，在一定程度上，既能够节约企业内部培养和业务培训费用支出，又能够给企业带来急需的知识和技能。

2）外部招聘的缺点

（1）筛选时间长，难度大

要招聘到优秀的合适的员工，必须能够比较准确地测定应聘者的能力、性格、态度、兴趣等素质，从而准确预测他们在未来的工作岗位上能否达到组织所期望的要求。而研究表明，这些测量结果只有中等程度的预测效果，仅仅依靠这些测量结果来进行科学的录用决策是比较困难的。

（2）进入角色状态慢

外部招聘的员工需要花费较长的时间才能了解组织的工作流程和运作方式，才能了解组织的文化并能融入其中。如果外聘员工的价值观与企业的文化相冲突，那么员工能不能适应组织文化并及时进入角色将面临一定的考验和风险。

（3）引进成本高

外部招聘需要在媒体发布信息或者通过中介机构招募，一般需要支付一笔不小的费用，而且由于外部应聘人员相对较多，后继的挑选过程也非常的烦琐与复杂，不仅花费了较多的人力、财力，还占用了大量的时间。

（4）决策风险大

外部招聘只通过几次短时间的接触，就必须判断出候选人是否符合本组织空缺岗位的要求，而不像内部招聘那样经过长期的接触和考察，所以，很可能因为一些外部的原因（如信息的不对称性、逆向选择及道德风险等）而做出不准确的判断，进而增加了决策风险。

3. 公共部门人力资源获取的途径

1）以人为本，更新理念

要进行观念革新，植入新的管理理念。如果没有人力资源获取理念上的变化，在实践和操作层面的创新就难以实现。公共部门人力资源是提升政府能力最有效的保证。以人为本是现代人力资源发展的核心，个人发展与组织发展并重。传统的人事行政管理都是以事为中心，把公共部门的人员看作是被动的、被管理的，其地位是附属性的，因此较注重管制、监控等功能。为改变被动服务意识，提升主体管理能力，需要用"顾客满意"原则来引导和塑造公共部门人力资源管理和开发意识，强化人力资源管理部门为顾客提供优质产品和服务的能力。

2）充分利用现代科学技术，加大教育培训力度

发达国家十分重视公共部门的人员培训，其目的是将人力资源转化为人力资本。从性质上讲，公共部门的培训是一种继续教育，是人力资源开发最重要的手段。必须根据经济和社会发展的需要以及公职人员岗位规范的要求，对公职人员进行各种形式的职前和职后培训，不断提高其知识水平和专业水平，改善其素质结构，使之保持与社会发展同步所需的知识和技能，以适应高技能的公共行政的要求。公共部门人力资源培训工作要做到经常化、规范化和科学化。这也必须用制度来加以保证，摒弃无计划、带有较大随意性的培训安排，保证培训工作顺利进行。充分利用现代科学技术，就是要把高科技手段融入人力资源开发中去。电子学习、在线学习等是当今时代的发展趋势。由于各项工作和事业的发展，在公共部门的从业人员越来越多，机构也越来越多、越来越分散，按照传统的培训方式，培训任务将不断增加，培训投入也要加大，可能突破政府的预算。要寻找一条可行的途径解决这两者之间的矛盾，即大力开展数字学习，实行多媒体网络培训。有关研究表明，采用多媒体网络培训，对人力资源开发更加有效，其培训效益（信息量）可以增加5倍，培训支出反而下降70%。

3）调整人力资源的层级结构

当今时代，公共组织环境十分复杂多变。组织环境变迁与传统科层制之间的矛盾日益尖锐，层级制的"金字塔"形的管理模式受到挑战。因此，调整公务人员的层级结构，减少中间管理人员，增强一线的服务力量，采取更自由、更具弹性和自主性的参与式分权模式成为必然趋势。一方面，这种方式因为链条缩短而使得反应更迅捷和更直接，另一方面，也因为一线人员具有更大的自主权而更容

易获得工作丰富化的经验和工作满意度。

4）大力营造宽松、公平、民主的工作环境

公平意味着规则和秩序，是社会关系和谐的核心和根本。如果没有一套公平的分配和交往规则，必然导致人类对赖以生存的稀缺资源的无休止纷争，并在资源短缺和尔虞我诈中威胁人类的生存，破坏社会的秩序，动摇和谐的根基。因此，大力营造宽松、公平、民主的工作环境，构建人力资源管理制度，包括职位体系、绩效考评制度、薪酬管理制度、晋升机制以及奖惩制度等，对公共部门人力资源管理的公平起着极其重要的作用。

4. 公共部门人力资源获取的重要性

公共部门人力资源获取的重要性包含三个方面：

1）发现与培育人才

依托各种人力资源获取，公共管理部门需要寻找到适合在本部门工作的专业性人才，让其获得应有的发展，展现自身的价值，提升公共管理部门的服务水平。

2）提高组织效率

科学的人力资源获取，可以让公共管理部门避免因开展工作盲目招揽人才而产生的人浮于事现象，也可有计划地组织员工进行培训，提升公共管理部门的工作效率。

3）掌握人才动态

公共管理部门在获取人力资源时，可以对社会各类人才的实际情况加以了解，管理社会上的人才，并对可能出现的突发情况进行行之有效的调控，合理分配本部门和社会人才分布，保障社会的和谐发展和稳定。

5.1.2　公共气象部门人力资源获取流程

1. 公共部门人力资源获取程序

我们知道，对公共部门而言，人力资源部门是其核心机构，承担着员工的招募、录用、培训和激励等人事管理相关性业务，可谓是岗位人才培育的主要组织系统。这样的整体性过程，我们习惯称之为人力资源的获取。公共部门人力资源获取是指公共部门为达成组织目标，通过招募、甄选、录用、配置、评估等一系列活动，获取合适的人选补充组织内的职位空缺，实现内部人力资源的合理配置的过程。公共部门人力资源的获取，一般遵循着计划、审批和落实的流程。

具体而言，首先由用人单位根据年度和季度发展的需要提出用人需求，拟定具体的岗位，并初步明确招聘标准和数量，由机构的人事部门根据所在单位各类岗位的需求预测，拟定招聘计划，然后交由直管上级人事部门进行审批。如地级市地方气象局每年会把本年度的用人计划交由省气象局人事部门进行审批，通过后地方气象局就开始实施招聘流程。

　　一般来说，公共部门的人员招聘渠道有两种，一种是内部招聘。主要面对本部门内部员工开展的岗位遴选和聘用工作，其人员主要来自提升、调用、内部公开招募、内部人员重新聘用等渠道，往往通过布告法、推荐法、档案法完成。这样做是为了员工培养或者岗位优化。例如，随着气象大数据技术运用的不断深入，气象部门也会设置相应的数据管理和服务岗位，通过重新竞聘、遴选和录用一批适合上述岗位的员工来满足气象部门新的需求。另一种是更常见的外部招聘。通过公开发布招聘信息，对应聘的人才资料进行筛选，通过评测等系列流程，最终确定合适岗位人选的方法。当然，前提是明确筛选标准，确定资格审查通过人员，然后进入正式的招聘流程，包括初试和复试，甚至是终试环节，从而最终确定人选。

　　甄选环节完成后，接下来就进入正式入职岗位之前的考察或评测环节。

　　对于公共气象部门而言，不同的岗位人员录用的程序有所差异，对于领导职务或者是主任科员以上职务的岗位应聘人员，还需要上级部门的审批才能办理录用手续；对于主任科员以下的一般职工而言，只要通过了一般的招聘环节，就可直接进行体检、录用及办理相关手续。这种差异也体现了公共部门不同层级岗位重要性的区别。

　　对于上述公共气象部门人力资源的获取过程，我们要理解两个概念。

　　一个是人力资源甄选的流程，指的是一个在资格审查、初选、面试、考试、测验、体检等不同环节，不断淘汰不符合要求者，最后确定最合适人选的复杂过程。常用的具有代表性的方法有笔试、面试、心理测验、评价中心技术等。

　　另一个是人力资源录用，公共部门的录用分为公务员的考试录用和事业单位公开招聘人员的程序，前者是依据公开、平等、竞争、择优原则，通过发布招考公告，资格审查，考试，考察与体检，公示、审批或备案的程序完成；后者的招聘程序一般包括制定招聘计划；发布招聘信息；受理应聘人员的申请，对资格条件进行审查；考试、考核；身体检查；根据考试、考核结果，确定拟聘人员；公示招聘结果；签订聘用合同，办理聘用手续等。

　　应该说，经过上述一系列流程，公共气象部门的人力资源获取基本完成。当然，如何评价人力资源获取的效果，离不开人力资源获取的评估环节。所谓人力资源获取的评估就是对公共部门人员获取的整个过程进行总结性的评估，是公共部门人力资源获取过程中一个重要的环节。

　　人力资源获取评估目的在于提供关于既定人力资源获取工作的各种信息，包括制定的计划是否合理，选择的方法是否科学，获取的范围、程序、效果、效率怎样，是否需要调整或修正，哪些方法和技术可以有效地解决获取过程中各种不同问题等。评估内容包含了人力资源获取成本评估（主要是对人力资源获取过程的成本、成本效益及收入—成本比的评估）、录用人员的评估（数量和质量评估）等，以便为后续调整招聘岗位种类或者数量提供参照。

这一系列工作完成后，最后一个环节，是人力资源获取的总结，也是获取工作的最终成果。获取总结的主要内容包括获取计划、获取进程、获取结果、获取经费、获取评定 5 个方面。应当由获取工作主要负责人或获取工作主要的实施部门撰写，应当精确地描述整个人力资源获取工作的过程，简洁地概括获取工作所取得的主要成果及其存在的不足，科学地预测尚未解决的一些问题在今后的发展趋势，并提出相应的解决方法。至此，整个人力资源管理的基础性环节——人力资源的获取环节基本完成。

2. 公共部门人力资源获取存在的问题

1）公共部门人力资源开发的战略性地位尚未确立

现代人力资源开发是从传统人事管理转化而来的，传统人事管理是在工业经济的基础上产生的，是为完成组织目标而实行的技术性管理工作。而现代人力资源开发是适应后工业文明的，其目的是通过放松规制、开发心智等措施，着眼于提高个体的能力，进而增强组织适应外部环境的能力，因而人力资源开发是具有战略与决策意义的管理活动。但是，现实情况是，传统的公共部门人事管理的观念还未改变，许多公共部门仍把培训仅仅看成是人力资源开发，而培训本身在其有效性和普遍性方面也乏善可陈。与此同时，公共部门从业人员的稳定性和封闭性，使人们对于人力资源开发的紧迫性和重要性缺乏认识，经验管理在公共部门高层管理人员心目中的地位还没有受到强烈的冲击，根本没有把开发人的潜能与实现公共组织的目标紧紧联系在一起。对于提高公共组织的效能也缺乏深入的思考，大多靠经验开展活动，而不能凭知识办事。与此同时，对于公共部门人力资源的开发也缺乏法律规定，有些即使有规定，也得不到很好的贯彻实行，重视对公共部门人力资源开发只是一纸空文，更多的时候取决于单位或部门领导的兴趣和重视程度（杨黎妮，2021）。

2）对公共部门人力资源开发的投入严重不足

我国公共人力资源部门对组织成员资源的开发缺乏统筹考虑，没有形成人力资源开发的氛围。目前人力资源开发最主要的途径是培训，但对于公共部门人力资源参加培训并没有作硬性的要求和规定。培训被看作是可有可无的，"说起来重要，忙起来不重要""'培训专业户'与'培训贫困户'同时存在"等都是培训中存在的主要问题。因为培训指标的非刚性规定，或者即使有规定也没有具体执行，培训工作往往因考虑或迁就其他工作而退到一边。与此同时，公共人力资源管理部门人员知识老化，意识落后于时代发展要求，这些也是公共部门人力资源开发乏力的重要原因。

3）公共部门对人力资源开发没有形成有效的激励和约束机制

目前，对公共部门人力资源的开发，在思想认识上与企业的人力资源开发上还有很大的差距，在具体操作上也缺乏应有的力度，有关的方针、政策、规划、措施还没有完全落实。特别是对人力资源培训及培训成果的考核、质量的评估等在制定上还缺乏刚性规定（崔桂香，2021）。比如一些问题依然较为明显：人力资源的培训与使用、晋升还没有挂起钩来，还没有真正把人力资源的培训作为人力资源管理的一个重要组成部分，也没有将其作为公共部门人员完成职责、履行权利和义务的一个重要内容；对于培训参加也可、不参加也可，有时间就参加，没时间就不参加，培训有没有效果根本不重要等。由于没有强有力的纪律和制度约束，公共部门的培训显得困难重重（张玲玲，2019）。

5.2　公共气象部门人力资源管理现状分析

我们知道，自从事业单位公开招聘制度实施以来，在进一步拓宽事业单位的选人渠道、保证新进人员的素质、维护社会公平、促进党风廉政建设等方面发挥了巨大作用。已经出台的《关于加快推进事业单位人事制度改革的意见》和《事业单位公开招聘人员暂行规定》都明确了事业单位公开招聘的范围、条件和程序，招聘计划、信息发布、资格审查、考试考核的具体要求，以及公开招聘的纪律。

2015 年 8 月，中国气象局印发了《气象部门事业单位公开招聘应届高校毕业生管理办法（试行）》（以下简称《管理办法》），对气象部门事业单位的公开招聘的方法、程序做了具体的规范。那么，作为事业单位重要部分的气象部门，在现实招聘的实际过程中表现如何，有哪些问题？面对问题，该如何改革和完善公共气象部门的招聘机制，提升人力资源的获取和培育功能呢？接下来，我们将结合气象部门实际情况加以分析。

2016 年，中国气象局人才交流中心根据《管理办法》，面向各单位招聘工作人员，开展气象部门事业单位公开招聘工作相关调查研究，了解了各单位招聘工作详情。这里主要探讨公共气象部门招聘的制度建设和运行情况。

5.2.1　制度建设

据不完全统计，气象部门八成以上的单位以《管理办法》为招聘工作依据，有二成多的单位将《管理办法》和当地政府事业单位工作人员公开招聘管理办法作为共同参照依据。统计发现有 78%的单位公开了招聘岗位和拟招聘人员基本情况。七成多的单位公示监督举报电话。但只有三到四成的单位公示考试结果。因此，气象部门公开公示工作仍需进一步规范，逐渐做到招聘工作全流程公开。

一是招聘周期、途径和方式。整体来看，各单位招聘周期较长，影响工作效率。

气象部门招聘工作考试方式主要有笔试和面试。气象部门各单位的考试方式执行中缺乏科学合理的规划，各单位按本单位实际情况安排，气象部门招聘考试需加强统筹规范笔试情况，目前的现实情况是，大多数单位倾向于中国气象局统一组织考试安排，但是考卷的设计要根据岗位、专业、区域、层级等情况设计，以适应单位的实际人才招聘的需要。

二是面试情况。《管理办法》中规定：招聘岗位面向大气科学类硕士研究生及以上全日制应届高校毕业生的，可采取直接面试的考试方式。其他需要直接进行面试的情形，须经省（区、市）气象局或中国气象局直属事业单位领导班子同意。直接面试的招聘岗位应在招聘计划和招聘公告中予以明确。在各单位招聘成立的面试小组中，外部委面试成员多为地方政府或其他单位人员，其次为气象系统的其他单位成员。无外部评委，全部为本单位内部评委的情况只是少数单位。

三是招聘计划完成情况。调研结果显示，仅有 3 家单位能够圆满完成招聘计划，14 家单位基本完成招聘计划，但需调整招聘条件。有 4 家单位仅完成招聘计划的一半。由此可见，大多数单位的招聘需求是不被满足的。

5.2.2　制度运行：严格、秩序和规范

调研结果显示，各单位事业单位招聘工作按照中国气象局的《管理办法》严格执行。此外，有73%的单位结合本单位的实际情况，在国家规定和《管理办法》的基础上，制定本单位招聘工作管理办法或毕业生接收管理办法。

一是招聘工作流程公开透明、公正公平。根据《中共中央组织部　人力资源和社会保障部关于进一步规范事业单位公开招聘工作的通知》，中国气象局强调在招聘工作中要贯彻公开、平等、竞争、择优的原则，切实做到信息公开、过程公开、结果公开。要严格规范公开招聘信息发布，按要求及时公布进展情况，提高公开招聘实施过程的透明度。

二是考试方式逐渐规范，严格执行规避制度。气象部门招聘考试采取笔试、面试方式进行。逢进必考，考试主要测试岗位所需的专业知识、业务能力和综合素质。各单位根据工作实际，组织笔试或面试，笔试加面试双重考核，可以对应聘者进行考核考察。在组织面试工作中严格执行回避制度，坚决避免任人唯亲、内部招聘等现象。

三是科学规划岗位需求，严格执行招聘计划。《管理办法》中规定各省（区、市）气象局人事部门负责审核汇总本省气象部门事业单位的公开招聘毕业生计划，经省（区、市）气象局领导班子研究后，报中国气象局人事司核准。中国气象局所属在京单位的公开招聘毕业生计划由中国气象局人事司审核后报人力资源和社会保障部审批。各单位的招聘岗位严格按照人事司批复的毕业生接收计划和岗位执行，不允许擅自更改接收条件，突破接收数量。

5.2.3　现存问题

招聘制度不健全，仍需完善。结合本单位地方实情，相关管理制度考评机制

不完善，仍需进一步探索存在的一些问题：一是委托费用较高；二是面试工作中邀请外系统或外单位人员的参与比例目前没有明确规定；三是许多第三方考试机构提供的笔试和面试题本为通用型，不适合气象部门特点，缺少对岗位所需专业知识的设置。

招聘形式守旧，仍需探索优化。由于部分省（区、市）特殊的气候条件和相对落后的经济社会发展，致使在人才成长环境、待遇和保障方面与发达地区存在明显差距。

招聘工作监督、评估环节薄弱。调查结果显示，有51%的单位建立了毕业生招聘接收工作标准和规范，47%的单位建立了毕业生招聘的监督检查和责任追究机制。仍有一半的单位对毕业生的监督没有建立明确的规章办法，需进一步完善改进。

5.2.4　对策完善

要继续加强公开招聘制度建设，落实统筹规范招聘考评机制，强化公开招聘薄弱环节，完善招聘方式，建立健全长效监督机制，完善招聘评估。招聘工作结束后，对招聘周期、招聘成本、招聘结果、招聘的毕业生质量和招聘方式进行有效的招聘评估，检验招聘工作的有效性，检验招聘成果和招聘方法的实用性，提高招聘工作质量。

5.3　公共气象部门人力资源培训与开发

培训与开发在各类组织的人力资源管理环节占有重要地位。通过培训，可以强化员工对行业知识的了解，加强对岗位职责内容的熟悉和责任意识的培育，提高员工对单位的认同感和归属感，提升单位的人心凝聚力和人才竞争力等，所以培训是公共部门人力资源管理的重要一环。

5.3.1　公共部门人力资源培训与开发

1. 公共部门人力资源培训与开发基本理论

1）公共部门人力资源培训与开发的概念

公共部门人力资源的培训，是指组织使员工改进与工作有关的知识、技能、动机、态度和行为，以利于提高员工绩效或对组织的贡献，所做的有计划、有系统的各种努力。公共部门人力资源的开发，指的是为了实现组织目标，在重视个人目标的基础上，尊重，特别是扩大和改进组织当前或将来都可以利用的一切人的知识和能力（李思林和董京，2019）。人力资源培训与开发是指通过各种方式使员工具备完成现在或将来工作所需要的知识、技能并改变他们的工作态度的一种计划性和连续性的活动（吴珩，2017）。

2）公共部门人力资源培训与开发的必要性

公共部门人力资源应该能够更好应对科技革命、信息社会与知识经济的挑战；应对日益严峻的社会问题的客观需要；满足行政改革与行政发展的要求和战略发展的要求。除此之外，还可以节约成本，提高生产率；降低离职率，利于留住人才；激发士气，凝聚人心，提高团队战斗力；提升企业文化，提高员工对企业的忠诚度；促进技术创新，管理创新；快出人才，多出人才，出好人才；促进观念转变；优化企业形象；利于核心价值观念的传播与巩固；能够充分吸引人才，获得竞争优势，胜过竞争对手（王亚婷，2016）。

3）公共部门人力资源培训与开发的目标

公共部门人力资源需要能够培养公共部门中高层员工的领导能力；全方位培养员工的认知、思维方法，拓展其价值和理想、信念；培养员工学习知识、分析问题、解决问题的能力；提升员工积极竞争、进取的意识，同时激发员工在组织中合作的精神；提高员工的生活水平和质量，培育健全的人格；让员工学会规划自我职业生涯发展的计划，促进个人的发展和价值的实现等。

4）公共部门人力资源培训与开发的内容

人力资源培训与开发包括培训、教育和开发三种类型，知识、技能、能力、态度四项内容。故而，也可以这样讲，各个部门人力资源培训与开发就是指公共部门通过有计划的培训、教育和开发活动，提高员工的知识、技能和能力水平，改善员工的态度，以提高其工作效率，促进组织的发展和员工的成长。

5）公共部门人力资源培训与开发的作用

具体而言，公共部门人力资源培训与开发有如下作用：保证员工与组织发展保持同步；发现人才，发掘人才，使人力资源的利用达到最佳状态；调整人与事之间矛盾，实现人事和谐；提高工作效率，降低成本，减少故障；变革组织文化；提高员工胜任能力，增强组织的核心竞争力；培育员工积极进取、努力创新、竞争与合作的精神。

6）公共部门人力资源培训与开发的类型

按照培训内容划分：政治理论培训、职业道德培训、政策法规培训、业务知识培训、文化素养培训、技能训练培训。按照培训对象划分：高层管理者、中层管理者、基层管理者。根据培训时点划分：职前培训、在职培训、离职培训。

具体而言，培训大致有四种类型：一是按培训对象的不同，分为新员工培训和在职员工培训；二是按培训形式的不同，分为在职培训和脱产培训；三是按培训性质的不同分为传授型培训和改善型培训；四是按照培训内容的不同，分为知识性培训、技能性培训和态度性培训等。

7）公共部门人力资源培训与开发的原则

（1）理论联系实际的原则

理论联系实际是公共部门人力资源培训的基本原则，是辩证唯物主义思想方法和工作方法的体现，也是对公职人员进行行之有效的培训的基本途径。理论联系实际就是把党的路线、方针、政策和本部门、本单位的工作结合起来，把各种理论和公共部门工作的实际内容结合起来，注重运用现代理论去解决实际问题。在培训中，在推动公职人员学习理论知识的同时，重视对他们实际工作能力和适应能力的培养和训练（赵建华和黄丕，2012）。

（2）学用一致的原则

学用一致的原则是指把对公职人员的培训和他们培训后知识的实际运用统一起来，培训的内容要与部门的工作实际相结合。培训本身是为了更好地开发公共部门的人力资源，使受训者通过培训能够更好地适应职位需要，提高工作能力和工作效率。如果培训与使用脱节，培训便失去了意义。受训者学而无用，不仅造成人力、物力、财力的浪费，也使受训者失去了学习的动力。只有贯彻学用一致原则，做到学以致用，通过培训提高公职人员的专业知识和岗位技能，培训才能收到实际效果（林金红，2019）。

（3）按需施教的原则

按需施教的原则主要是针对培训内容和形式而言，即根据部门的需要和各级各类公职人员岗位职责的要求，有针对性地选择培训形式、确定培训内容，对公职人员进行切合实际需要的培训。当前我国正处于转型期，社会的变动使公共部门的工作目标和工作内容也处于经常调整之中，因此对公职人员的培训，也要根据国家在不同时期的中心工作以及部门的职责规范来确定。此外，在不同职类、不同层次和不同岗位上任职的公职人员所需要的知识和技能也不同，因此培训的形式和内容也应有所差异。其他国家对公共部门职员的培训也强调此类原则，称这种区分培训对象的培训原则为分类分级原则。在分类分级培训中，培训部门为不同的公职人员配置不同的培训课程，对他们采用不同的培训方法，使培训工作收到明显效果。

（4）讲求实效的原则

讲求实效的原则主要针对公职人员培训的实际效果而言。为了实现提高公职人员素质和提高公共管理效能的目标，培训必须保证质量、突出实效。培训质量的高低是衡量培训成败的关键，没有质量，培训也就不可能取得好的效果。贯彻讲求实效的原则，应从以下几个方面着手：首先，要认真分析需求，根据需求制定培训计划。培训计划是对公职人员进行培训的依据。培训计划的内容主要包括培训目标、培训范围、培训对象、培训方式、培训内容和培训步骤等。培训计划制定得如何直接关系到对公职人员培训的效果如何，是培训工作取得实效的首要环节。其次，要根据不同情况，采用灵活、多样的培训方式，并根据需要确定培训时限。此外，培训的手段可以采用学校脱产培训，也可以采用在岗培训或业余进修等多种形式（曹玉吟，2020）。

8）公共部门人力资源培训与开发的方法

培训方法在培训的过程中至关重要，它直接关系到培训工作的成败。培训的方法主要包括经典培训方法、现代培训方法、管理开发培训方法。

经典培训方法主要包括讲授法、视听法、研讨法、角色扮演法、案例分析法、情景模拟法、观摩范例法。

现代培训方法主要包括电子化培训、管理游戏培训、自助培训、拓展训练（王亚婷，2016）。

管理开发培训方法主要包括自我意识培训、管理和领导技能的培训、基于胜任力的管理与开发。其中，自我意识培训主要有两种方法：一是敏感性训练方法，其优点在于能够使受训者重新认识建构自己，进一步认识他人和群体过程。其局限性在于所需时间较长，有造成受训者心理伤害的危险，对讨论参与人素质要求较高。此外，受训管理人员可能不愿透露内心深处的秘密，也会影响到整个培训的程序和效果。二是相互作用分析方法，其作用在于让受训人员了解在人际交往中，自己和对方的行为出自哪种心理状态，保持平衡性持续交流，避免发生交叉性沟通障碍，使信息畅通无阻。

在选择培训方法上必须注意以下几点：首先，要把培训目标的考量放在第一位。其次，要根据受训者的不同特点来决定采取的培训方法。再次，要根据公共组织的培训成本来进行选择。最后，在选择培训方法时，培训组织者要考虑不同培训方法的优缺点、使用范围和效果等因素（赵建华和黄丕，2012）。

2. 公共部门人力资源培训与开发现状

1）公共部门人力资源培训与开发的缘起

20 世纪 70～80 年代，伴随着经济全球化、市场化，以及国内外所面临的政治、经济和社会问题的新变化，西方国家普遍进行了以"市场竞争""顾客导向"为特征的、针对政府部门进行的改革。这一被冠名为"新公共管理运动"的公共管理改革和政府人事制度改革是由英国前首相玛格丽特·撒切尔发起的，通过"新公共管理运动"，西方政府在人事制度改革中引入了在私人部门行之有效的人力资源管理与开发模式（斯塔林，2012）。此后，随着传统人事管理理论的不断扩充和更新，西方国家逐渐兴起了人力资源管理和开发的新浪潮，员工在组织中的地位不断得到提高，成为组织经营和发展中的重要组成部分，是组织中最重要、最宝贵的财富。与此同时，人力资源管理部门也成为公共组织中的核心管理部门，是协调管理系统、提供议案咨询的技术性中枢机构。因此，针对提高公职人员工作能力以及自身素质的培训，得到了广泛的认可（向先护，2018）。

2）我国公共部门人力资源培训与开发的现状

改革开放以来，根据社会发展的客观实际和要求，党中央提出了干部队伍"革命化、年轻化、知识化、专业化"的选人用人基本方针和"德才兼备、以德为先"的原则，对传统的干部人事制度、干部选举任用制度和领导职务任期制度进行了改革，下放了干部制度管理权限，改变了干部制度高度集中的现象等，使干部人事制度管理工作的思想观念和方式方法都发生了根本变化，推进了干部工作的科学化、民主化、制度化（马桥艳，2015）。近年来，我国政府一直重视公共部门人力资源的培训和开发工作，先后颁布了专门的条例和规划，继1993年《国家公务员暂行条例》颁布后，陆续出台了《国家公务员出国培训暂行规定》（1995年）、《国家公务员培训暂行规定》（1996年）、《中华人民共和国公务员法》（2005年）、《干部教育培训工作条例（试行）》（2006年）、《"十一五"行政机关公务员培训纲要》等，我国公共部门人力资源培训和开发趋于规范化、法治化。根据2006年颁布《干部教育培训工作条例（试行）》和2005年颁布的《中华人民共和国公务员法》的相关规定，我国公职人员培训的内容主要包括以下六个方面：政治理论培训、职业道德培训、政策法规培训、业务知识培训、文化素养培训、技能训练培训。我国政府还根据培训工作的实际需要，统一规划、设置了以行政学院为主体的公职人员培训施教机构。总体来说我国公共部门人力资源培训工作取得了明显成效。但仍旧面临以下问题。

（1）管理理念落后于公共部门人力资源管理的实际需要

我国公共部门人力资源管理的主要理念仍然沿袭传统人事管理的理念，视人力为成本，采用经验管理方法，注重对现有人才的利用，实施以事为中心的考评，是例行的、规范的事务性管理，人事部门除了干部考核、培训之后觉得没有多少事可做。虽然现代人力资源管理的理念已经输入到公共部门，但由于公共部门与企业的价值取向与组织目标不同，人力资源管理在公共部门中的实际操作难度较大，其理念在公共部门中没有得到充分的认识与有效的运用（李润迪，2021）。

（2）在人力资源管理中缺乏规划

由于公共部门与企业的性质不同，企业为了实现利润最大化，可以进行工作分析，制定清晰的职位说明书、有针对性的培训计划与员工的职业生涯规划、基于绩效评估的弹性工资，以激发员工的积极性与创造性，实现"有经济效益"的人力资源管理。而公共部门追求公共利益的最大化，要求组织的稳定性、员工的行为合法性、管理行为的政治性与社会性，使得公共部门的人力资源管理受到很多来自内部、外部的压力，真正意义上的人力资源规划很难在公共部门得到有效的实践。尽管如此，西方公共管理改革的实践证明，人力资源管理中有一些共通的理念与做法可以在公共部门中得到实质性的运用，特别是针对公共部门工作人员的、有前瞻性的规划。我国公共部门在这方面的关注不是很够。

（3）人力资源管理中的培训体系有待完善

我国的公务员法提出了分类培训的规定，也就是说分类培训已经在公共部门受到了充分的重视。但实际上，培训的有效性与针对性仍然需要提高。有效的培训首先要根据组织的实际需要来开设，但公共部门大多数的培训都是例行的，或是与当前的政策方针有关的内容，而针对业务技能的培训相对较少，或者说没有系统性，更缺乏与组织发展相关的长远的培训目标与培训计划，培训常常趋于形式化，只重视考核结果，对培训过程及培训后缺乏跟踪。所以，公务员的系统、科学的培训规划、体系以及培训管理仍然需要完善。

5.3.2　公共气象部门人力资源培训与开发

从公共气象部门人力资源培训的过程来看，可以划分为初任培训、任职培训、在职培训和专门业务培训，其中，专门业务培训是指国家机关为公务员从事专项工作而提供所需知识和技能的培训。

1. 公共气象部门人力资源培训与开发阶段

公共气象部门完整的培训和开发体系包括如下几个基本环节：培训与开发需求分析阶段、培训与开发计划设计与准备阶段、培训与开发实施阶段以及培训效果评估与反馈阶段。

1）培训与开发需求分析阶段

培训需求分析阶段是整个培训开发工作的起始点。培训需求分析主要是弄清"是否需要培训""哪些部门和人员需要培训""培训什么"的问题。麦吉和塞耶于1961 年提出三类分析：①组织分析，即组织未来的发展方向和战略，组织的整体绩效。②任务分析，即任务分析的主要对象是职位。③人员分析，即员工个人绩效评价，员工的职位变动计划。

2）培训与开发计划设计与准备阶段

这一阶段的主要任务是在需求分析基础上，以书面的形式设计并完成培训计划，以及根据培训需要准备相关的材料、设备和场地等。

3）培训与开发实施阶段

实施阶段是一次培训与开发活动的关键步骤，这一阶段的主要任务和活动主要是依据培训与开发的原则，采用现代培训方法，对各级、各类公共部门人员实施培训。

4）培训效果评估与反馈阶段

培训效果评估既是一次培训的结束，同时又是下一次培训的准备和开始，通过培训效果评估，既可以对整个培训过程及其效果进行评价和判断，同时也可为今后的培训提供经验性指导。

2. 公共气象部门人力资源培训与开发作用

公共气象部门旨在通过培训，使新入职人员坚定理想信念，提高政治站位；熟悉气象事业发展，认知气象文化，传承气象精神，增强责任感和使命感；提高岗位适应能力，养成良好的职业道德，为推动气象事业高质量发展打下坚实的基础。培训的目的主要是帮助培训对象提高思想政治觉悟，了解气象事业的发展，合理规划职业，树立正确的人生观、价值观。培训的课程一般有思想政治课程、公文写作与公文礼仪课程、气象预报预测课程、气象减灾防灾课程、气象法律法规课程等。

人力资源培训是人力资源管理的一项重要内容，是企业实现人力资源管理战略目标的重要途径，也是吸引人才、留住人才、不断提高经济效益的重要手段。培训对于组织的作用主要体现在四个方面。

1）培训有助于员工形成共同价值观，增强凝聚力

培训的激励作用远大于保健功能，组织通过培训，向员工灌输组织的价值观，使员工在接受新知识、新信息的过程中，产生丰富的感悟，这些感悟与工作中的体验相结合，给人以精神上的激励，这使得培训不仅具有拓展知识、提高技能的作用，而且具有鼓舞自信心、激发工作热情的功效。因此，通过组织的培训，员工可逐步理解并接受组织的价值观，并引导员工将个人目标与组织的长远发展紧密结合在一起，从而形成良好、融洽的工作氛围。通过培训，可以增强员工对组织的认同感，增强员工与员工、员工与管理人员之间的凝聚力及团队精神（王丽芳，2020）。

2）培训有助于员工潜能的开发，是达到人与事相匹配的有效途径

培训的一个主要方面就是岗位培训，其中岗位规范、专业知识和专业能力的要求被视为岗位培训的重要目标，是将组织战略目标与员工的个人职业发展相结合，不断使员工的潜能发挥出来。在科学技术日新月异和生产力快速发展的今天，企业的规模越来越大，但组织越来越精减，人员越来越精干，组织形式由金字塔式向扁平式发展，这就对人的素质提出了极大的挑战，原来需要几个人完成的工作或看管的机器，现在可能只要一个人完成，这就对员工的素质和能力提出了更高的要求，因此培训的内涵是对员工潜在能力的开发，而不仅仅是知识的补足、技能的训练，其目的是促进员工全面、充分的发展，通过培训提高员工岗位工作能力，增强工作信心，促进员工的价值观念、工作作风及习惯的调整，从而给企业带来无穷无尽的活力。

3）培训是保障员工绩效改善的重要措施

员工的绩效单纯靠提级、物质刺激得到的改变是不可持续的。培训是一种有效的激励手段，它不是在消极地约束人的行为，而是在积极地引导人的行为。当员工工作绩效不佳、素质能力低于工作要求时，如果通过培训使员工工作绩效改善，那就是通过行为目标和方式的改进而塑造了员工的合理行为。企业要提高劳动生产率，增加经济效益，重要的是调动员工的积极性，进行有效激励。企业培训作为激励手段之一，通过为各类员工提供学习和发展的机会，能够丰富各岗位员工的专业知识，增强员工的业务技能，改善员工的工作态度，使之取得更好的绩效。员工在获得工作满足感后，可激发出更高的主动性、积极性和创造性，为企业赢得更大效益。通过培训，企业全体员工可获得或改进与工作有关的知识、技能、动机、态度和行为，每个员工既是劳动者又是所在岗位的管理者，就能从

管理者的角度去思考如何改进工作绩效，从而在个体效率提高之后达到组织效率的提高。

4）培训是建立学习型企业，拓展员工发展通道的最佳手段

学习型企业是现代企业管理理论与实践的创新，是企业员工培训开发理论与实践的创新。企业除了有效开展各类培训外，更主要的是贯穿"以人为本"提高员工素质的培训思路，建立一个能够充分激发员工活力的人才培训机制。员工作为组织成员，不但要为实现组织目标而努力，同时也会努力使自己的人生价值得到体现，把自己推向更高的职业发展阶段。因此，随着企业的发展，员工自身的发展需求也日益强烈，他们不仅希望获得较高的待遇和报酬，更希望不断充实、完善自己，实现自我价值。当员工通过培训不断获得新技术、新知识，能力迅速提升时就会对自己提出更高要求，并制定出新的与工作相关的职位发展目标。企业既要发展业务也要发展人才，成功的企业将员工培训作为企业不断获得效益的源泉。

3. 公共气象部门人力资源培训与开发的完善策略

培训是提高人力资源的重要途径，也只有通过投资人力资源培训，才能促使人力资源转变为具有创造力的人力资本。公共部门的人力资源培训，不仅能提高人力资源的素质，还有利于贯彻中央的路线方针政策，统一思想，提高公共部门的行政能力。要建立科学的公共培训体系，首先，要加强培训主体的自身建设，提高培训质量。目前，我国公共部门的人力资源培训主体是从中央到地方的各级党校、行政学院及各部委、各高校的干部管理培训中心，它们在培训体系中处于不同的层次与地位，发挥不同的作用。各种培训主体都要实施多样化的培训方式，更新、丰富培训内容，做到理论与实践的结合，不仅要注意培训的政治性与方向性，更要注重培训的针对性与系统性，着重于被培训人员专业技能的提高（王从，2014）。

其次，要有适应经济社会发展的中长期公共人力资源培训规划。这是国家人事部门与各级地方人事部门必须做的事情。除了专业技能培训之外，根据公共部门的发展需要进行有目的的培训。不过在培训过程中，也要注意投入产出比，过高的培训成本，不一定能带来满意的现实效果。

最后，培训管理要科学、全面。对公共部门人力资源的培训不应该只注重结果，而更应该注重培训过程与监控及培训后的反馈，这样，有利于发现问题，为下一次的培训积累经验，更为以后的培训做好需求预测，提高培训的有效性（朱建军，2013）。对于培训的结果，可以与待遇、晋升等挂钩，但不宜在人力资源综合评估中占过多比重，避免为晋升而培训、为改善待遇而培训的现象出现。科学、有效的培训评估不仅可以体现员工对培训的满意度、培训内容的合理性和教师教学的质量，而且可以反映培训需求和培训效益，对改进培训项目的设计有重要意

义（詹银萍，2016）。

就现实情况看，气象部门新进人员入职培训虽然取得了不错的效果，尤其是线上或者网络培训内容和方式很受员工欢迎。但其中仍然存在不足之处。今后的培训工作可以从以下几个方面予以改进，以进一步提高培训质量和效益。

1）做好培训需求调查

培训组织部门可在网上远程开展培训需求调查，包括培训内容、培训方式、培训时间、培训时长等。培训需求调查是培训工作及时、有效的保障。

2）科学、及时调整培训内容与培训方式

培训组织部门应根据培训需求调查的结果及培训目的、目标的不同，及时调整培训内容，与需求保持同步，与时俱进，还应根据培训需求及培训内容，灵活采用培训方式，增加培训结束后学员之间及学员与授课者之间的沟通与联系。

3）完善培训效果评估

培训效果的评估经常只有学员对此次培训课程、培训方式、任课教师教学设计等方面的意见反馈，对学员参培后所受的影响没有进一步跟踪。因此，培训组织部门以后应加强培训后对学员的跟踪调查。

4）学习优秀培训经验

培训要想达到好的效益，就要与时俱进。培训组织部门应不断学习和交流，积极参加国家气象干部学院举办的关于培训的培训班，多与其他部门分院和省级培训中心交流，互通有无，学习优秀的培训经验。

复 习 题

1. 什么是公共部门培训？
2. 公共部门人力资源获取的概念是什么？
3. 公共部门人力资源获取途径有哪些？
4. 什么是公共气象部门人力资源培训和开发的原则？
5. 公共气象部门人力资源培训和开发体系的基本环节是什么？

主要参考文献

曹玉吟. 2020. 公共部门人力资源开发与管理分析. 现代营销(信息版)，(1): 187-188.

崔桂香. 2021. 公共部门人力资源管理激励机制研究. 质量与市场，(17): 91-93.

冯丹丹，陈卫平. 2007. 论公共部门的人力资源获取. 科技进步与对策，24(8): 185-187.

李润迪. 2021. 浅析公共管理部门中的人力资源管理. 农村经济与科技，32(10): 331-333.

李思林，董京. 2019. 公共部门员工培训管理. 中国市场，(5): 118-119.

林金红. 2019. 我国公共部门人力资源管理问题探究. 管理观察，(26): 91-92.

马桥艳. 2015. 公共部门人力资源培训的现状分析及对策研究. 社会科学 I 辑，(3): 78.

斯塔林 G. 2012. 公共部门管理. 常建，等译. 北京: 人民大学出版社.

王从. 2014. 我国公共部门人力资源管理的研究现状分析. 西南石油大学学报(社会科学版)，16(3): 34-38.

王丽芳. 2020. 人力资源管理在公共管理部门的重要作用. 中国中小企业, (9): 185-186.

王亚婷. 2016. 关于我国公共部门人力资源培训的探究与思考. 法制博览, (5): 277-278.

吴珩. 2017. 浅谈公共部门的人力资源培训定义及其重要性. 中国管理信息化, 20(5): 207.

向先护. 2018. 我国公共部门人力资源培训的现状分析. 商情, (37): 52-53.

杨黎妮. 2021. 当前公共人力资源管理的现实困境与解决路径分析. 中国管理信息化, 24(3): 156-157.

詹银萍. 2016. 我国公共部门人力资源现状及对策刍议. 企业导报, (7): 135.

张玲玲. 2019. 浅析公共管理部门人力资源管理的特点及改进对策. 山西青年, (2): 231.

赵建华, 黄丕. 2012. 关于我国公共管理部门人力资源培训的文献综述. 全国商情(理论研究), (15): 33-35.

朱建军. 2013. 公共部门人力资源培训存在的问题及对策. 山西师大学报(社会科学版), 40(S4): 9-10.

第6章 公共气象部门的绩效管理

导入案例

加强气象事业资金绩效管理 推动气象事业发展

为深入贯彻落实党的十九大关于全面实施绩效管理的决策部署,2017年以来,财政部会同中国气象局进一步完善气象部门预算绩效管理机制,通过部门整体支出绩效评价、重点绩效评价、部门预算项目绩效评价等方式,逐步构建全方位、全过程、全覆盖的气象部门预算绩效管理体系。河北省为强化气象部门绩效管理考评机制,开展了一系列工作,一是建立健全气象防灾减灾长效机制。要求市县二级成立气象灾害防御指挥部,开展气象灾害防御检查,将气象灾害防御纳入本级国民经济和社会发展规划,组织编制、发布气象灾害防御规划,将气象探测环境保护范围纳入城乡规划。二是提高气象灾害防御能力。构建国土资源、气象、水利、农业等部门联合监测预警信息共享平台;建立突发公共事件预警信息发布中心;制定突发事件预警信息发布管理办法;建立完善重大气象灾害预警信息紧急发布制度;加强基层预警信息接收传递,建立乡村气象信息服务站和设立气象信息员,及时传递预警信息,帮助群众做好防灾避灾工作。三是强化气象防灾减灾社会管理。做好灾害普查、风险评估和隐患排查工作;落实防雷装置设计审核、竣工验收行政许可,开展防雷安全联合检查,加强防雷行政监管;在城乡规划编制和重大工程项目、区域性经济开发项目建设前,严格按规定开展气候可行性论证。四是加强人工影响天气工作。建设人工影响天气作业基地,各县(市)建设标准化作业点。五是增强气象灾害应急处置能力。加强地方应急队伍建设,将气象信息员队伍纳入政府应急救援队伍;组织开展气象灾害应急演练,提高应急救援能力。

财政部表示,下一步将会同中国气象局加快建成全方位、全过程、全覆盖的气象部门预算绩效管理体系。进一步构建完善气象部门整体支出、项目绩效评价指标体系,组织开展项目支出绩效目标执行监控工作,建立预算项目绩效评价结果、预算执行与预算编制等相关工作挂钩机制,提高预算编制的科学性和有效性,优化财政资源配置效率,将"讲绩效、重绩效、用绩效""用钱必问效、无效必问责"的绩效管理理念,贯彻于气象部门预算管理工作的始终。

6.1　绩效管理的含义

6.1.1　公共部门绩效管理的含义

　　20 世纪 80 年代，西方大多数发达国家展开了一场声势浩大的政府改革运动，尽管各国改革的具体途径和规模有所不同，但是都具有一个共同的基本特点，就是采用私人部门的管理理论和技术，引入市场竞争机制，提高公共气象部门的管理水平和改善公共服务质量，即被称为"新公共管理"。这场运动对于公共气象部门尤其是政府部门的管理理论和实践产生了深刻的影响，绩效管理就是伴随大规模的行政改革浪潮成为公共气象部门的一项重要改革措施和一种新的实践活动。

　　首先，20 世纪 70 年代西方发达国家经济处于滞胀状态，政府财政赤字猛增，福利国家不堪重负，一系列新的社会与政治问题接踵而至，而传统的政府管理模式失灵，这是引发政府改革的直接原因。其次，经济全球化的出现是当代西方政府改革的一个推动力。由于一个国家的国际竞争力与其生存和发展密切相关，所以，政府如何引导和调控国民经济运作，参与国际经济竞争，保持和提升本国的国家竞争力，就成为人们关注的焦点。再次，新技术革命尤其是信息革命是新公共管理理论产生的一种催化剂。信息技术为建立高效、扁平、透明的政府提供了条件。最后，私人管理模式的示范性影响是当代西方新公共管理理论兴起的另一个动因。在此情况下，新公共管理便应运而生。正是在这场改革运动中，绩效管理在政府部门中得到了广泛的应用。综观上述背景，可以说公共气象部门的绩效管理是新公共管理兴起和西方国家行政改革的衍生物，它在理论和实践两方面都产生了深远的影响。

　　人们普遍认为，英国是当代西方行政改革的先驱。在 20 世纪 70 年代以前，英国的公共行政体制仍建立在韦伯的官僚制理论基础上，保持着传统行政模式的主要特征：坚持议会主权、部长责任制和政治中立的三大政治信条，整个社会管理体制基本上就是官僚制——权力集中、层次分明、制度严格、权责明确、官员称职、政令畅通。然而到了 20 世纪 70 年代后期，一系列新的因素汇成了对官僚制的强大冲击。政府形成了庞大的机构，公共服务部门几乎为公共气象部门所垄断，各级官员和公务员只是执行上级的命令、压抑了积极性和创造性，政府工作效率严重低下。在经济衰退和相应的社会紧张压力下，战后关于政府在经济和（更普遍的）社会服务事务中的一致看法，在 1979 年以撒切尔夫人为首的保守党政府上台后被打破。

　　从 1979 年起，撒切尔夫人执政伊始，即对传统公共行政体制进行了一系列以新公共管理为主题的较为彻底的改革运动。主要以缩减政府管理范围、规模和提高政府效率为目标，从撒切尔政府到梅杰政府，保守党执政期间持续推进了"管理文化"（managerial culture）和高效政府管理体制的建立，并围绕效率战略不断推进绩效管理策略，实现了逐步由"官僚文化"向"管理型文化"的转变。例如，雷纳评审、部长管理信息系统、财政管理新方案、下一步行动、公民宪章以及竞争求质量等重大改革。这段时期的政策的发展及应用开始转向重新肯定市场规则，重塑、削减公共气象部门的基本职能，个人自主安排生活方式及为家庭承担责任的观念也出现于政治讨论中。当撒切尔的"革命"巩固之后，所有的公营组织都被私有化，按照市场规则来进行管理。至于传统的福利国家领域，只有医疗保健和教育还被保留在公共气象部门的职责范围内（王立朴，2016）。从英国行政改革特点看，改革性质是一种"适应性改良"，但其改革范围之大、之全面，对整个行政体制改革都产生了深远而积极的影响。

1. 绩效是什么

绩效是组织中个人（群体）特定时间内的可描述的工作行为和可衡量的工作结果，以及组织结合个人（群体）在过去工作中的素质和能力，指导其改进完善，从而预计该人（群体）在未来特定时间内所能取得的工作成效的总和。

绩效是指组织、团队或个人，在一定的资源、条件和环境下，完成任务的出色程度，是对目标实现程度及达成效率的衡量与反馈。

绩效是指组织或个人在一定时期内投入产出的效率与效能，其中投入指的是人、财、物、时间、信息等资源，产出指的是工作任务和工作目标在数量与质量方面的完成情况。绩效包括组织绩效、部门绩效和个人绩效三个层面。

绩效的三个层面之间是决定与制约的关系。首先，个人绩效水平决定着部门的绩效水平，部门的绩效水平决定着组织的绩效水平；反过来，组织的绩效水平制约着部门的绩效水平，部门的绩效水平制约着个人的绩效水平。其次，部门之间绩效水平、岗位之间绩效水平也是相互制约的，正如短板效应所显示，一个低效的部门或岗位影响着其他部门、岗位甚至是全组织的绩效水平。

绩效，从管理学的角度看，包括个人绩效和组织绩效两个方面。从字面意思分析，绩效是绩与效的组合。绩就是业绩，体现组织目标的实现。效就是效率、效果、态度、品行、行为、方法、方式（程德俊，2018）。绩效是一种行为，体现的是组织的管理成熟度目标。绩效又包括纪律和品行两方面，纪律包括组织的规章制度、规范等，纪律严明的员工可以得到荣誉和肯定，如表彰、发奖状/奖杯等；品行指个人的行为，"小用看业绩，大用看品行"，只有业绩突出且品行优秀的人员才能够得到晋升和重用。

2. 什么是绩效管理

1）绩效管理的含义

所谓绩效管理，是指各级管理者和员工为了达到组织目标共同参与的绩效计划制定、绩效辅导沟通、绩效考核评价、绩效结果应用、绩效目标提升的持续循环过程，绩效管理的目的是持续提升个人、部门和组织的绩效。绩效管理的过程通常被看作一个循环，这个循环分为四个环节，即绩效计划、绩效辅导、绩效考核与绩效反馈。按管理主题来划分，绩效管理可分为两大类，一类是激励型绩效管理，侧重于激发员工的工作积极性，比较适用于成长期的组织；另一类是管控型绩效管理，侧重于规范员工的工作行为，比较适用于成熟期的组织。

绩效管理是为实现组织发展战略和目标，采用科学的方法，通过对员工的工作业绩、行为表现和劳动态度，进行全面监测、考核、分析和评价，充分调动员工的积极性、主动性和创造性，不断改善员工和组织的行为，提高员工和组织的素质，挖掘其潜力的活动过程。

政府绩效管理是公共管理及变革的核心工具，对既有行政价值理念、体制变革、行政行为等的触动具有全面和深刻性。就现阶段而言，价值导向宜以服务于我国行政体制改革、以推动"四个政府"建设、以科学发展观指引下的发展方式转型为基本出发点，充分反映我国政治体制特征，统领政府绩效预算、地方政府整体绩效管理、领导班子和领导干部考核、公务员绩效管理以及社会满意度评价等。

2）绩效管理的作用与价值

对组织来说，绩效管理是增强战略执行力的一套方法，它将个人业绩、个人发展与组织目标有机结合，通过改善个人业绩和团队业绩来持续改善组织业绩，并确保组织战略的执行和业务目标的实现。对各级管理者来说，绩效管理能帮助其提高管理水平，减轻管理压力，通过建立自上而下、层层分解的目标体系，使每名员工明确自己的工作重点、工作目标与方向，让员工以最有效的方式、尽最大努力来做"正确的事"，确保员工的工作行为及工作产出与组织的目标一致。对员工来说，绩效管理通过绩效目标设定、绩效辅导、绩效反馈帮助员工改善个人业绩，并通过实施员工改善计划提升个人能力，从而帮助员工实现个人职业生涯发展。

绩效管理是组织和员工对应该实现的目标及如何实现目标形成共识的一个过程，是在一定期间内科学、动态地衡量员工工作效率和效果的管理方式，是通过制定有效、客观的绩效衡量标准，使各级管理者明确了解下属在考核期内的工作业绩、业务能力以及努力程度，并对其工作效率和效果进行评估的过程。

绩效管理的核心目的就是通过提高员工的绩效水平来提高组织或者团队的绩效。在绩效管理的过程中，员工通过参与设定自己的工作目标而具有自我实现的感觉；组织通过自上而下地分解目标，避免团队与员工目标偏离组织目标；一年中多次的评估与奖惩，实现组织对目标的监控实施，保证工作目标的按时完成。

绩效管理提供了一个规范而简洁的沟通平台，改变了以往纯粹的自上而下发布命令和检查成果的做法，要求管理者与被管理者双方定期就其工作行为与结果进行沟通、评判、反馈、辅导，管理者要对被管理者的职业能力进行培训与开发，对其职业发展进行辅导与激励，客观上为管理者与被管理者之间提供了一个十分实用的平台。

绩效管理为组织的人力资源管理与开发等提供了必要的依据，通过绩效管理，实施绩效考核，为员工的管理决策，如辞退、晋升、转岗、降职等提供了必要的依据，同时也解决了员工的培训、薪酬、职业规划等问题，使之行之有据。

6.1.2　公共气象部门绩效管理的含义

　　公共气象部门绩效管理既是公共管理学的一个新分支，又是当代的公共气象部门管理的一种新实践。它发源于西方发达国家，是一种以实现公共气象部门管理的经济、效率、效益和公平为目标的全新的公共气象部门管理模式。公共气象部门绩效管理对于提高公共气象部门的管理效率、增进公共气象部门及其工作人员的服务意识和顾客至上的服务理念、增强公共气象部门的成本意识、推进公共管理由"治理"向"善治"转变具有重要意义。在我国，随着政府机关效能建设的展开，作为改进公共气象部门尤其是政府管理的一种有效工具，绩效管理越来越受到了人们的重视，并逐步在我国公共气象部门管理中得到了广泛的应用和推广。

　　政府绩效是指政府在社会经济管理活动中的结果、效益及其管理工作效率、效能，是政府在行使其功能、实现其意志过程中体现出的管理能力，它包含了政治绩效、经济绩效、文化绩效、社会绩效四个方面。

　　经济绩效是政府绩效的核心，在整个体系中发挥着基础性的作用。维持经济持续发展、稳定社会财富增长，是政府绩效的首要指标。社会绩效是政府绩效体系中的价值目标。实现经济绩效的目的，就是为了实现社会绩效，保持国家安全、社会稳定，居民安居乐业。政治绩效是整个政府绩效的中枢。实现经济绩效和社会绩效需要政治绩效作为法律和制度的保证和保障。

　　国内外许多学者专家对绩效作了种种归纳，结论不尽一致，但有一点却达成了共识：绩效要素是一个结构，即经济、效率和效果，曾被西方学者认为是绩效的"新正统学说"。随着新公共管理运动的深入，质量也日渐成为评估的主流范畴，围绕质量形成的指标数量不断增加。尽管说，经济、效率特别是效果的提法都蕴含有质量的内容，但明确把质量的概念单列出来、凸显出来是前所未有的，这是改革的成果，是新时期绩效的重要标志。此外，公平、责任等指标，也逐渐成为建构绩效体系的基本要素。

　　因此，我们可以说，绩效管理是指公共气象部门在积极履行公共责任的过程中，在讲求内部管理与外部效应、数量与质量、经济因素与伦理政治因素、刚性规范与柔性机制相统一的基础上，获得公共产出最大化的过程。

6.2　公共气象部门绩效管理问题现状

6.2.1　公共部门绩效管理问题

1. 公共部门绩效管理一般性问题

1）绩效管理理念存在偏差

理念是行动的先导。绩效管理观念性认识直接影响公共部门绩效管理的效果。

绩效管理理念存在偏差主要表现在三个方面:

一是混淆绩效和政绩。绩效管理包含了公共部门工作的过程和结果,而政绩侧重于公共部门工作行为的结果,典型的表现就是"经济政绩"和"政绩工程"。特别是长期以来受计划经济体制的影响,一些地方政府将政绩视为绩效,以 GDP 高速增长为目标,大搞"形象工程",模糊了政府绩效与政绩,造成公共气象部门认识上的误区。

二是混淆绩效考核和绩效管理。绩效管理和绩效考核既有联系又有区别。绩效管理本质上是通过一系列动态、持续的计划、沟通、控制和反馈提高组织和个人的效能,最终实现整个部门的绩效提升。绩效考核是根据一套正式的制度和标准,评价组织中个人职务履行和责任的实现程度。绩效考核是绩效管理的一个方面,但二者侧重点不同。绩效考核对象是员工,试图以考核的方式激励员工自我绩效的实现,从而带动组织绩效的实现。而绩效管理是组织和个人的双向沟通,是在员工个人的自我控制和组织的不断调整中实现整体绩效。公共部门往往误把员工个人的绩效考核当作组织的绩效管理。

三是缺乏绩效反馈环节。当前公共部门的绩效管理多止步于绩效考核与评估,缺乏对考核评估结果的反馈,员工和部门无法得知自身工作真实的状况评价。由于缺乏评估对象与评估结果的沟通,也就谈不上对工作绩效的改善和跟进。绩效反馈的缺失还使绩效管理与奖惩制度相分离,绩效管理内在激励性丧失,从而公共部门绩效管理流于形式。

2)绩效管理难点

一是公共部门整体目标多元取向。从公共气象部门整体来讲,由于公共气象部门特有的属性,如非营利性、公共性、垄断性等,公共气象部门绩效管理不能单纯追求经济和效率,还要做到效益和公平。一方面,公共部门的非竞争性使其缺乏降低成本、提高效率和提高服务质量的动力,同时一味地追求效率容易导致"一刀切"、工作僵化、方式粗暴等问题,还要注意到有时公共气象部门的社会目标和无形目标更具有深层次意义,效率并不是工作的唯一要旨;另一方面,公共部门工作的公平性难以量化,不同部门间工作的异质性,使得绩效的评估和管理困难增加。

二是公共部门个体特征不可忽视。从公共部门中个体来讲,由于个体是公共部门服务实施的主导,对人的评估本身就比物的评估困难,定性评价易而定量评价难,且公共部门员工对绩效管理存在一定程度的抵触。"帕金森定律"在公共部门中确实存在,也就是说公共部门的工作与人员不存在必然的联系,公共部门绩效管理会促使组织机构重组、合并、撤销,人员裁减,预算缩减,实施不同程度的奖惩等,进而影响了既得利益者的利益,造成个体员工心理的不适应与反抗。加之"官本位"思想作祟,增加了公共部门绩效管理的困难。

三是绩效评估困难。绩效评估是绩效管理的重要环节,是公共部门不可回避的现实问题。我国公共部门绩效评估存在缺乏统一标准、规范性不足、评估方法程序不合理等问题，影响了绩效评估在公共部门绩效管理中作用的发挥。具体表现为：绩效评估主体单一，公共部门明显存在部门主导的自上而下的单向评价，重视上级对下级的评估、控制，忽视下级评价和社会对公共部门的监督，评估的公开性、透明性不足；绩效评估对象单一，评估主要针对公共部门员工"德、能、勤、绩、廉"的传统考核，考核范围空大，忽视对员工职责履行程度的关注，没有将个人考核与部门绩效目标实现相结合，更没有对公共部门政策、制度制定执行的评估；绩效评估随意性强，公共部门绩效评估没有形成常态机制，受领导人的主观偏好影响大（闫美灵，2019）。

四是战略性人力资源管理缺失。企业绩效管理有效实施的基础是其战略性的人力资源管理。公共部门绩效的改善同样有赖于战略性和前瞻性的人力资源管理。然而，我国大多数公共部门还停留在传统的人事管理阶段，专注于日常琐碎的管理事务，缺乏现代化的人力资源管理理念，进而增加了公共部门绩效管理的实施困难。

2. 公共部门绩效管理典型性问题

1）绩效计划制定不力

绩效计划是确定组织对其成员的绩效期望并得到内部成员认可的过程。绩效计划的制定是一个自下而上的目标确定过程，通过这一过程将个人目标、部门或团队目标结合起来。计划的制定过程也是人员参与管理、明确自己职责任务的过程。

2）公共部门的产出难以量化，成本缺乏可比性

绩效管理的一个重要前提是必须将所有绩效都以量化的方式呈现，再据此进行绩效管理。这一做法在私人部门基本不构成问题，因为私人部门的服务是可以出售的。然而，公共部门的绩效却难以量化，因为行政组织是一种特殊的公共权力组织，所生产出来的产品或服务具有"非商品性"，它们进入市场的交易体系不可能形成一个反映其生产成本的货币价格，因而对其数量进行正确测量在技术上还存在着一定的难度（陈哲，2018）。此外，由于公共部门缺乏提供同样服务的竞争单位，因此也就无法取得可比较的成本与收益数据。

3）公共部门绩效管理的价值取向存在偏差

绩效管理以实现一定的绩效目标为基本要求，新公共管理运动认为公共部门的目标是 3E，分别是经济（economy）、效率（efficiency）和效益（effectiveness）。而其后的公共管理学派认为对于公共部门而言，同营利性的企业一样仅追求经济学意义上的目标是远不能满足公众的需求的，并增加公平（equality）作为公共部门所应当追求的价值，即 4E 目标。公共气象部门在运用绩效管理的过程中的难点之一就是如何确定目标。对于公共气象部门来说，同时存在多个需要满足而又可能相互矛盾的价值诉求。

在我国，公共部门绩效管理中最为突出的一对价值取向就是——增长与公平，这对变量就是同时需要满足且又相互存在矛盾的价值取向。根据公共气象部门管

理和服务的本质设定反映和维护公共部门公共性的标准，公共部门既要追求经济意义的目标，更要顾全公众的利益和社会的公平，这已经成为共识（孙英玥，2022）。然而，在现实中，一些地方政府在目标价值取向上往往偏向经济增长，将经济业绩等同于政绩，相对忽视社会、自然和人的长远发展和利益，造成了某种程度的政府职能的扭曲和变形，不利于解决教育、文化、社会公平、社会保障等其他各方面的问题。

4）偏重绩效考核，而忽视了绩效管理的其他流程，尤其是绩效反馈的环节

绩效管理不等同于绩效考核，绩效计划提供了明确的绩效期望，绩效实施环节通过不断的沟通来保证绩效管理的顺利进行，绩效管理的根本目的是提高员工绩效和达成组织的战略目标，必须要进行绩效反馈和绩效改进使员工了解自己的工作情况、发掘自身的潜力，绩效结果也要通过奖励和惩罚加以应用，激励工作的积极性，调整组织的人力资源配置。所以，仅仅关注绩效考核远远不足以发挥绩效管理的作用（曹思洁和彭文龙，2017）。但在一些公共部门中，绩效管理被片面地理解为绩效考核，且止步于考核是否达到了预定的标准，没有绩效反馈的环节。实际上，许多地方政府都开展了市民评议等测定公民满意度的绩效评估，但对评估结果的反馈却较少。上级行政部门和行政领导极少会根据结果与被评估对象进行沟通，缺少对卓越完成绩效目标或未能达到绩效目标的原因进行分析的过程，下级单位和职员都不清楚自己的考核结果，自然不知道是否需要改进以及如何改进。绩效反馈环节的缺失也包括其与奖惩制度相脱离，卓越完成绩效目标的没有相应的奖励，未能达到绩效目标的也不会因此受到影响，绩效管理丧失了最基本的管理作用，成为公共部门管理创新中的"花瓶"，更大意义上成为形式主义的存在。缺少绩效反馈的绩效管理是不完整的绩效管理，公共部门绩效管理也会因此而陷入循环的怪圈，即绩效低—实施绩效考核—绩效仍然低—再实施绩效考核，变成一个循环往复的过程而非绩效管理旨在实现的不断上升的过程。

6.2.2　公共气象部门绩效管理问题特征

对事业单位而言，要建立起现代管理体系，现代的绩效管理则是重要的环节和手段，考核的内容则包括整个机构和个人的工作成绩。绩效考核是今后事业单位改革过程中的必经之路，建立起科学且行之有效的绩效考核体系，对事业单位的改革发展有着极其重要的意义。

自 1998 年全国气象部门开始实行目标管理以来，20 多年间气象工作考核方式不断创新，考核内容不断调整，考核制度不断完善。随着绩效理念在我国政府管理中逐步普及，气象部门也进行了积极的公益事业探索。

下面主要探讨市级气象管理部门的情况，目前全国各地市级气象部门由于保持高度的统一性，在绩效管理方面，虽然有略微的差别，但是大体上还是相同的，反映的问题也具有相对普遍性。

1. 管理依据缺失

绩效管理依据是公共气象部门实施绩效管理的根本，没有对绩效管理的内在规定，公共气象部门的绩效管理只会陷于茫然与无助。公共气象部门绩效管理依据的缺失主要表现在：

第一，公共气象部门绩效管理规定性不明确。

至今为止，无论是政府还是学界，并没有对公共气象部门绩效概念做出明确界定，也没有对何谓高绩效做出清晰的阐释。公共气象部门中应由谁负责绩效管理、谁负责绩效评估等都没有详细的说明。这就导致各个公共气象部门绩效管理各自为战，缺乏绩效管理一体化进程。

第二，公共气象部门绩效管理法律法规缺失。

近年来，公共气象部门绩效管理多为自发性行为，全国并没有一部相关的法律、法规作为公共气象部门绩效管理的依据，没有对公共气象部门绩效管理具体实施制度化的规定，导致公共气象部门绩效管理缺乏法制性保障，科学性和持续性不强。绩效管理的目标、标准、考核、评估都由公共气象部门本身制定，增强了主观随意性，使得绩效管理推进的深度和广度受到制约。

第三，公共气象部门绩效管理理论准备不充分。

绩效管理这一概念引自西方，大多成果照搬西方，尽管我国学界已经给予关注，但适合我国政治、经济、文化环境和现阶段条件特征的绩效管理研究成果尚不丰富，学界相对重视绩效管理的基础理论研究，但实践可操作层面的研究及实证性研究不足，以致公共气象部门绩效管理主观性强，盲目性大，无法发挥应有的作用。

2. 认知相对滞后

公共气象部门绩效管理的重心在提高天气预报质量、加强气象政府决策服务以及社会公众服务和气象资料传输保障上。对于各个科室的绩效管理，主要是以"道德人"的形式要求进行。绩效管理体系的建立，需要比较高的时间和人力成本，这就需要管理层下极大的决心来决定是否研究并实施，而大多数管理层更愿意把精力放在提高业务质量以及争取项目收入上，即便是拿出一套绩效管理体系，面对单位错综复杂的人事关系和人情往来，真正要严格实施下去困难极大。

3. 标准难以统一

目前市级气象部门主要由机关管理科室、直属机构两大部分组成，直属机构又包括科研类部门、保障类部门、对外服务及创收类部门等，当前主要采取目标管理的形式来检查部门工作完成情况。不同的科室负责的工作内容不同，要制定出一个相对公平公正且能体现各部门工作绩效的标准，需要一个长期的过程。有的部门注重于科研以及预报质量（如气象台），有的部门注重于后勤和保障（如装备中心），有的部门注重于服务以及创收（如科技服务中心和灾害防御中心），导致相关气象部门在制定绩效管理标准的时候，往往会遇到各种阻力停滞不前。

4. 成效落实困难

气象绩效指标设定的延续性、逻辑性和科学性还有待加强，指标核验标准要进一步细化深化。在具体实施中，气象绩效考评工作在基层容易演变成地方政府对基层气象部门的年度工作考评。基层气象部门在推进气象绩效考评工作中，遇到了文件出台难、经费落实难、落实时间紧、推进责任重等诸多困难。气象局对基层气象部门的气象绩效工作调研、业务培训、工作推进、指标落实等工作指导不够；绩效考评办及各设区市绩效考评办的沟通交流有待加强。

6.3　公共气象部门绩效管理的对策

6.3.1　公共部门绩效管理对策

1. 确立公共部门绩效管理的目标取向

就公共部门而言，其绩效管理持续、长久的目标取向是"3E+2"。这里的"3E"分别是经济（economy）、效率（efficiency）和效益（effectiveness）。"2"指的是还需要加上公平性和回应性。这表明，一方面，政府部门在向全社会提供公共物品和公共服务时要追求经济、效率和效益，这一点与营利性企业的绩效目标并无多大差别。另一方面，政府不是企业，政府的绩效管理也不是企业的绩效管理。作为政府部门在满足 3E 的同时还需要将提供公共物品和公共服务的公平性与回应性作为基本前提。在公共部门绩效管理的目标取向中还应当包括阶段性的具体的目标。因为政府在不同时期会为了特定的发展战略和社会治理任务而提供特殊质量的公共物品和公共服务。如果没有或忽视公共部门绩效管理中具体历史阶段上的具体目标，这种绩效管理就会出现下列两种不能令人满意的状态：停留在抽象的理论上，可说得多能真正去做得少；盲目地从国外"拿来"，从而失去本土化和时代感。正因为如此，在中国社会转型、体制转轨和制度建设发展到目前这一特殊的历史时期或特殊的历史机遇期时，在公共部门中推行和开展绩效管理就必须考虑将"3E+2"作为持续、长久的目标。在当前特别要强调公共部门在提供公共产品和公共服务上的公平性和适合公众需求的回应性。同时，要把绩效管理与国家提出的带有全局性的发展战略和特殊治理任务有机结合起来，将提供公共物品和公共服务的经济性、效率性、效益性、公平性、回应性落实到构建和谐社会与节约型社会上来。各级政府部门都必须围绕建设和谐社会和节约型社会来确定绩效战略、制定绩效计划、实施绩效型领导、进行绩效考评、开展基于绩效的培训与激励。

2. 评估主体多元化，采用全考评对象全面评估机制

评估主体的多元结构是保证绩效评估信度的基本原则，每个评估主体都有其特定的评估角度，综合大多数的评估主体评估的结果，才能全面地客观地评定被评估对象。公共气象部门作为社会公共责任的承担者，决定了其绩效评估不只是政府内部组织评估，而且还要接受社会的评估，因而，可以引入企业绩效管理中使用的全考评对象全面评估机制。一般而言，评估主体应包括被评估对象本身、直接行政领导、同级行政机关、下级行政部门、公民和独立的社会评估组织，并要根据被评估对象的性质确定对各个评价主体的权重。

3. 有必要将政府绩效评估与公务员个人绩效考核相联系

政府绩效评估的结果不仅要向下级部门和职员反馈，而且可以将评估的结果作为公务员年度考核的一个组成部分。如果所在的部门在评估中的得分较低，那么公务员个人的考核结果也会受到影响；反之亦然。公务员若想在考核中得到较高的分数和评价，必然会竭力提高政府的绩效评价，而因为政府绩效评估的主体主要是公民，所以，提高政府绩效评估的结果就等同于向公民提供最好的服务。对于公务员个人而言，就是使得公众满意度与其自身的绩效考核结果紧密联系，激发公务员为公众服务的积极性（官宇，2021）。如此，政府的绩效管理与公务员个人的绩效考核相联系。政府的绩效目标与公务员的个人目标得以统一，就能够有效地改进政府的绩效。

4. 深化改革，完善配套制度

一是在难以削减历史遗留下的庞大编制的现实下，可考虑将预算与编制脱钩，改增量预算为零基预算，增加预算的细化和透明度。二是建立节余预算的留存和分享制度，节余预算的一部分可以作为职工资金发放，另一部分也不回收，而由预算单位留存并作为有自主权的公共支出。这样就使公共管理部门和人员的绩效努力与其自身利益联系起来，将谋取超额预算和尽可能花光预算的动机转化为节约的动机（刘瑞玲，2022）。三是继续完善社会保障制度，尤其是要将公务员的养老保险、失业保障和医疗保险与其他行业保险统一起来，实现相互之间可对接和可转换。四是建立公共信息管理制度，对公共信息的采集、处理、发布规定明确的标准，建立严格的责任制度，努力实现公众获得公共信息的全面、及时和准确。五是修改相关的阻碍公众知情权行使的法律、法规。

6.3.2 公共气象部门绩效对策改进

结合我国气象部门实际情况，在深入分析原因后，针对具体问题，借鉴其他领域先进做法，引入一些新的思想、新的理念，可以对以下几点做出调整，加强气象部门绩效考核的制定与改革。

第一，要改变思想认识，不仅是管理层和普通员工要做到绩效认识全覆盖，在单位中形成良好的竞争合作氛围。气象部门的全体职工需要从思想上积极面对绩效改革的新要求，把工作重心提升到自我业务综合素质提升方面上来。要敢于打破封闭，积极与外界交流，可以阶段性邀请相关的专家教授对管理层以及人事部门进行专业的授课，尤其是负责具体实施的人事部门，在绩效管理方面要进行专业的培训，提高对绩效管理的重视度（胡景涛和董楠，2013）。

第二，要制定标准。围绕气象部门核心业务，不断深化改革，绩效管理的要求要随着客观环境和新的气象事业发展形势的要求不断调整。标准制定方面，在制定绩效管理标准之前，首先要根据不同的考核内容，确定不同部门、科室的核心工作内容，尽量量化各类指标；然后，管理层组建考评小组对各部门进行考核，具体的考核标准，分科室和个人两部分组成。各科室的考核，主要针对长期目标进行分解，每个月、每个季度都跟进打分，并根据实际情况变化适时调整考核标准。以气象台为例，负责人的考核内容，除了应包括个人预报、科研和服务质量，还应该与气象台整体工作质量挂钩，这样才能体现负责人的作用。

第三，标准实施方面。绩效考核的结果，应该能够充分实现既定战略目标。对于绩效考核不过关的部门或者个人，经过训诫仍没有效果的，要坚决处理，有所惩罚甚至调离工作岗位。对于考核优秀的部门和个人，要在各方面拉开差距，起到正向激励作用，调动气象部门干部职工的工作积极性（李志和潘丽霞，2019）。把干部职工的长期发展纳入绩效管理中，对于优秀的部门或者干部职工要进一步推荐学习培训，学习的成效又可以记入下一阶段的绩效管理中，形成一个良性循环。需要注意的是，要合理把握考核的差距，既要坚决拉开考核的个体差距，体现工作的成效，又要注意尺度。

公共气象部门作为公共部门的一种基础类型，在绩效发展的过程中，除了一些特殊性之外，不可避免存在公共部门的共性，因此，对于公共气象部门的绩效管理，仍然需要在我国公共部门的整体绩效发展和改革环境下，实施基础性的制度完善和体制创新。

1. 强化公共气象部门的绩效意识，转变绩效管理观念

加强对绩效管理的研究和宣传，让全社会尤其是公共管理部门充分认识绩效管理的重要意义和作用。应通过对绩效管理的意义和作用的认识与了解，使人们在思想上达成共识，改变对绩效管理的消极、抵触态度，正确对待绩效管理工作，在各方面对绩效管理工作予以配合和支持，推动绩效管理事业的发展（张宏海，2014）。

2. 加强公共气象部门绩效管理立法工作

立法保障是开展政府绩效管理的前提和基础。制度化也是当前国际上绩效管

理活动的趋势之一。对于我国，当务之急是借鉴先进国家的经验和做法，通过完善政策和立法使我国政府绩效管理走上制度化、规范化和经常化的道路。首先，要从立法上确立绩效聘雇的地位，保证绩效管理成为公共气象部门的基础环节，促使公共管理部门开展绩效管理工作，以提高公共管理水平。其次，从法律上树立绩效评审的权威，使绩效管理机构在公共气象部门中具有相应的地位，使绩效管理结论能够得到有效传递和反馈，管理活动有充分的可信度和透明度。

3. 建立健全合理有效的公共气象部门绩效管理体制

建立健全合理有效的绩效管理体制是推进绩效管理事业发展的关键。公共气象部门绩效管理需要借鉴世界各国的有益的评估经验，在各级公共气象部门内部建立完善的绩效管理机制对公共气象部门实施的各种公共项目进行评估，充分发挥公共气象部门内部评估的功能，提高公共气象部门的管理水平。同时，应该借鉴国外思想库发展的经验，鼓励和发展民间中介评估组织。由于中介评估组织独立于公共项目的利益关系之外，有助于保证评估的公正和客观。而且，立法机关的评估工作可委托民间中介组织来完成，以节省大量的公共资源。

4. 培养适应公共气象部门绩效管理发展需要的人才

我国的绩效管理事业起步较晚，相应的管理人才培养也比较薄弱，至今还没一套完善的绩效管理人才培养计划、制度，全国性的绩效管理人才培养体系尚未形成，各部门、各单位只是根据本行业的具体特点和需要，开展一些临时、分散培训工作的做法亟须改变，要从我国改革开放的发展趋势和建设社会主义市场经济的需要出发，加强绩效管理人才的培养，形成比较完善的公共气象部门绩效管理人才培养体系，造就大批合格人才，为我国公共气象管理部门绩效管理事业的发展奠定坚实的基础。就当前而言，政府应给公共管理中的绩效管理工作制定相应的管理计划，分阶段、分层次开展绩效管理人员培训，建立比较灵活的管理人才培养机制，提高气象公共管理人员的素质。此外，还应重视对政府部门领导的培训，通过介绍国内外公共气象部门绩效评估的基本经验，研究绩效管理在气象管理过程中的地位和作用，提高他们对绩效管理的认识水平。

5. 建立公共气象部门完善的评估信息系统

政府绩效管理的成功还需要建立一个完善的绩效评估信息系统，进行及时的信息收集和分析。需要采取以下措施：构建电子化信息系统，通过标准化的协调和优化功能，保证电子政务提高效率，确保系统的安全可靠；做到互联互通、信息共享、业务协同；拓宽信息采集渠道（邢周凌，2014）。加强气象各部门、社会各界间的有效沟通，利用网络、媒体等各种途径搜集社会各方面的内容信息；对数据进行正确性检测和整合，通过科学有效的统计方法和测算方法，提高对数据采集以及整合利用的能力，使数据真实可靠，决断合理有效；提高评估者处理信息的能力，加强公共管理部门工作人员的自身业务修养，不断提高其业务理论水平，使其能够利用各种信息处理好各种突发事件，切实保障广大人民的根本利益。

复 习 题

1. 什么是绩效管理?
2. 公共部门绩效管理存在哪些问题?
3. 公共气象部门绩效对策有哪些改进?
4. 如何推进公共气象部门绩效管理?
5. 谈谈你对公共气象部门绩效管理的认识。

主要参考文献

曹思洁, 彭文龙. 2017. 公共部门绩效管理探讨. 合作经济与科技, (16): 126-127.

陈哲. 2018. 我国公共部门绩效管理中存在的问题及对策探究. 劳动保障世界, (21): 61.

程德俊. 2018. 高绩效组织中的社会资本及其人力资源实践创新. 南京: 南京大学出版社.

官宇. 2021. 优化公共部门绩效管理的有效对策. 人力资源, (8): 100-101.

胡景涛, 董楠. 2013. 公共绩效管理文献回顾与评述. 财政研究, (2): 79-81.

李志, 潘丽霞. 2019. 公共部门人力资源管理. 重庆: 重庆大学出版社.

刘瑞玲. 2022. 论绩效考核在人力资源管理中的问题和对策. 现代商业, (8): 79-82.

孙英玥. 2022. 公共部门绩效评价的困境、障碍与克服. 市场周刊, 35(7): 15-17, 85.

王立朴. 2016. 公共部门绩效管理研究综述. 中国管理信息化, 19(20): 198-199.

邢周凌. 2014. 高绩效人力资源管理系统, 基于中国创业板上市企业的研究. 上海: 复旦大学出版社.

闫美灵. 2019. 公共部门人力资源管理中的绩效管理问题分析: 评《公共部门人力资源管理》. 领导科学, (21): 127.

张宏海. 2014. 公共部门绩效管理与评估研究. 社会科学论坛, (1): 213-217.

第7章 公共气象信息管理

 导入案例

充分发挥"网格+气象"新动能，智慧气象助力提升
基层灾害应急救援等综合治理能力

2019年，江山市在全省率先将气象灾害防御有关事务纳入全科网格事务管理试点。通过规范业务、扩充队伍、将气象网格事务培训纳入基层治理综合信息教育培训体系与乡村振兴大讲堂，在气象部门的助力下打造了一支专业、高效、对灾害风险高度敏感的基层网格员队伍。同时，当年4月建成的集信息推送、数据采集、信息处理、分析研判于一体的"网格+气象"信息管理平台，实现全市网格"掌上基层"终端气象预警信息接收零延迟。基于此平台，气象预警一发出，就能马上收到，及时做好防范；又能快速上报灾情信息。

以2020年5月9日强对流天气过程为例，江山市气象局发布雷电黄色预警信号，全市807名网格员"掌上基层"客户端"零时差"接收到预警信号信息后，立即再分发至所属网格的村民，后台数据显示乡镇网格员传递信息的平均时间仅有5分钟，所属网格群众中95%接收到了信息。灾害发生时，网格员及时精准地通过手机端上报灾情，江山市防汛防台抗旱指挥部立即指派专业救灾工作组紧急集结，急赴现场，同时电力、通信、交通等应急抢险部门立即响应联动抢修救援通道。在共享网格地图上，96条暴雨及暴雨引发的地质灾害隐患险情指引全市各职能部门的救援力量第一时间到达现场，精准施救。

面对汛期大考，江山市气象部门充分发挥"网格+气象"新动能，实现面上信息依据专业观测，点上信息依靠网格上报，救援指挥依据汇总信息综合研判、靶向发力，以智慧气象助力提升了基层防汛防灾和应急救援等综合治理能力。

7.1 公共气象信息管理的基本理论

7.1.1 气象信息

气象信息是指各级气象部门获得的原始资料和通过统计加工、分析处理、交换购买等手段获得的数据产品。

依据《气象资料分类与编码》（GB/T 40153—2021），将气象资料分成15类一

级资料（表 7-1）。

表 7-1　气象资料一级分类与代码

类别名称	代码	说明
地面气象资料	SURF	利用各种观测手段获得的陆地近地面边界层以下大气和陆地表面气象条件的地面气象观测资料及其综合分析衍生资料[a]，资料内容包括地面气压、温湿度、风、降水、云、能见度、天气现象、蒸发、日照、冻土、土壤温度、电线结冰等
高空气象资料	UPAR	通过各种地基和空基观测手段（如探空气球、闪电定位仪、风廓线雷达、激光雷达、微波辐射计、飞机等）获得的描述地球表面上空温度、湿度、气压、风等气象要素垂直廓线和大气电磁场等高空气象探测资料及其综合分析衍生资料[a]
海洋气象资料	OCEN	基于浮标、船舶、海岛、海上平台等多种观测平台进行气象观测获得的描述海洋和近海面大气状态的气象资料及其综合分析衍生产品[a]
气象辐射资料	RADI	通过各种观测手段获得的辐射资料及其综合分析衍生资料，包括太阳辐射、地球辐射和大气辐射资料[a]
农业气象和生态气象资料	AGME	通过各种观测手段获得的作物、畜牧、果树、林木、蔬菜、养殖业等生物对象的生长、发育、产量、产品等要素，自然物候，农业小气候，土壤物理化学特性、土壤水分状况及与生态环境相关的大气环境要素，以及基于这些观测资料加工获得的数据产品[b]
数值预报产品	NAFP	通过天气、气候、空间天气、大气成分等数值预报模式获得的各种分析和预报产品、再分析产品、集合预报产品，以及主要基于这些产品获得的集成预报网格产品、模式解释应用网格产品和模式订正网格产品。数值预报模式包括大气模式、陆面模式、海气耦合模式、陆气耦合模式、海陆气耦合模式以及其他与大气模式耦合的耦合模式
大气成分资料	CAWN	通过地基大气成分观测站、地基遥感、飞机等观测手段获取的温室气体、降水化学、气溶胶、反应性气体、臭氧等大气成分资料，与人工影响天气相关的大气云物理资料，以及基于这些观测资料加工获得的产品[c]
历史气候代用资料	HPXY	反映历史气候条件的各种非器测资料，如历史文献气候记录、树木年轮、冰芯、石笋、湖沼沉积等，包括原始资料和以此为基础重建的气候序列
气象灾害资料	DISA	各种天气气候灾害及其衍生、次生灾害的发生实况及与灾害影响相关的资料
天气雷达资料	RADA	通过地基天气雷达探测获得的气象资料和产品[b]
卫星气象资料	SATE	通过天基平台（气象卫星）搭载的各种观测仪器探测获得，并由地面系统接收处理生成的气象资料和产品
科学试验和考察资料	SCEX	在气象科学试验和专项气象科学考察中观测获得的或由此加工生成的各种气象资料和衍生产品
气象服务产品	SEVP	基于气象服务之目的而制作的、可直接服务于用户的气象信息产品，主要包括天气、气候、农业和生态气象的监测、分析、预报、预测、预警产品和专题气象服务产品[d]
空间天气资料	SPAC	通过各种观测手段获得的空间天气观测资料以及基于这些观测资料的加工分析产品
其他资料	OTHE	不分属上述类别的与气象相关的资料和产品

a 不含利用卫星、天气雷达、数值预报模式、科学试验和考察等方式获得的同种气象资料。

b 不含利用卫星、科学试验和考察等方式获得的同种气象资料。

c 不含利用卫星、数值预报模式、科学试验和考察等方式获得的大气成分资料。

d 不含利用气象卫星资料反演的大气和地表监测产品。

7.1.2　气象信息资源

利用各种探测手段和途径收集加工而成的反映自然界大气运动、气候变化的数据资料和情报信息，包括各种气象观测数据、天气警报预报、气候分析、气候资源评估等，均可视为气象信息资源。信息作为信息资源的主体要素，在各个加工使用节点间的无形流动和融合，不断衍生出新的信息，这是信息活动有别于其他经济和社会活动的最鲜明特点，也使可用的信息具备巨大的开发和利用价值。作为一种基础的环境信息，气象信息在其生产、加工、使用过程中具备了趋利避害、商业增值和科学研究等利用价值，无疑是一种重要的信息资源。

气象信息是国家重要的基础性、公益性资源，是气象部门对气候进行分析预测、天气预报、气象科研以及从事行业气象服务和公共气象服务等领域进行分析研究的重要依据，同时气象信息也成为气象业务的基本组成单元。随着气象信息的不断建设发展，气象信息的种类和数量也越来越多，这些气象信息资料已经在各级气象部门得到广泛应用，并提高了天气预报的准确率和精细化水平，同时灾害性天气的预报预警能力也得到了极大的提升。

欧美发达国家在气象信息获取和研究方面都已经取得了较大的进步。虽然我国气象信息领域的发展起步较晚，但经过几十年的努力，目前也已达到国际先进水平。我国以气象雷达专项工程、气象灾害监测预警工程、海洋气象综合保障工程以及山洪地质灾害监测预警工程等一系列工程建设为抓手，全面推进了气象综合观测业务系统向自动化、遥感化和现代化"三位一体"的综合观测体系方向发展，观测系统更加多样化、精准化和定量化。并且建立了大型的地面和高空气象站，拥有最新的天气雷达和风廓线雷达，采用闪电定位系统，同时采用 GPS 气象学（GPS/MET）技术对气象信息进行采集和分析。中国气象局每天在全球范围内通过卫星数字视频广播（digital video broadcasting-satellite，DVB-S）进行高空和地面气象资料的采集，同时还吸收欧洲、日本、德国以及美国等国家或地区气象局发布的气象信息。这些采集到的气象资料已被各级气象部门所使用，从而预测出更加准确的天气预报，并且也极大地提高了灾害天气的预警性能。

7.1.3　公共气象信息管理的含义和任务

1. 公共气象信息管理的功能概念和性质

公共气象信息管理的社会功能表现在以下三个方面：①开发气象信息资源，提供气象信息服务。②合理配置气象信息资源，满足社会气象信息需求。③推动气象信息产业的发展，促进气象信息化水平的提高。从其社会功能可以看出，公共气象信息管理的规模不断扩大，公共气象信息管理的对象也日益复杂。公共气象信息管理的目标是在有领导、有组织的统一规划和管理下，协调一致、有条不紊地开发气象信息资源，使各类气象信息以更高的效率和更低的成本充分发挥其作用。

公共气象信息管理不仅是气象信息工作的一部分，也是公共气象管理的重要组成部分。对公共气象信息管理的定义分为狭义和广义两种。狭义的公共气象信息管理是指对气象信息的收集、整理、存储、传播和利用，也就是气象信息从分散到集中、从无序到有序、从存储到传播、从传播到利用的过程。在这里，公共气象信息管理实际上就是对气象信息本身的管理。广义的公共气象信息管理则不仅对气象信息本身进行管理，而且对涉及气象信息活动的各种要素，如信息、人员、技术组织等进行管理控制，实现各种资源的合理配置，满足社会对气象信息需求的过程。随着信息技术的推进，社会经济模式发生了转换，气象信息已成为重要的资源，公共气象信息管理作为一种与气象信息有关的社会实践活动，不仅仅局限于狭义的气象信息处理，还涉及了与气象信息活动有关的各类要素，所以广义上的公共气象信息管理的定义更加恰当。

公共气象信息管理具有社会性、专业性和服务性。社会性是指公共气象信息管理活动是人类社会特有的活动，受各种社会因素诸如政治、经济、科技、文化等的影响。专业性是指在公共气象信息管理过程中，不但需要专门的气象信息技术，还需要丰富的气象学知识和其他相关学科的知识，在进行气象信息分析时还需要相应的科学研究方法。所以，从事公共气象信息管理工作要掌握专门的理论、方法和技术。服务性是指公共气象信息管理对气象信息进行收集、整理和分析，其最终目的是将形成的气象信息产品提供给用户所用，最大限度地满足用户的气象信息需求。

2. 公共气象信息管理的任务

公共气象信息管理的基本任务就是将气象信息资源与气象信息用户联系起来，科学地管理气象信息资源，最大限度地满足用户的气象信息需求。可以将公共气象信息管理分成三个层次：宏观、中观与微观。每层次所面向的对象和所包含的任务都不一样。

1）宏观层次的公共气象信息管理

宏观层次的公共气象信息管理是从整个社会系统角度来看，它主要是指对一个国家和地区的气象信息产业的管理。宏观层次上的公共气象信息管理主要包括以下任务：①制定气象信息的开发战略、方针和政策，使气象信息的开发在国家统一的指导和管理下进行，降低气象信息开发的成本，并能满足国民经济和社会发展的总体需要；②制定与公共气象信息管理相关的法规，建立公共气象信息管理的监督和保障体系，使公共气象信息管理有法可依，使开发出来的气象信息能得到充分、及时、有效的利用；③综合运用经济、法律和行政手段协调各部门、各地区和各企业之间的关系，使气象信息资源的开发利用机构在平等互利的基础上最大限度地实现资源共享；④加强国家气象信息基础设施和气象信息管理网络的建设，使气象信息的开发利用建立在较高的起点和良好的社会基础上。

2）中观层次的公共气象信息管理

中观层次的公共气象信息管理一般由各地区、各行业的公共气象信息管理部门通过制定地区或行业政策法规来组织、协调本地区或行业内的气象信息管理活动。它是介于宏观和微观之间的一种管理层次，具有承上启下的功能。中观层次公共气象信息管理的主要任务是在本地区、本行业范围内组织、协调气象信息的开发利用活动。

3）微观层次的公共气象信息管理

微观层次的公共气象信息管理是最基层的公共气象信息管理，一般由各级政府部门、企业和其他组织机构实施，主要是为了认清组织内各级各类人员对气象信息的真正需求，合理组织、协调气象信息的开发利用。微观层次的公共气象信息管理主要包括以下任务：①制定气象信息规划，明确气象信息的需求情况以及收集气象信息的范围和目的；②收集气象信息，多渠道、多途径、广泛地收集分布在各类气象信息源和气象信息载体中的信息；③处理气象信息，按照气象信息内容或形式上的联系，分门别类地将气象信息组成有机整体；④分析气象信息，从大量的气象信息中提炼有用的信息，并加以综合；⑤利用气象信息，全方位为用户提供气象信息服务，满足用户特定的气象信息需求。

7.1.4　公共气象信息管理的地位与意义

随着以经济信息化、政治信息化、军事信息化、教育学习信息化、生活信息化等为主要内容的社会信息化的发展，人类已步入信息化社会，进入以"信息化""网络化"和"全球化"为主要特征的发展新时期，以知识型劳动者为主体，以高度发达的信息技术为基础，提供知识和信息产品的一种继原始社会、农业社会、工业社会之后的社会新形态。在农业社会和工业社会中，物质和能源是主要资源，人类所从事的是大规模的物质生产。而在信息社会中，信息已成为继物质和能源之后支撑经济社会发展的重要资源。信息作为人类社会赖以生存和发展的基础，早已深入我们经济和社会生活的各个方面。以开发和利用信息资源为目的，信息经济活动迅速扩大，逐渐取代工业生产活动而成为国民经济活动的主要内容。在信息社会中，信息经济在国民经济中占据主导地位，并构成社会信息化的物质基础。以计算机、微电子和通信技术为主的信息技术革命是社会信息化的动力源泉。

信息系统是开展气象事业的重要支持手段，气象信息系统是国家基础信息系统的重要组成部分，甚至可以说现代气象事业的发展史，也正是信息化在气象事业中不断发展、深入的过程。气象信息是对大气变化状态的搜集、整理、分析和综合，是一种具有新颖性科技内容的信息。气象信息作为经济和社会发展的要素之一，是与物质和能源并列的重要资源，保障国家安全、粮食安全、水资源安全、能源安全、环境安全、交通安全、公共健康，都离不开气象信息以及相关服务的支持，气象信息在社会经济活动中的作用日益重要。因此发展气象事业，推动气象事业现代化，必须重视公共气象信息管理。

7.2　公共气象信息化

2014 年，在深刻领会习近平主席"没有信息化就没有现代化"的重要指示精神后，气象部门提出了"没有信息化就没有气象现代化"的口号。从广义上看，气象行业的业务特点就是获取信息、处理信息、应用并发布信息产品，因此气象业务是典型的信息业务，气象业务系统是典型的信息系统，气象部门也是有关信息技术最早和较为充分的应用部门。

7.2.1　公共气象信息化的含义和任务

气象学科的发展，需要多种其他学科和技术的综合有效应用，以解决不断涌现的各方面需求。在这些学科和技术当中，信息技术由于半个多世纪以来的迅猛发展和广泛渗透，无疑成为其中最具活力、最有前途、最有能力解决更多问题的助力。公共气象信息化是"充分利用信息技术，有效解决气象学科和气象业务发展过程中不断涌现的问题和需求，促进气象学科和业务的高效、持续、健康发展的工作进程"。具体来说就是在气象事业发展战略的指导下，充分利用信息技术的成果，充分发掘和发挥信息资源的价值，促进气象部门内部、气象部门与其他相关部门之间信息和知识的广泛交流，加速传统气象业务功能、业务格局、业务流程及管理思维和方法的优化和改造，有效解决气象部门在事业发展过程中不断出现的问题和需求，大幅提高气象预报能力、服务质量和管理水平，促进气象事业健康发展的工作进程。

广义完整的气象信息化包含 6 个要素：①指导思想，与气象事业发展战略高度契合，以遵从和服务气象事业发展战略为出发点和落脚点，形成正确明晰的气象信息化发展战略；②生产力，先进、适用、稳定的技术架构，高效、可靠的信息系统，全面互通的通信网络，灵活便捷的业务平台和良好的创新环境等；③生产要素，完整、准确、可用的观测数据、产品数据、过程数据，以及相关的社会数据和其他相关行业的生产数据；④生产方式，开发信息资源，充分挖掘和发挥信息资源价值，促进信息交流和知识共享；⑤生产环境，具有调度、协调和统筹全局的强有力的领导力，稳定、精干和一专多能的信息技术（information technology，IT）团队，良好的管理体制、政策法规和文化氛围；⑥生产效果，通过信息化工作，不断解决气象事业发展过程中出现的各种问题，气象事业发展战略得以顺利实施，气象业务能力不断加强、管理水平不断增长、服务质量持续提高，整体呈现正面效果的持续有效积累。

1. 气象信息化发展是实现气象工作协同的基础

20 世纪的后 20 年，即资源配置阶段的后期，气象部门的信息化建设曾走在国内各行业信息化的前列，然而进入 21 世纪后，气象信息化工作开始出现徘徊，并逐渐落后于各行业的信息化发展。这里所说的"落后"并非指装备和技术应用，而是反映在即便在装备了先进的 IT 设备，许多信息技术广泛应用于业务和管理工作，局部业务功能大量增加，管理手段空前丰富的情况下，气象部门所仍然呈现出效率、效益和效能低下的整体状态。究其根源，是岗位与岗位、系统与系统、单位与单位、部门与部门乃至行业与行业之间缺乏有机的协同，使得局部的能力无法正向叠加形成整体的能力，局部的优势无法正向叠加形成整体的优势。当前及未来一段时期，从局部到整体的、充分的工作协同，是气象信息化的主要内涵之一，其目标是实现气象部门内部机能的最优化，以及外在状态的敏捷和开放。在这一阶段里，以局部和整体有机、充分而高效的工作协同为目标的信息技术和信息资源的大规模综合应用，将成为推动气象事业发展的新的生产力。

从对云计算的关注和思考开始，陆续经历了大数据概念在气象部门的热议，设想并设计气象云的建设，国家级业务系统整合以及省地县三级业务系统整合等几个认识的阶段性提升。人们逐渐认识到，构建气象云不是目的，其目的是为下一步气象部门内部信息系统的综合集约化整合提供稳定高效的工作和运行平台。同样，集约化整合也不是目的，其真正目的是实现气象部门内部高度、有机高效的工作协同，以及气象部门与其他部门和行业间有效的协同工作，并最终达到智慧气象的整体状态。智慧气象是以智慧化为标志的信息技术综合应用模式，通过信息互联和智能化系统，将局部的、彼此分离的岗位、系统、单位和部门有机结合起来，协同工作，从根本上优化系统、单位和部门内的运行机制，提高部门的整体运行效率、效益和效能智慧化。因此，未来一段时期气象信息化的主要工作是逐步实现气象部门工作形态的智慧化，以完整透彻的感知、精准智能的预测、敏捷开放的服务、持续便捷的创新为智慧气象的外在工作形态，以更好地造福于人类社会。而建设智慧气象第一阶段的主要工作目标，是实现部门内部以及部门之间广泛而高效的工作协同。

2. 气象信息化的未来任务

未来的五到十年，气象信息化的核心任务，是以气象现代化所明确的事业发展目标为蓝图，以实现局部和整体充分协同工作为主要工作手段，服务现代化、助力现代化、推动现代化，并最终融入现代化，应在以下四个方面开展工作。

服务科技创新。在充分满足气象科技创新所需要的各种资源和基础平台的同时，运用先进理念和技术，搭建协同创新平台，营造部门及全行业内部协同创新的良好环境。

提高管理效率。打通信息孤岛，优化管理流程，提高职能部门与业务部门之间，以及职能部门之间工作的协同程度，通过提高信息化水平来提高管理领域的工作效率。

强化工作协同。通过业务协同、管理协同、服务协同、协同创新和整体协同，全面提高气象部门整体、各单位、各系统和各岗位的工作效率。

推动服务改革。运用先进的信息化理念和有效的信息技术，逐步改革气象服务体系、制度和方法，实现对服务需求的敏捷响应，提高提供个性化需求的能力和水平，建设开放的气象社会服务平台，培育遵循市场规律的气象公众服务社会力量，规范气象服务市场，促进气象服务和气象信息与全社会各行业、各部门和各团体的深度融合，为全社会提供公众气象信息服务。

7.2.2 智慧气象

2018 年 3 月 23 日世界气象日的主题是"智慧气象"。2020 年全国科普日，全国各地气象局、气象学会、气象科普基地、气象科普馆等开展以"智慧气象·科学避险"为主题的系列活动。彰显了世界气象组织及各个国家和地区气象部门的目标和理念，即促进政府和社会公众全方位理解智慧气象的内涵，通过发展智慧气象促进经济社会持续健康发展（刘雅鸣，2018）。

智慧是指人对事物正确判断的能力。智慧气象是通过云计算、物联网、移动互联、大数据、智能等新技术的深入应用，依托于气象科学技术进步，使气象系统成为一个具备自我感知、判断、分析、选择、行动、创新和自适应能力的系统，让气象业务、服务、管理活动全过程都充满智慧。智慧气象包括智能的感知、精准的预测、普惠的服务、科学的管理、持续的创新（于新文，2015）。

智能的感知包括对气象要素的感知、气象对经济社会影响的感知、用户需求的感知、气象工作运行状态的感知，这些感知是智能化的。精准的预测包括气象要素的预测、气象灾害的预测、基于影响的预测三个层次，精准包括精细化和准确率，精细化包括时空分辨率、预报预测的更新频次，在信息技术的支撑下，实现更加精准的预测。普惠的服务是指能敏锐地响应社会需求，并将智慧气象的元素融入各行各业和人们衣食住行之中，让人人都能享受到个性化、专业化的高端气象服务，并在生产生活的决策中获得巨大的经济、社会价值和最佳体验。科学的管理是指能智能分析各种业务、服务、管理数据，为气象内部事务、社会事务、行政审批、事中事后监管等精准管理提供辅助决策支撑，提高管理效能。持续的创新是指气象部门内外个人、组织能依托气象信息化体系进行科技和业务创新应用，开放的气象数据信息资源为万众创新提供支撑，使得气象事业能获得源源不断的发展动力。

智慧气象体现如下：首先，气象装备向智能化、微型化、综合化方向发展。自动气象站、天气雷达、气象卫星等主要观测系统完成智能化升级改造，探测装备对气象要素、大气环境的感知能力显著提升。其次，新型信息技术架构全面支撑智慧气象发展。采用 IT 治理理念和成熟的信息架构技术，对气象业务、服务和管理进行总体设计，实现气象业务、服务和管理之间的数据流互通、业务流协同、开发效率更加高效、建设成本更加低廉。再次，无缝隙精细化预报业务能力和气象服务核心能力显著提升。最后，"互联网气象+"成为气象服务新模式，真正做到精细化、专业化、个性化的普惠气象服务。例如，"互联网气象+公众""互联网气象+行业""互联网气象+企业""互联网气象+专业平台"等。

7.2.3　公共气象信息化的战略措施

　　智慧气象是理想的工作状态，是气象信息化工作长期奋斗的目标。就气象业务而言，今后一段时间信息化工作的首要内容，是重塑气象业务的基本形态和格局，改变目前业务系统在形态上的"烟囱化"、地理布局上的离散化、数据组织的碎片化、业务流程的复杂化等负面状态。补充完善气象业务模式，使之能够适应社会日益复杂的服务需求。调整策略和结构，推进公共服务业务与各行业领域的深度融合。通过信息化治理工作逐步推进并最终完成业务治理工作，为未来发展奠定坚实基础（沈文海，2017）。具体策略如下。

　　一是通过实施气象大数据战略重塑气象业务的基本形态。确立气象大数据的战略目标，充分利用一切可以利用的数据资源，通过在气象部门全面营造基于数据的精准业务、基于数据的卓越服务、基于数据的精细研究、基于数据的协同创新、基于数据的科学管理、基于数据的便捷学习及高度数字化的工作环境，不断创新、不断改进气象部门各项工作，倡导和发扬工匠精神，使各项工作更加科学、精准、灵活、快捷、高效。除了相应领域的标准、规范、流程和方法须进行一系列变革外，在业务形态上根本改变以往以业务应用为中心、数据随业务系统而组织的传统，规划和治理并最大限度地整合气象数据，形成内容完备、品质优良、应用便捷、技术规范、安全可靠的气象数据资源池，所有业务围绕着气象数据资源池而循序展开，最大限度地规范和优化数据流程，并通过数据资源池将各业务系统在逻辑和物理空间上汇聚在一起，为业务系统的集约化整合、业务流程的优化和再造、业务资源的高效复用等奠定基础和平台。

　　二是以互联网气象平台战略构建气象业务的新格局。平台和而不同、聚而不密，各相关单位、系统和人群通过平台可有效聚合在一起，通过相应的机制彼此共享技术、产品和数据。未来的气象业务将主要围绕着气象科技创新平台、气象业务综合平台和互联网气象+共享平台等三个平台展开。通过营造三大平台，气象部门可最大限度地优化资源配置，汇聚并高效利用数据资源、技术资源和人力资源，提供良好的协同创新环境，形成分工明确、资源配置得当、彼此良性互动、高度共享协调、集约高效、激励并易于创新的气象业务新格局。

　　三是通过实施互联网气象+战略推动气象服务业务向各行业深度融入。着力推动气象与国民经济各行各业的融合发展，推动气象在农业、交通、水文、海洋、能源、卫生等行业的融合应用技术研究。通过构建互联网气象+共享平台，以提供丰富而权威的数据资源、技术资源、IT 基础设施资源和专业技术服务等方式，将市场上所有从事气象公共服务的社会力量和机构吸引到该平台上来，以该平台为基础，各自倾力发展擅长的气象服务技能并服务于社会，从而形成气象服务业务部门和社会气象服务力量彼此优势互补、各展所长、有序发展，以各自的优势与社会各行业深入融合，完成气象服务业务的结构性调整，推动并营造气象公共服务百花齐放、万众创新的局面。

四是以工程和敏捷两种模式共同构成完备的气象业务模式。气象部门正置身于"互联网+"的浪潮中，这里蕴藏着巨大的机遇、风险及诸多不确定性。由于外界变化的纷乱、剧烈和无规则，对未来的挑战、机遇和竞争环境的预测能力日渐削弱，不确定性的、稍纵即逝的、具有高潜在效益的机遇和挑战越来越频繁地出现。面对层出不穷的新的业务能力需求，气象部门目前稳健的、基于预测的、工程（规范）型的传统建设模式已越来越难以适应，应当补充完善，引进并拥有敏捷型的业务模式，使气象部门同时拥有传统和敏捷两种业务模式（双模式业务），以有效应对各种不同的业务需求。

五是通过气象信息化治理推动并最终完成气象业务治理。循序推动气象部门的信息化治理工作，通过数据规划工作完成气象数据资源在范围、内容、业务应用、质量要求、来源、需求满足度、应用峰值周期及基础产品需求等方面的梳理，进而完成气象数据治理工作，为实施气象大数据战略奠定数据基础。通过气象数据资源和 IT 基础资源的集约化整合，推动气象业务系统的集约化整合及数据流程和业务流程的优化，完成业务治理工作，形成业务明晰、流程简约、功能互补的业务板块格局，为实施互联网气象平台战略奠定业务架构基础。

7.3　公共气象信息服务

中国气象局 2015 年 3 月发布的《气象信息服务管理办法》第三条规定，本办法所称气象信息服务，是指气象信息服务单位利用气象资料和气象预报产品，开展面向用户需求的信息服务活动。

7.3.1　公共气象信息服务单位与业务

20 世纪 80 年代以来，我国的气象信息服务主要通过气象部门所属的事业单位开展，企业和社会团体数量非常少。2014 年起，中国气象局推进气象服务体制改革，提出建立和完善"政府主导、部门主体、社会参与"的现代公共气象服务体系，要求逐步放开气象服务市场，并颁布了《气象信息服务管理办法》。近几年，我国从事气象信息类的企业注册数量持续增长，2016 年注册企业数达到 738 家；

截至 2017 年底，在气象部门备案的气象服务企事业单位达 456 家，其中社会企业 74 家。我国的气象信息服务企业主要集中在北、上、广、深等地，95% 以上属于民营企业（王月宾等，2019）。社会团体方面，我国 2015 年成立了中国气象服务协会（China Meteorological Service Association，CMSA），其是气象信息服务行业成立的第一个全国性、行业性、非营利性社会组织。

气象部门所属事业单位在气象信息服务领域占主体地位，提供的气象信息服务也较为全面，包括向政府决策部门、社会公众和生产单位提供防灾减灾预测预警、气象灾害评估、应对气候变化等服务。近几年，企业开展气象信息服务业务主要有以下几个方面（王月宾等，2019）。

一是开展面向社会的天气信息查询业务。气象与互联网两大融合的趋势近年来快速发展，随着气象网络的影响力不断扩大，气象微博、气象微信、气象 APP、气象新闻客户端等气象信息服务形式日益多元化。

气象微博：作为气象新媒体时代的代表，由于自身具有快速发布、快捷分享、互动实时的特点，因此在传播气象信息的过程中得到了广泛应用。通过气象官方微博，如气象北京、南京气象等，可以实现气象信息的发布、转载、浏览，地方气象服务中心通过该平台向用户推送天气预报、空气质量等信息。

气象微信：越来越多经过精心打造的气象微信公众号，如中国气象局、中央气象台、江苏气象等进入大众视野，通过主动推送方式，向用户发送相关气象信息。

气象 APP：气象 APP 基本实现了气象预报的全面覆盖，气象 APP 可以将与人们生产生活息息相关的气象信息及时发布出来，由于更新及时，客户稳定，取得了良好的社会效益和经济效益。常用的气象 APP 有墨迹天气、天气通、黄历天气、最美天气、2345 天气预报、新晴天气、彩云天气、实况天气预报、知心天气、即刻天气等。以墨迹天气为例，自其 2010 年成立以来，到 2020 年已拥有约 6.5 亿用户，天气日查询次数超过 6 亿，易观分析 2017 年发布的《中国天气应用市场监测报告》显示，在中国天气应用活跃用户中，墨迹天气覆盖率达 69.1%，连续 6 个季度排名第一。

气象新闻客户端：气象部门通过开通搜狐、新浪、今日头条、腾讯等新闻客户端官方账号，将气象信息融入新闻客户端，每天及时发布各类资讯指导公众出行，包括当天天气分析及未来变化发展情况、受天气影响路段情况、天气预警信息、假日健康养生小贴士等。网友通过订阅新闻客户端的气象相关账号获得最新的气象资讯和科普知识，还可以通过"直播间"与气象专家、气象主持人进行互动交流。

以上气象信息服务形式以及新浪、腾讯等互联网公司建立的供用户查询的专门天气网页等，所提供的天气信息大部分直接来源于气象部门提供的气象预报预警信息和实况数据信息，属于传播行为。

同时也有一部分企业利用人工智能算法，以气象部门的雷达回波图片为数据源进行外推，预报未来 2 小时降水量，如彩云天气 APP、墨迹天气 APP 等均提供此类查询服务。对于这种提供精准降水预报服务的情形，是企业通过新技术手段对雷达数据进行解读，从而得出的预测结论，不属于传播行为。例如，墨迹天气通过建立智慧气象研究院，每年在气象研发投入占总营收 15%，深度挖掘天气数据和用户包数据，不断提升自身的气象能力。此外，一些公司还从国外网站转载7～15 天或者更长时期的天气预报信息，开展天气信息查询业务，企业并不直接向用户收费获取收益，而是通常采取广告盈利方式，将广告植入作为其产品的扩展，同时借助开发广告位的高流量优势，吸引用户点击，提升销售转化。

二是开展面向特定行业和用户个性化需求、有专门用途的气象信息服务，涉及航空、能源、保险、农业、环保、交通等在内的多个领域。企业利用物联网、云计算、人工智能等技术，将气象数据和行业数据等充分融合，通过建模、训练、调优、再训练等一系列环节，提供更有针对性、更加精细化的气象信息服务。开展此类气象信息服务，企业一般通过双方协议直接获得服务报酬。

三是开展面向用户的基本气象数据服务。气象信息服务单位通过天气应用程序接口（application programming interface，API），将从各个途径获得的气象数据进行整合和形式转化，向用户快速、便捷地提供包括历史、实况和未来气象预报等在内的气象数据服务，并按照数据内容和数量多少进行收费。

7.3.2 加强公共气象信息服务管理

气象信息服务的社会化进程依赖于"互联网+"与科技发展水平，以占用社会公共资源为前提，并最终又回归到服务社会的领域中。在深化气象服务改革过程中，已由政府单一部门提供气象信息服务发展为多元主体参与，相比较气象信息服务供给主体和服务供给形式的快速变化，相应法律法规、标准规范方面却出现了明显滞后。

1. 注重政府引导，明确新媒体气象信息传播的公共政策导向

多元化气象服务主体的出现，让公众获取气象信息时多了一些可选项，但预报要素不准确、内容不全面，预警信息不规范，传播不够及时，信息传播来源不详、来源时间不明确等现象不时出现，甚至还发生谣言迅速占领传播渠道的现象。新媒体时代气象信息传播的特点，要求对气象信息传播加强政府引导，明确新媒体气象信息传播的公共政策导向。首先，加强观念引导。通过规定新媒体气象信息的传播目标，确定新媒体气象信息传播方向等公共政策，对气象信息传播的发展方向加以引导，改变新媒体气象信息传播复杂、多面、相互冲突甚至漫无目标的状态，将其纳入清晰协调、目标明确的有序发展轨道。其次，加强行为引导。通过进一步制定新媒体气象信息传播公共政策，规范人们的行为，运用多种形式宣传气象服务无微不至、无所不在的服务理念。再次，重点强化气象预报预警信

息发布的权威性。冷静面对、客观分析新媒体传播对权威信息发布的挑战，禁止使用来源不合法的气象预报预警信息。在实行备案制的同时，对于涉及公共安全、公共利益的气象信息服务，以及要求提供主体具有相应的专业能力和条件的气象信息服务，应考虑分级分类管理，如重大工程项目的气候决策咨询、气候论证以及涉及国家能源、核电等公共安全的气象信息服务等，应由专业能力较强的单位承担。

2. 吸引社会参与，促进新媒体气象信息传播的产业化发展

我国的商业性气象服务信息传播尚处于起步阶段，尚未形成针对行业需求和个性化需求的系统服务能力，气象信息传播产品在专业化、信息量、可读性、趣味性等方面尚不能满足市场需要，与各行各业、生产生活的结合程度仍有待提高。

目前，气象信息的传播需要专门设计天气产品和服务、掌握用户需求和反馈意见的人员，需要将气象信息转换为能够直接被用户理解和接受的直观图像的人员，需要对气象信息与服务进行架构、包装的人员，需要气象信息传播技术的开发保障人员等等。但现实情况是，当前气象部门中气象信息传播开发团队的人员以兼职为主，对信息技术的掌握不够；社会上，企业的开发团队对气象知识的了解相对不足。这样，难以及时开发出与国外成熟市场相匹敌的优秀气象信息产品。

一方面，加快气象基础数据资源的开放步伐，提高新媒体气象信息传播产业化发展水平，培养一批新媒体气象信息服务龙头企业，推动新媒体气象信息传播产业的规模化、集约化发展。

另一方面，加快制定新媒体气象信息传播市场运行的基本规则和行业标准，吸引有业务能力、技术水准和人才优势的优质社会资源，防止低水平、重复性的无序竞争对新媒体气象信息传播市场的不利影响，避免"先乱后治"的现象。

3. 鼓励技术创新，提高新媒体气象信息传播的能力和水平

新媒体技术的更新换代速度很快，我国气象信息传播市场上各类产品对于信息可视化技术、交互传播技术、可穿戴技术、物联网技术的应用明显不足，已有的技术也难以体现其先进性。在面向公众的新媒体气象信息传播技术方面，要激发社会媒体的积极性，大力发展移动互联网、智能硬件、可穿戴设备、汽车互联网、新型机器人等现代化气象传播技术。在专业气象服务方面，通过政策引导，鼓励部门和社会力量提高专业气象服务产品研发的核心能力，引入现代新媒体技术，提高气象信息传播效率，实现快、广、准的传播目标。

4. 严把专业标准，提高社会化的新媒体气象信息传播质量

气象信息来源渠道各不相同，尤其是不使用气象主管机构所属气象台站提供的气象信息的情况比较普遍。气象信息服务单位提供气象数据服务的行为，部分已超越现有气象资料使用的管理规定，各种形式转换或者数据加工有可能导致数

据失真，导致用户通过不同途径获取的气象数据存在偏差。一些气象信息软件的客户端没有关于气象灾害预警信息的推送设置或设计，不能及时地将突发气象灾害预警信息推送出去，使突发气象灾害预警信息无法快速、及时地传播。社会资源参与气象信息传播的行为有待规范，应尽快完善气象资料共享和使用的管理规则和标准规范。规范新媒体气象信息传播的内容，确保气象信息来源的合法性和内容的准确性。完善气象信息传播基本标准，明确传播的信息来源和基本内容，防止社会媒体的过度解读和错误传播。在统一发布制度基础上，针对利用新技术加工得到的天气预测结论，以及从国外等途径获得的非官方天气信息，建议进一步明确标注天气信息获得途径、技术方法等，明确政府管理部门、信息提供者以及用户的责任界限，以便用户明明白白地参考使用。研究探索新媒体气象信息传播的规律，开发建立简洁、高效、用户体验好的传播渠道，提升气象信息传播水平。

5. 强化管理职能，明确新媒体气象信息传播的监管制度

新媒体时代的气象信息传播，更加强调形式和内容的创新，与公众的兴趣点进行融合，各种非官方的解读会更多，有时为了吸引公众的眼球，常常夹带不实信息。各种新媒体参与气象信息传播的目的更多地在于借助气象信息汇聚人气，提高知名度和点击率，使自身成为资源集结的平台，产生经济利益。至于气象信息的社会效益是否得到了体现，并不是各种新媒体重点考虑的内容。气象信息传播行业自身、从业人员的资质和标准、气象信息传播的标准和规范等还有待进一步完善。产生这些问题的根本原因在于气象预报和灾害预警信息等传播内容的监管方式不明，不同传播媒体的监管单位不明，提高公众气象素养的责任主体不明。

目前，我国对新媒体拥有行政监管权力的部门较多，文化广电、广播电视、保密、知识产权、工商、税务、商务等部门都有权参与监管。这种多头管理不仅管理效率不高，而且还造成了许多监管漏洞，导致新媒体气象信息传播的多部门管理联动机制难以建立，管理体制机制不顺畅。首先，要明确气象主管机构是新媒体气象信息传播的监管主体，完善相关管理职能、管理队伍等一系列基础体系建设。其次，加强新媒体气象信息管理制度建设，建立气象信息发布、监管平台和跟踪监管等评价机制。再次，创新气象部门对新媒体气象信息的监管方式。对于传播虚假过时气象信息，传播非气象部门权威发布的气象信息，传播违法涉密气象信息，误导公众引发社会恐慌等行为，要把住底线，创新方式，加强监管。

在完善气象部门管理制度的同时，应加强与互联网管理制度的衔接。目前不仅气象专业网站、手机软件可以提供气象信息服务，气象行业外的网络平台也可以通过直接引用气象数据，或嵌入跳转链接，为平台用户提供气象预报，借以提升自身的竞争力。关于网络平台使用者和管理者的责任机制，有专门的办法进行规定，除此之外，气象部门应建立与网络管理部门的有机联动。服务行业协会是

政府部门了解市场环境的窗口，对于政府的行政管理提供参考咨询，扮演着自律自查的内部管理者角色，应进一步发挥行业协会的作用。

商业化的互联网气象信息在不断发展的过程中，已经逐步牵扯到每一位公民的切身利益，因此公众参与也是必不可少的监督机制。经验表明，公众积极参与行为不仅能够获取更多的建议和意见，扩大监管的社会效力，而且也能够引导公众科学理性看待气象信息服务这个新兴产业，提高权利意识，减少不必要的社会矛盾。因此，应积极建立社会参与的公开机制。

7.4　公共气象信息安全

信息是气象部门最宝贵的资产，是气象部门赖以立身的最为珍贵的资源，"没有信息安全，就没有气象业务安全"。信息安全是一个永恒的主题，在国家大力倡导信息化、"互联网+"、大数据应用和信息安全的背景下，各行各业均把信息安全工作列入本部门或单位的工作议程，气象部门也是如此，但如何科学有效地构建起具有鲜明气象特色的信息安全防护体系，是气象部门管理层和 IT 工作者需要认真研究并努力实践的工作。

公共气象信息安全主要指气象信息的保密性、完整性和可用性的保持，即通过采用计算机软硬件技术、网络技术、密钥技术等安全技术和各种组织管理措施，保护气象信息在其生命周期内的产生、传输、交换、处理和存储等各个环节中，气象信息的保密性、完整性和可用性不被破坏，保障业务的连续性，最大限度地减少业务的损失，最大限度地获取业务回报。其中，保密性是确保只有那些被授予特定权限的人才能够访问到气象信息，完整性是保证气象信息和处理方法的正确性和完好性，可用性则是确保那些已被授权的用户在其需要的时候，可以访问到所需气象信息。

7.4.1　公共气象信息安全隐患与问题

1. 缺乏气象信息安全基础

基础工作的缺失，导致气象信息安全工作不扎实、不稳固，是气象信息安全工作长期滞后于信息化基础建设的主要原因之一。

1）信息安全目标不具体

通常意义下的信息安全目标，一般都是确保信息的机密性、完整性、可用性，以及可控性和不可否认性等。但部门不同，具体的情况不同，安全性需求的程度、信息安全所面临的风险、付出的代价也各有不同。例如，就信息的机密性而言，军事部门的要求远远高于气象部门。而就信息的可用性而言，气象部门对业务连续性的要求也较土地勘测管理部门高。因此，泛泛的信息安全目标没有任何意义，所有可用的信息安全目标都是切合部门具体实际情况的，是本土化、部门化的。没有切合气象部门具体实际情况的、具有鲜明气象特色的信息安全目标，是目前存在的突出问题。

明确气象部门信息安全目标是管理层的职责，管理层对信息安全目标的要求，决定了气象部门信息安全工作的走向。气象信息业务部门负责气象信息安全既定目标的具体落实，其工作的质量和效率，决定了气象部门是否能够达到信息安全管理的目标。

2）信息安全方针未明确

信息安全方针是为信息安全工作提供与业务需求和法律法规相一致的管理指示及相应的支持举措。信息安全方针应该做到：对本部门的信息安全加以定义，陈述管理层对信息安全的意图，明确分工和责任，约定信息安全管理的范围，对特定的原则、标准和遵守要求进行说明等。气象部门的信息安全方针至少应当说明以下问题：气象信息安全的整体目标、范围及重要性，气象信息安全工作的基本原则，风险评估和风险控制措施的架构，需要遵守的法规和制度，信息安全责任分配，信息系统用户和运行维护人员应该遵守的规则等。

3）缺乏实际履责的信息安全组织机构

为有效实施部门的信息安全管理，保障和实施部门的信息安全，在部门内部建立信息安全组织架构（或指定现有单位承担其相应职责）是十分必要的。在一个部门或机构中，安全角色与责任的不明确是实施信息安全过程中的最大障碍。因此，建立信息安全组织并落实相应责任，是该部门实施信息安全管理的第一步。这些组织机构需要高层管理者的参与（如本部门信息化领导小组），以负责重大决策，提供资源，并对工作方向职责分配给出清晰的说明等。此外，信息安全组织成员还应包括与信息安全相关的所有部门（如行政、人事、安保、采购、外联），以便各司其职，协调配合。类似的组织机构在气象部门内即便已经存在，至今也未真正履行其应负的职责。

4）未合理实施信息资产管理

信息资产管理的主要内容包括识别信息资产，确定信息资产的属主及责任方，信息资产的安全需求分类，以及各类信息资产的安全策略和具体措施等。就气象部门而言，对信息资产（即气象信息资源和气象信息系统）进行识别、明确归属及分类等工作，有利于信息安全措施的有效实施。以分类为例，我们知道，对某特定气象资料或业务系统实施过多和过度的保护不仅浪费资源，而且不利于资料效益的充分发挥和系统的正常运行。如果保护不力，则更可能导致气象信息数据和系统产生重大安全隐患，乃至出现安全事故。对气象信息资产进行分类，可明确界定各具体资产的保护需求和等级，如此可以根据类别的不同，调整合适的资源、财力、物力，对重要的气象信息资源和系统实施有针对性的、符合其特点的信息安全重点保护。但气象部门至今尚未实施真正意义上的完整的气象信息资产管理。

2. 缺乏气象信息安全管理体系

按照国际标准化组织（International Organization for Standardization，ISO）的定义，信息安全管理体系（Information Security Management System，ISMS）是"组织在整体或特定范围内建立的信息安全方针和目标，以及完成这些目标所用的方法和体系。它是直接管理活动的结果，表示为方针、原则、目标、方法、计划、活动、程序、过程和资源的集合"。由于基础性工作尚未全部就绪，目前气象部门尚未建立真正意义上的基于风险管理的科学而完整的气象信息安全管理体系。

信息安全管理体系要求部门或组织通过确定信息安全管理体系范围，制定信息安全方针，明确管理职责，以风险评估为基础选择安全事件控制目标和相应处置措施等一系列活动，来建立信息安全管理体系。该体系是基于系统、全面、科学的安全风险评估而建立起来的，它体现了以预防控制为主的思想，强调遵守国家有关信息安全的法律法规及其他地方、行业相关要求。该体系强调全过程管理和动态控制，本着控制费用与风险相平衡的原则，合理选择安全控制方式。该体系同时强调保护部门所拥有的关键性信息资产（而不是全部信息资产），确保需要保护的信息的保密性、完整性和可用性，以最佳效益的形式维护部门的合法利益、保持部门的业务连续性。

建立完整的信息安全管理体系，对气象部门的关键信息资产进行全面系统的保护，在信息系统受到侵袭时确保业务持续开展，并将损失降到最低程度。气象部门在信息安全工作领域实现动态、系统、全员参与、制度化、以预防为主的信息安全管理方式，用最低的成本达到可接受的信息安全水平。此外，建立完整的信息安全管理体系，也可使部门外协作单位对气象部门的安全能力充满信心，在当前全社会迅速蔓延大数据应用浪潮的背景下尤其重要。

3. 信息业务系统各自为政，使气象信息安全管理问题更加复杂

目前气象部门依然沿用已延续数十年的国省地县四级业务层级，而业务系统的属地化，以及诸如受"具备业务功能意味着拥有业务系统，拥有业务系统意味着拥有信息资产及基础资源和设施"等传统观念的束缚，使得各个业务系统在地理分布上呈现出全国遍地开花的局面，各级业务单位都拥有自己的信息业务系统和相应的局地信息业务环境。彼此通过虚拟专用网络（virtual private network，VPN）或通过互联网进行互联，在全国形成网状与树状相结合的、十分复杂的业务网络结构。

由于各级单位都在当地拥有各自规模不等的信息业务系统及相应环境，包括为业务系统提供数据支撑的气象数据库，因此各单位都面临各自的信息安全管理问题。尤其是一些气象数据在各级业务单位的广泛复制，使得各级业务单位中数据同质化现象十分突出，也为这些数据的保密性和完整性（包括一致性）的保持增加了大量变数。此外，由于编制所限，地县两级业务单位中 IT 技术人员奇缺，

既无法保障信息业务系统的日常维护，更无法为本单位信息安全提供专业化管理支持。

7.4.2　对公共气象信息安全进行体系化管理

统计结果表明，在所有信息安全事故中，只有 20%～30%是由于黑客入侵或其他外部原因造成的，其余的 70%～80%则是因内部员工的疏忽或有意违规而造成的。信息和网络安全问题实际上大部分都是人的问题，单凭技术手段无法予以根本解决。另外，信息安全是一个多层面、多因素的过程，如果仅凭一时的需要，"头疼医头、脚疼医脚"地制定一些控制措施和引入某些技术产品，难免挂一漏万、顾此失彼，使得信息安全这只"木桶"出现若干"短板"，从而无法提高信息安全的整体水平。对于信息安全而言，技术和产品是基础，管理才是关键。事实充分证明，管理良好的系统远比技术虽然高超但管理混乱不堪的系统安全得多。因此，先进、科学、易于理解且方便操作的安全策略对信息安全至关重要，而建立一个管理框架让好的安全策略在这个框架内可重复实施，并不断得到修正，就会拥有持续的安全。

所谓信息安全管理，是指部门或组织中为了完成信息安全目标，针对信息系统，遵循安全策略，按照规定的程序，运用恰当的方法，而进行的规划、组织、指导、协调和控制等活动和过程，是通过维护信息的保密性、完整性和可用性，来管理和保护组织所有的信息资产的一项体制，是部门或组织中用于指导和管理各种控制信息安全风险的一组相互协调的活动。有效的信息安全管理要尽量做到在有限的成本下，保证将安全风险控制在可接受的范围之内。信息安全管理包括安全规划、风险管理、应急计划、安全教育培训、安全系统评估、安全认证等多方面内容。由于信息安全风险和事件不可能完全避免，因此信息安全管理必须以风险管理的方式，不求完全消除风险，但求限制、化解和规避风险。而好的风险管理过程可以让气象部门以最具有成本效益的方式运行，并且使已知的风险维持在可接受的水平，使气象部门可以用一种一致的、条理清晰的方式来组织有限的资源，确定风险处置优先级，更好地管理风险，而不是将宝贵的资源用于解决所有可能的风险。在气象部门建立完整的气象信息安全管理体系，是非常必要的。就目前全社会所倡导的大数据应用和云计算趋势而言，这项工作具有较强的紧迫性，应尽早开展（沈文海，2017）。

1. 完成公共气象信息安全管理的基底工作

应尽早明确信息安全的方针，为气象部门信息安全工作确定目标、范围、责任、原则、标准、架构和法律法规。应以适当方式组建或明确气象信息安全的管理和实施机构，并确保所有相关单位能够悉数纳入其中，明确分工和职责，以便各司其职，彼此协调工作。

应在管理层的统一组织下，以适当的形式，全面完成气象部门内部的信息资产普查、归属认定、安全需求等级划分及安全等级保护措施等，制定气象信息资产管理策略、制度和方法，并逐步推广实施，从而完成气象信息资产的有效管理。

2. 综合评估和应对信息安全风险

制定风险评估方案，选择评估方法，以此为依据完成气象信息安全风险要素识别，发现系统存在的威胁和系统的脆弱性，并确定相应的控制措施。在此基础上，对所有风险逐一判断其发生的可能性和影响的范围及程度，综合各种分析结果，最终逐一判定各项风险各自的等级。

在风险等级判定的基础上，以"将风险始终控制在可接受范围内"为宗旨，制订有针对性的风险处置方案，包括可接受风险的甄别和确定，不可接受风险的控制程度，风险处置方式的选择和控制措施的确定，制订具体的气象信息安全方案和综合控制措施，科学合理地运用"减低风险""转移风险""规避风险""接受风险"等方法，形成综合的气象信息安全风险处置方案，并部署实施。

3. 完善气象信息安全管理体系

在上述工作及其他相关工作的基础上，参照《信息安全管理体系规范》（BS 7799-2：2002）、《信息技术-信息安全管理实施细则》（ISO/IEC17799：2000）等国际标准，以及《信息技术　安全技术　信息安全管理体系　要求》（GB/T 22080—2016）、《信息安全技术　信息系统安全管理要求》（GB/T 20269—2006）、《信息安全技术　信息安全风险评估方法》（GB/T 20984—2022）等国家标准，完成组织落实、措施落实、方案落实和相应文档的编写，以及所有相关的审查、职责界定和制度建设，以构成气象部门的信息安全管理体系。

信息安全与信息化发展息息相关，是一切信息化工作的基础，涉及信息化工作的方方面面。气象部门是以信息采集、分析处理和发布为工作特征的典型的信息应用部门，气象业务系统是典型的信息系统，因此信息安全对于气象部门尤为重要。气象事业的健康发展离不开信息化，也同样离不开信息安全。气象信息安全应当是气象信息化工作中最为重要的内容之一，气象信息安全管理体系的构建和持续改进也应当成为未来气象信息化战略中极其重要的内容。

信息安全是管理问题而非技术问题，从某种角度看，信息安全管理体系是以策略为核心，以管理为基础，以技术为手段的安全理念的具体落实。有什么样的理念，就有什么样的方针、策略、制度措施和体系架构。无法想象在管理理念和安全意识十分落后的思维环境中，能够构建起科学完备的信息安全管理体系。因此，安全管理理念的全面提高和安全意识的充分到位，是气象信息安全所有工作正常开展的前提。就气象部门管理层而言，着力消除曾长时间弥漫于全部门信息安全领域的重技术轻管理的观念，将关注点从研究安全技术和产品应用转移到信息资产管理、风险识别和控制及整体安全战略的制定等管理层面上来，是其不可推卸的责任。应当在全部门倡导信息安全意识，制定并推行信息安全制度，确定信息安全责任，组织信息安全培训，构建起完整的气象信息安全管理体系。

复 习 题

1. 什么是公共气象信息管理？
2. 如何实现公共气象信息化？
3. 如何提高社会化的新媒体气象信息传播质量？
4. 谈谈你对智慧气象的认识。
5. 如何认识和保障公共气象信息安全？

主要参考文献

刘雅鸣. 2018-03-23. 发展智慧气象 科学抵御风险——写在二〇一八年世界气象日之际. 人民日报, (14).

沈文海. 2017. 云时代下的气象信息化与管理. 北京: 电子工业出版社.

王月宾, 王迎春, 丁梅, 等. 2019. 气象信息服务管理制度分析与思考. 管理观察, (11): 71-72.

于新文. 2015-10-26. 智慧气象: 全面推进气象现代化的新境界. 中国气象报, (3).

第8章 公共气象科技管理

近年来我国气象领域围绕数值预报、灾害天气监测预报、气候预测与气候变化影响评估、农业气象精细化预报、气候资源利用、气象服务和综合观测等推进气象科技创新。气象雷达、卫星、数值预报、气候变化、数据应用等气象核心和关键技术取得了重大突破。我国自主研发的全球数值模式预报系统（GRAPES）实现业务运行，台风路径和暴雨预报达到世界先进水平，气候系统模式跻身世界先进行列。气象现代化的核心是气象科技的现代化，推进现代气象业务体系建设，必须大力推进气象科技创新和气象科技管理。

导入案例

北京冬奥会气象服务保障科技难题实现"两个首次"突破

2022 年北京冬奥会是近 20 年内唯一一次在大陆性冬季风主导的气候条件下举办的冬奥会。北京的气候特征是大风多、干冷，因此，山地小尺度的风和温度的精密监测、精准预报成为北京冬奥会面临的首要特殊难题，这也是当时国际上尚未解决的气象难点问题之一。"科技冬奥"重点专项围绕气象条件预测保障作了相应部署。经过近 4 年的科研攻关，北京冬奥会气象服务保障难题实现两个"首次"突破。一是首次在我国中纬度山区组织实施了复杂地形下的冬季多维度气象综合观测试验。构建了北京城区、延庆和河北崇礼及周边地区的立体、加密气象观测网，为冬奥气象预报技术研发和实际服务提供了精细的天气"背景"数据，有效提升冬奥赛区气象综合监测能力。二是基于数值预报、机器学习等技术，首次实现了"百米级、分钟级"精准预报能力。形成京津冀区域 500 米分辨率、冬奥山地赛场核心区域 100 米分辨率、逐 10 分钟快速更新的冬奥气象预报产品，大幅提升了冬奥关键气象要素预报准确率，有效支撑了预报服务团队开展精细气象服务。

8.1 公共气象科技管理基本问题

8.1.1 公共气象科技管理的特点和内涵

21 世纪国际气象科技的发展呈现高度数理化、定量化、实用化和综合化趋势。

科学技术进步已经在 21 世纪将大气科学观测引领到全方位"立体观测"。在地球科学领域,由于大气科学的研究对象——地球大气层与其他地球圈层的连接密切,因此气象科技管理相比常规科技管理更加复杂,也更值得学界研究。公共气象科技管理与一般意义上的科技管理既有共性,更有区别。公共气象科技管理主要指对认识大气运动和大气中各种物理、化学、生物过程的基本规律及其与其他圈层相互作用的过程中科学活动的管理总称,包括对气象科学技术研究和创新的管理、对气象科技人才的管理、气象科技业务体系的管理等。随着全球变暖和气象灾害增多,对于研究天气、气候和气候变化以及防灾减灾方面的科技管理更加突出。公共气象科技管理要促进气象事业围绕防灾减灾、应对气候变化、生态和粮食安全以及广大人民群众的福祉安康等热点和关键问题,加强科技创新体系建设,不断提升气象科技水平及其在国家经济发展和社会进步中的支撑能力。

中国气象事业正处于全面建设现代气象业务体系的历史进程中,应优先解决制约业务发展的重点关键科技问题,为不断提高气象预测预报能力、气象防灾减灾能力、应对气候变化能力、开发利用气候资源能力提供有力的科技支撑。一是发展现代气象业务体系需要加强和完善气象科技基础条件平台建设,促进气象科技信息资源的整合和共享,为气象科技创新的实施提供条件支撑。二是发展现代气象业务体系需要建立气象科学试验和业务转化基地,为气象科研提供可靠的基础数据和中间试验数据,提高科技成果的业务化效益。三是发展现代气象业务体系需要建立有效的研发和成果转化平台,探索建立能够促进高水平气象科技成果产生和推广应用的有效机制,加快推进气象科技成果转化为气象业务服务能力。

8.1.2　公共气象科技管理的必要性

国外大量事实都说明世界上一切技术先进的国家都是重视了科技管理工作,可见科技管理工作何等重要。第二次世界大战之后,世界上有相当多的国家掀起了科技管理工作的热潮。当时东欧各国为了加强科技管理工作,先后成立了管理学校和管理学会。日本从 1950 年就重视了科技管理工作,使其从一个战败国很快发展成为世界上技术发达的先进国家。公共气象事业是科技型、基础性、先导性社会公益事业,对经济社会发展具有很强的现实性作用,对国家安全具有重要的基础性作用,对可持续发展具有高远的前瞻性作用,发展公共气象事业离不开公共气象科技管理。

当前国际形势和中国国内实力都发生了很大变化,"中国崛起"和"中国模式"得到普遍共识。美国实力的收缩和欧洲实力的萎缩,使得世界战略中心从欧美转向亚太。根据国际货币基金组织(International Monetary Fund,IMF)公布的数据,2022 年中国经济总量是日本的 4 倍多,俄罗斯、印度等在世界舞台需要寻求中国更多的支持,周边国家更加依靠中国。这样的国际大格局延续了中国的战略机遇期,中国的加速发展势在必行。而与此同时,气候变化的政治压力和经济转型压力猛增。社会上民众需求呈现几何级数增长,而气象社会产品和服务提供却是算术级数增长,二者矛盾持续加大。这些客观上都需要加强公共气象科技管理,特别是要加强对新技术装备和新业务的管理,才能抓住这一机遇,实现公共气象事业的蓬勃发展。

8.2　公共气象科技创新管理

8.2.1　公共气象科技创新的战略机遇

创新是引领发展的第一动力,是建设现代化经济体系的战略支撑。中国正在加快建设创新型国家,要瞄准世界科技前沿,强化基础研究,实现前瞻性基础研究、引领性原创成果重大突破。科技创新是一个不断发展的概念,是将科学发现和技术发明应用到生产体系,创造新价值的过程。2016 年我国发布了《国家创新驱动发展战略纲要》,提出"抓创新首先要抓科技创新,补短板首先要补科技创新的短板""根据不同创新活动的规律和特点,建立健全科学分类的创新评价制度体系"。

气象科技是我国科技创新体系很重要的组成部分。例如,气象预测预报的准确程度直接影响到国家防灾减灾能力,应对气候变化的水平和开发利用气候资源的能力,事关国家经济社会安全和人民生活健康水平。而这些都与气象科技的进步与发展息息相关,气象事业的每一次重大进步都离不开科学技术的重大发现。

当今世界正经历百年未有之大变局,国家发展对加快科技创新提出了更为迫切的要求。核心就是转变经济发展方式和事业发展方式,这已经成为实现经济社会可持续发展刻不容缓的任务。对于气象事业来说,对经济和社会发展的深度支撑使得气象部门地位提高,投入空前增长,需求和要求也前所未有。气象现代化的核心是气象科技的现代化,当前国际国内形势为气象科技创新发展提供了难得的战略机遇期。传统的气象事业发展方式"积累式发展""内涵式发展"等,逐渐有些不适应形势变化,需逐渐转向"跨越式发展""外延式发展",以便提升气象现代化的内涵和质量。气象科技部门有必要抓住时机,提升理念,更新观念,深化气象科技体制机制改革,转变气象科技创新发展方式,实现气象科技创新的局部跨域发展和整体实力提升。

8.2.2　公共气象科技创新能力

公共气象科技创新能力评价应关注但不限于研究论文数量与专利等传统的衡量指标,还更应关注科技创新中人的因素、环境的因素、创新的开放与合作程度、创新活力等内容(表 8-1),其结果并非只关注排名,而是注重对过程的改进,即希望通过结果反映出其主要影响因素,以更好地衡量和理解气象科技创新(申丹娜和李研,2018)。

表 8-1　气象科技创新能力指标体系

一级指标	二级指标	测度指标解释
科技创新环境	气象科研机构数量	衡量科技创新环境中基础设施情况
	万人拥有气象专业技术人才数	从事气象科技研究与开发的人才总量
	研究生以及以上学历人员占从业队伍比重	高层次人才研发力量，研究生以上学历占从业队伍的比重
	跨省气象数据活跃度	气象数据在各地间流动和使用情况，用以表征创新的活力
	气象数据共享服务数据量	气象数据共享使用情况，用以表征共享情况
科技创新投入	研究与开发（R&D）经费支出与 GDP 比值	科研经费总支出占本地 GDP 的比重
	气象科研经费年增长率	本地科研经费的持续增长情况
	气象专业技术人员人均拥有气象科技经费量	科技创新的均等化程度，人均拥有科研经费量
	基础研究占 R&D 经费支出比重	在基础研究领域科技投入情况
	应用研究占 R&D 经费支出比重	在应用研究领域科技投入情况
科技创新产出	万名研究人员科技论文数	每万名科研人员发表科技论文情况，以科学引文索引（SCI）发表论文代表
	万名科技人员拥有气象发明专利数	每万名科研人员拥有发明专利情况
	人均承担课题项目数	本地人均承担课题项目情况
	课题活动人员占比	从事课题活动的人员占本地人员的比值，用以衡量创新的活力
	人均获奖成果数	本地人均获奖情况
科技创新效率	年气象科技成果转化率	科技投入与产出的转化率
	科技成果转化数	科技成果业务化水平

　　科技创新水平和能力的提升依赖于科技创新环境，创新环境好的地区，有助于形成规模区域经济效益，加速技术扩散速度，推动区域经济发展模式转变，提高区域经济增长速度。《中国区域创新能力报告》将创新环境分为基础设施、市场需求、劳动者素质、金融环境和创业水平。以气象科研机构数量表示基础设施，以跨省气象数据活跃度和气象数据共享服务数据量表示创新资源以及创新的开放程度，以万人拥有气象专业技术人才数和研究生以上学历占比表示劳动者素质。

　　科学研究与技术创新的基础是科技投入，正如全球创新指数（GII）指出，研究与开发和创新上的投资对于经济增长至关重要，无论是 GII 前 25 位的国家，还是在创新领域取得持续快速进展的国家，都是通过提供稳定的研发支出，保持创新处于关键的优先地位。特别是对不发达地区来说，通过加大科技投入，实现科技创新对区域经济的促进作用显得尤为重要。政府科技投入与科技创新呈显著正相关，政府科技投入显著促进科技创新，其中，R&D 经费支出占 GDP 的比值和气象科研经费年增长率是衡量科技创新投入较为常用的指标（吴芸，2014）。政府在科技创新方面主要应提供包括基础研究、公益技术等具有"公共性""外溢性"的科技投入，因此，将基础研究与应用研究占研究经费的比重区别开来，以便于政府对基础研究投入的程度进行考量（张来武，2011）。另外，《国家创新驱动发展战略纲要》中提出，要扩大创新主体，提升各类主体创新能力，夯实创新发展的基础。科技创新应通过均等程度来体现科技创新的潜在普惠性和溢出性，通过专业技术人才人均拥有科技经费量来体现人均气象科技的均等性。

一般而言，创新的科技成果产出水平越高，越容易形成丰富的知识积累，其科技转化能力、创新合作、创新意识、创新熟练度等能力就越强。国内大多数学者，在衡量科技创新产出这一指标时，都包括了科技论文数、发明专利数和获奖成果数这三项指标。论文和专利数并不一定能够代表知识产出对经济发展的作用增强，评价创新驱动发展时，应更加立足于长远，关注对过程与结果的考量。因此，除了继续沿用这三项传统指标外，还增加了人均承担课题项目数和课题活动人员占比，以此判别各区域的创新活力（王海燕和郑秀梅，2017）。

科技创新效率也是影响科技创新能力的非常重要的影响因子，创新效率低下会导致创新投入发挥不了应有的作用。科技创新效率的内涵是在科技创新环境和创新资源配置条件下，单位科技创新投入获得的产出，即科技投入与科技产出的转化率。科技创新效率可以用科技成果转化率和转化数两项指标来衡量。

8.2.3　公共气象科技创新管理的薄弱环节

1. 气象科技创新体系各组成单位的分工和定位不够清晰明确

1978 年，改革组建了气象科学研究院，2001～2004 年积极推动气象科研院所改革，气象部门成为全国首批通过公益类科研院所改革的部门。从 1989 年建设强风暴实验室等气象部门重点实验室以来，不断加强气象科技基础平台建设。2007年，中国气象局与科技部等六部委联合印发《国家气象科技创新体系建设指导意见》，加快推动了气象科技创新体系建设。2022 年，《国家级气象科研院所改革发展工作方案》发布，聚焦气象科技创新的"主力军"、气象国家战略科技力量的核心——国家级气象科研院所，分步实施中国气象科学研究院与 8 个专业气象科研院所的体制机制改革。国家级、省级气象科研和业务单位都是气象科技创新体系的重要组成部分，但由于科研和业务单位之间的分工不够清晰，科研和业务单位之间长期存在着工作上的矛盾与利害冲突，重复劳动较多，在一定程度上阻碍了气象科技成果向业务的转化。与此同时，部门和省级重点实验室仍存在着被虚化、定位不够明确等问题。总体来看，省级研究所的科研力量以农业气象和遥感应用等为主，在天气气候预测预报等主要业务方面提供的科技支撑严重不足。因此，需要围绕省级业务发展需求进一步明确省级研究所的定位，并强化其作用。

2. 气象科技投入支持不够灵活

尽管气象科技投入持续稳定增长，但在气象事业费中所占比例仍相对偏低。投入的主体为政府部门，且以中央投资为主，国家、社会、企业等多元化的科技投资机制尚不够健全。此外，由于缺少对气象科技体系投入分配的总体规划，造成科技投入分布很不均衡。省级气象科研所、部门重点实验室的投入严重不足，影响气象科技创新体系整体力量的发挥。气象科技基础资源缺少有效整合，气象科技资源（包括仪器设备、信息资源等）的合作共享机制和信息共享平台建设不够完善，科研设施和科技信息资源利用率不高，全社会的气象科技创新和创业活动尚不能完全得到及时有效的支持（陈正洪和杨桂芳，2013）。

3. 气象科技软实力不足

气象专家多数在高校、科研院所中做研究，气象部门科技人员一般从事实践性的科学研究。从长远来看，中国缺少洛伦茨、罗斯贝等这样的气象大家和大师级人物是成为气象强国的瓶颈之一。这与前期对科学技术的本质理解有误，过去长期以来科技评价中"唯论文"不良导向，争抢资源而导致科技布局不妥有关。气象科技发展要重点关注"巴斯德象限"，而非"波尔象限"和"爱迪生象限"[①]。在国家大力推进深化项目评审、人才评价、机构评估改革，弘扬科学家精神，破除科技评价中过度看重论文数量多少、影响因子高低，忽视标志性成果的质量、贡献和影响等"唯论文"不良导向的背景下，气象相关部门和单位应该主动作为，推进气象领域科技评价改革，气象部门保持部分传统优势领域并鼓励科学家自由研究。

气象科学技术的发展和突破与军事、经济、社会各方面发展相关，更与物理、化学、天文、地质、计算机、社会科学等密切相关。这些方面的优势和精锐部队都不在气象部门，而是散落于社会各方面。气象科技专业队伍薄弱，专门从事气象科技研究的人员不足，要承担起众多重大的气象科学研究项目和科学工程，完成大量的气象业务研究，难免捉襟见肘、心大而力弱，而社会上的气象需求又是无限并快速增长。

8.2.4　公共气象科技创新管理的重点任务

1. 提前布局、加大未来气象科技储备

社会对气象服务的需求是无限的，气候变化导致环境脆弱性增强、城市化与社会转型期中人工自然的深度变化，导致未知气象服务需求的爆发式增长。因此，要对未来气象科技发展未雨绸缪、提前布局，加大未来气象科技储备，需要用战略的眼光分析在哪些方面布局、如何布局，这就是"新兴气象科技"的问题（陈

---

① "巴斯德象限"：应用引发的基础研究；"波尔象限"：纯基础研究；"爱迪生象限"：纯应用研究。

正洪和杨桂芳，2013）。

从全局来看，气象灾害占全部灾害的 70%，这个比例可能还会提高。而气象灾害往往是突发性、未知性和网络化，所以气象灾害科技是第一个战略重点，包括对气象灾害的预测研究和气象灾害应急研究等。第二个战略重点是提高气象学科的确定性。大气科学不同于物理、化学等自然学科，物理、化学是研究大自然确定性和非确定性现象的精确性/确定性学科，而大气科学是研究非确定性现象的半确定/准确定性学科。将来它的确定性成分也许会越来越高，但是永远不会达到 100%的确定性，这是大气科学和其他自然科学、工程科学最大的区别。科学史表明科学技术的确定性和精确性的提高是学科成熟的必然过程，所以如何提高气象学科的确定性和精确性是气象科技创新未来储备必须解决的难题。第三个战略重点是海洋气象科技的布局。中国正迈步走向海洋强国，国家对海洋各方面科学技术的投入和需求空前增长。气象部门在此加强布局，将会大大提高气象科技部门在气象事业中的地位，也会大大提高气象局在国家政府序列中的地位，并极大拓展中国气象局的生存空间。

2. 切实加强省所和实验室建设

省级气象科学研究所作为国家气象科技创新体系建设的组成部分，应成为各省的气象科研创新基地与技术创新基地，成为国家级、区域中心级科技成果在各省的转化、推广、应用的平台，成为省级科技人才的培养基地。应继续充分发挥省所在农业气象工作中的重要作用，在天气气候研究方面，省所与省气象台等业务单位的研发任务要有所区别，形成合理的分工（陈正洪和杨桂芳，2013）。

要长期稳定支持重点实验室的基础研究和重大关键技术研究。建立重大装备共建共用与信息资源共享制度，对全国大型气象科研基础设施设备、仪器装备等资源进行整合，形成全国性的共享网络。进一步加强国家重点实验室建设。面向相关学科的国际前沿和国家战略需求开展研究，在基础条件建设、气象基础和应用科学研究以及规范化、制度化建设方面取得实效。完善部门重点实验室的学科布局，使部门重点实验室真正立足部门应用需求，面向气象科技前沿，成为组织高水平科学研究、吸引和培养优秀科学家、开展学术交流活动的科研创新基地。

3. 注重"气象科技软实力"的建设

对科技的支持不能简单地理解为仅仅创造好的硬件条件，如多建实验室、多购置仪器装备、多投入资金。现阶段科技发展更需要好的政策环境、社会环境，让科学家们能够心无旁骛搞科研，集中精力出成果，多给一些关怀，少添一些干扰。要尊重气象科学技术发展规律，既加快发展又不能急于求成，既鼓励探索又允许失败，既注重研究开发又注重成果应用。中国气象事业的发展离不开经济发展的大环境，气象硬实力的增长与经济实力增长是基本一致的，因此，当经济发展度过拐点之后，气象硬实力也必将面临一个发展拐点。气象软实力与气象硬实力相伴生长，共同发展，在某个历史阶段，必然会遇到发展拐点。气象科研设备作为气象硬实力，发展到一定历史阶段，需要人文等方面的气象科技软实力的支撑，才能促进气象科技创新的整体发展。目前正处于这个历史阶段，所以，今后的发展必须更多地依靠完善的体制和机制，依靠好的制度和政策，加快推进气象科技软实力建设。

1）把人文、社会科学的知识和研究方法引入气象科技创新的研究中

气象科技要想做出大成就，做出流传于世的深层次成果，少了人文素养是比较困难的。单纯对理性的追求并不一定带来理性的结果，因为理性的起点和终点都是非理性的。正如整个电磁波谱上可见光只是很小的一段，整个宇宙中理性也只是很小的一部分，大部分都是非理性的。"哥德尔不完全性定理"和"测不准原理"就已经说明理性内部会导出非理性的结果，这就是人文社会科学的内容。加强大气科学与人文社会科学的交流有助于我国大气科学和气象事业的健康发展（陈正洪，2013）。

2）管理思路要向政策引导转变

鉴于欧美国家的经验，政府推动科技创新的重要途径不应仅仅是通过经费投入，支持科技研发，还需要建立公共研发平台和服务机制，在科技创新产品走向市场的过程中共担风险与收益，而这些都离不开完善的法律体系和健全的科技政策。积极有效的政策引导可以营造良好的创新环境，最大限度地激发科技创新活力。

气象部门要调整自身对气象科技创新的介入方式和程度，改变现有的注重科技培育、承担科研经费、对科技人员采用保姆式管理的方式，采取政策引导科技孵化、科技资源高效利用、科技人员主动作为的创新型管理方式。创新型管理方式有助于通过问题导向，使科技人员积极主动地围绕我国气象科技创新的主攻方向，在关键领域尽快实现突破。

3）优化人才资源配置，重点培养高层次人才和一线高级专门人才

利用国际和国内两个市场资源，利用各种措施引进和选拔优秀人才，形成气象应用、科研和管理三位一体的人才资源布局。制定气象人才战略规划，形成不同层次、不同特长的人才梯队结构。培养和造就一批气象科学领域拔尖的创新人才和一流学者，建设稳定的首席专家、学术带头人、青年新秀、科研业务技术骨干队伍，培养一大批气象高层次人才和一线高级专门人才。

在巩固气象专业学历教育体系，培养一线高级专业技术人才的同时，发挥综合性高校及相关重点学科培养综合素质人才的作用（表8-2），为气象事业培养高层次创新人才。

表 8-2　　2023 年设置大气科学、应用气象学专业的院校

设置大气科学专业的院校		设置应用气象学专业的院校	
北京大学	南京信息工程大学	南京大学	防灾科技学院
浙江大学	内蒙古大学	中山大学	东北农业大学
南京大学	沈阳农业大学	中国农业大学	北部湾大学
复旦大学	成都信息工程大学	兰州大学	中国民用航空飞行学院
中国科学技术大学	国防科技大学	南京信息工程大学	
中山大学	广东海洋大学	沈阳农业大学	
兰州大学	无锡学院	中国民航大学	
中国海洋大学	江西信息应用职业技术学院	成都信息工程大学	
中国地质大学（武汉）		国防科技大学	
云南大学		广东海洋大学	

4）加强与外界分工合作

解决制约气象业务服务发展的关键科技问题，离不开中国科学院、高等院校、各有关部门的广泛参与，离不开全行业乃至其他相关领域科学家的联合攻关，离不开业务服务专家和科学研究专家的通力合作。气象重大工程投入的发展需要听取更多外界的意见和建议。气象部门强调为社会服务，就要有"大气象"的气魄，提高与社会各界交流的积极性。相对于"农、林、牧、副、渔"的大农业，实际上存在"大气象"的概念，包括海洋、地震、水文、航空等都是"大气象"的服务领域。做好"大气象"的社会管理，对于中国气象事业的发展意义深远（陈正洪，2013）。

公共气象科技创新要实现大的突破，最重要的是在最顶层发展理念上有大的突破，即通过"社会研究、部门引导"促进"无限服务无限"。"社会研究、部门引导"指的是气象部门主导气象领域研究的上游和核心区域，把科学研究谱系的两端——纯粹基础研究和泛化的应用研究转交社会各方面，包括世界各地的研究力量。气象部门的人才队伍集中力量研究事关气象事业发展全局的关键点和战略领域，如数值预报的突破、气候模式研究、海气相互作用等；把纯粹气象基础研究交由高校和中国科学院研究，瞄准世界气象科学发展前沿，再结合我国中长期发展战略需求，部署若干前沿领域，特别是交叉学科气象基础研究的大型科学和试验计划，特别要从水圈、冰雪圈、岩石圈和生物圈对全球气候的影响与相互反馈角度，全方位研究大气运动的变化本质，探索天气和气候系统演变和预报预测规律；把类似花粉预报、洗车指数等泛化的应用研究委托社会专业力量研究。

5）气象科技与气象科普同等重视，"一体两翼"

气象科技创新将会推动气象科普的发展，反过来气象科普将会给气象科技创

新营造更好的研究氛围和提供未来人才储备。目前需要提升气象科普的理念，把气象科普与气象局的对外宣传结合起来，气象科普是提高气象局社会地位的重要途径。

8.3　公共气象科技成果管理

8.3.1　公共气象前科技成果阶段管理

公共气象前科技成果阶段管理又可称为气象科技项目全程管理的前期控制，是根据我国气象科技、事业发展规划、计划以及经济、社会发展的需要，由气象行业科技管理部门按照一定范围、一定时间内应用科学技术发展的目标，结合自身对气象科技的需求，就某项气象科学技术研究及技术开发项目进行立项的活动（易燕明等，2009）。这一阶段的管理研究主要集中在项目自身的可行性以及立项前的评审方面。

我国的气象科技计划是在财政部、科技部的指导下，组织有关部门、气象行业协会、科研院所、高等院校等方面的科技、管理、经济等领域专家决策并参与制定的，计划的制定方式通常是由气象部门提出或联合提出制定计划的原则和指导思想、优先领域和项目指南，然后由气象部门、各地方据此申报项目，气象部门组织专家及管理人员进行项目评审，最后由气象部门综合平衡后审批决定。

在气象科技管理中，前科技成果阶段管理是一项相当重要的工作，只有运用科学的方法，做好周密的前科技成果阶段管理，才能使整个项目实施过程得到最佳安排，从而以最小的代价获得最大的效益。一般来说，公共气象前科技成果阶段管理的基本过程包括发布指南、项目申请、项目评审、确定资金来源、项目审批和合同签署。

1. 公共气象前科技成果阶段管理的若干问题

前科技成果阶段管理是提出科技计划、确定科技计划项目的首要和关键步骤，关系到科技计划项目立项方向和决策的科学性和合理性，对重大项目的组织实施起着重要的指导作用。在这方面，从领域研究到项目的提出、论证、R&D 资金结构、确定项目合同、制定监管办法等各个环节都存在一些问题。

1）针对气象行业的预研工作基础不足

预研工作是指在组织气象科技计划项目立项之前，通过调查研究，基本摸清气象行业的经济社会发展需求、技术发展趋势、地区科技资源状况等一系列基本情况，梳理出气象行业未来一段时期的重点项目方向、领域项目布局以及重点工作任务等内容，为该领域组织重大项目立项提供比较全面、系统和带有前瞻性的指导。目前，气象行业的预研工作还不到位，领域内重大项目之间尚缺乏整体性、系统性和连续性，直接体现在对各领域"年度重点领域指南"以及各省（市）气象局整体的"年度重点领域指南"的研究力度不够，对项目技术水平、市场前景缺乏全面、系统、前瞻性的分析，没有形成系统规范的发布制度，从而难以对科技项目立项起到充分的指导作用。

2）未建立项目申请的充分竞争机制

（1）项目提出和项目承担两条线制度未完全落实。

目前在重大项目的组织立项中，比较普遍的做法是有关部门在已掌握的科研单位基础上研究提出重大项目，论证后基本还是由这些单位作为承担单位继续开展项目研发，即"先有人、后有事""先单位、后任务"。我国《公益性行业（气象）科研专项管理暂行办法》规定，科研开发需求和重点项目建议首先由公益性行业（气象）科研专项经费管理咨询委员会提出，然后公开征集项目建议，形成气象行业专项备选项目建议库，即先组织一批专家或有关单位相对独立地研究提出重点项目领域、工作目标及任务等内容，再通过公开征集或招标的方式确定最优的项目承担单位，但实际中在这方面的工作做得还不够。

（2）项目征集方式不够严谨。

气象行业一些重大项目的征集是采取定向征集的方式确定项目及项目承担单位，这种方式的目的性强，简便易操作且效率较高，但存在公开性、透明度不够，科技经费预算过高，不能完全保证最优科技力量承担项目等问题，不利于项目质量和水平的提高。而公开征集方式可以弥补上述不足，但也存在工作量大、工作难度大、工作周期长、管理成本高等问题。因此，如何综合运用上述两种征集项目的方式值得探讨。

（3）招投标工作的科学管理不足。

近年来，国家各级气象科技主管机构都不同程度地开展了课题的招标工作，但以这种方式立项课题在管理上依然存在诸多问题，存在对项目承担单位的综合素质考察不严，对承担方的生产经营、信用状况、项目开发的基础条件和组织管理能力缺少深入、客观的调查，对项目承担方经营的综合成本、资金运作、市场预测与技术成果市场推广前景等缺乏科学、准确的评价和判断等问题。

3）项目立项评估的科学性有待提高

气象科技项目的立项评估普遍实行两级评价制度，但在实际操作过程中还存在着一些问题。诸如项目评价专家的遴选尚未形成标准，影响论证的质量；项目专家评价随意性较强，项目是否经过专家评价、专家评价是否充分等，过程工作尚缺乏一套完整、规范的操作标准和程序；由于时间等原因，项目立项评估的前期准备工作不够充分，增加了评估的难度和决策的风险。这些问题都直接影响着项目立项的科学性，容易导致预期目标虚高定位，项目承担单位为成功立项，主观夸大项目预期目标，使得效益指标预测失真，对技术水平先进性评估过高。

4）管理认识存在偏差，缺乏科学化和制度化项目管理

气象科技管理部门对管理的功能认识存在偏差，往往认为自身与项目承担单位之间是纯粹的管理与被管理的关系。然而，气象项目管理部门的管理职能实质上是为项目相关各方提供多方面的支持，项目管理应该是监管加咨询，更多的应是以咨询和服务的身份参与项目的实施。而目前相关部门对自身的身份认识不够充分，因此缺乏有效的管理机制，管理办法生硬，缺乏适当、及时的调控能力，管理的工具和技术相对落后。如长期以来，气象科技管理部门对项目的监督检查多是根据当年的工作忙闲情况，在年内的某一时段集中多部门进行一次大检查，这种检查违背了项目运行的科学规律。每个项目均有自身的运行周期，每个阶段的控制节点才是有效管理的关键点，集中大检查的做法对项目运行缺乏理解，浪费管理资源。管理缺乏明确的程序和方法论，缺乏信息化、网络化管理方法，有关进度控制、质量控制、风险控制等科学方法得不到应用，针对项目管理中遇到的问题缺乏规范的科学方法。

大多数省市气象部门把对项目的管理作为一项内容归入科技计划项目管理办法之中，操作性不强，对管理的职能、职责、要求、措施、内容、办法、标准缺乏严格的确认和规范，管理分散，管理者可监管可不监管、可多监管可少监管。签订的科技项目合同法律约束力不强，对如何履行合同缺乏明确、清晰、有效的规章条款，实际实施过程中也没有切实有效的监控措施来保证项目承担方严格履行合同规定，违约后的惩戒措施无章可循。项目实施监控信息采集主要依靠两种方法：一是项目承担方填报年度项目执行情况统计表；二是管理部门抽查、检查的对象、时间、内容没有制度化，缺乏体系化管理，往往很难全面、深入地了解项目实施过程的真实情况。

5）缺乏项目风险管理计划和激励约束机制

气象科技项目在论证和计划时没有切实可行的风险应对计划，对项目实施中造成的风险听之任之。我国的气象科研体制是在计划经济体制下建立起来的，气象技术供给的主体主要是政府举办的各级各类气象科研机构，作为国家事业单位，其资金来源以政府财政拨款为主，主要任务是完成国家下达的科研课题，为科研而科研，科研人员则以个人利益极大化为目标，缺乏解决气象实际问题的动力和压力。气象科技项目立项由政府审批、科研成果由政府鉴定，没有真正感受到市场的压力，致使项目管理缺乏市场激励。气象科技项目的实施没有充分体现出项目的风险意识，也没有项目的风险管理计划，更没有用于项目的识别和分析技术与方法，这样往往对项目实施中的不确定性因素估计不足，容易造成项目实施的目标受到影响，甚至中途夭折。

项目激励约束机制的建立不仅仅是一个要追究责任的问题。首先，科技研发活动必须允许失败，也客观存在失败，甚至在某种意义上还要鼓励和接受失败，更要保护合理的失败。其次，在项目管理中设立合理、可行的奖罚原则，其目的

是通过更加积极的奖励和惩罚机制，促进项目执行单位、管理机构和管理者在项目管理中更好地发挥作用，保证项目目标和任务能够更好地完成。

2. 公共气象前科技成果阶段管理措施

前科技成果阶段管理一直是科研项目管理工作中最重要的、也是科研人员最为关注的环节，无论作为外部的经济技术要求，还是作为科学本身的要求，都是研究工作中最复杂的一个阶段。美国比较大的科研计划项目通常由总统提出，经国会批准后以法律形式固定下来（相反的情形也有，但较少），然后由各部门具体执行；在设立具体的科研项目方面，各部门拥有很大的自主权。英国政府现行的科研计划包括政府制定的各种科研计划和政府各行业管理部门制定的科研计划，科研计划的设立依据如下标准：对未来社会财富创造和国民生活质量提高的重要性；可能激发出的附加值的多寡；政府组织、私营机构和志愿部门参与计划的兴趣程度。德国负责科技宏观管理的部门是联邦教育与研究部（简称联邦教研部，BMBF），对专业领域的计划及项目的管理主要委托给专门设立的"项目协调管理单位"完成，在联邦教研部直接领导下行使计划及项目管理职能，确定优先领域、遴选并审核项目、监督项目的执行。结合我国的实际，对气象前科技成果阶段管理提出以下措施。

1）基于科研的业务需求导向组建项目组

在《中国气象事业发展战略研究》中，把"气象科技创新与教育培训工程"作为中国气象事业发展战略目标的核心组成部分之一，充分体现了人才在气象事业发展中的重要性，是否拥有高层次科研人才是决定科研团队科研创新能力强弱的关键因素之一。要建立起以业务需求为导向的科研投入机制，科研、业务单位相互补充和协调发展的开放机制，资料、成果、科技和人才资源共享机制。并本着以下原则组建项目组：一是要符合国家经济建设的需求和气象科学发展的需求；二是自身有一定的工作基础，有一支较强的人才队伍；三是有意识地引导科研与业务单位人员合作，使项目组成员优势互补；四是要加强气象部门与企业、高校的合作，跨部门联合组建科研团队，开展联合攻关，壮大科研实力。

2）形成立项过程的强体系化管理

发挥科研管理在研究型气象业务中的作用。气象科研管理部门要从科研课题的选题与立项抓起，始终坚持根据气象研究目标和业务服务的需求选题立项，在项目立项之前进行充分的调研和精细的论证。市场经济是一个开放系统，市场竞争在很大程度上是实力和信息掌握能力的竞争，要在多变的市场竞争中取胜，除了要增强自身实力外，必须及时地掌握国内外信息。因此，科研管理部门要帮助科技人员了解国家、地方政府的经济发展需求，以及国内外同领域的研究信息；积极组织专家参与国家各级政府部门的科研规划、计划指南的制定；建立多部门、多学科协作，组建承担重大科研项目的平台；科学、合理配置科技资源，使有限资源的使用效率达到最大化。在课题立项后合同签订的过程中，技术指标和经济指标的确立、提交成果的形式、经费匹配的落实、新立课题与在研课题的资源配置等都需要有明确的界定，以便执行时目标明确，并具有良好的操作性。

3）加强项目立项评估

项目立项直接关系科技成果产出的价值以及成果转化的可操作性，因此，不论是科技新项目还是重大技术改造，在立项前都要进行科学的、客观的和较为详细的项目投资评估，且主要反映在项目的可行性研究上，也就是说决策者应该在项目立项投资额度、技术风险、市场风险、管理风险以及国家政策法规、重点发展领域的确定等方面对项目立项的影响有充分的认识和了解。在科研项目立项评审上，应该组建一个包括多方面人士参加的评估机构，保证科学地进行决策，使科研立项能适应国家战略需求；评估机构的人员构成应避免某一领域或部门出身的专家人士过于集中的现象，可以考虑聘请社会上独立的知名人士或政府官员，如气象部门、其他部门和相关院校的专家共同参与，建立科技评价专家库，实行对专家库的动态管理；严格执行专家评审制度，重点项目实行书面评审和会议评审相结合，并针对基础研究、应用研究、推广项目制定分类评估标准，业务项目引入成果应用单位的专家参与评审；评估的标准设计应充分考虑相关领域的国家重大战略需求，体现国家战略目标，项目的发展方向保持一定的连贯性和可行性。在科研项目立项前应强调可持续发展，尤其是气象科研机构这种公益性科研机构更应该以社会经济效益为目标。首先要对所在学科专业领域的发展趋势进行调研；其次是做好市场需求预测，结合气象服务需要选题，以使立项课题研究起点高，保持研究成果的先进性，并为成果的转化奠定良好的基础。

4）联合攻关制约气象发展的关键科技问题

为凝练优先发展的研究领域和研究方向，着力解决好影响气象发展的关键技术难题和重大工程问题，科研立项结构也需做相应调整。当前我国气象科研机构中，基础业务、现代化装备、台站设施等硬件实力配套不均衡，所开展的气象科研项目大多采用常规的研究方法。要紧紧围绕重大科学目标设计和实施的关键科研基础条件建设项目，实现科研条件整体水平的显著提升，应充分整合现有的科研仪器设备、实验材料等硬件和计算机软件、数据、文献等软件设施，集中财力开展高性能仪器设备、信息共享的联合攻关研究，解决制约气象发展的科技问题。

8.3.2　公共气象科技成果转化管理

科技成果能否转化为现实生产力已成为衡量国家和地区科技发展水平高低的重要标志，加速科技成果的推广应用是推动科技与经济结合的关键环节。

1. 公共气象科技成果高效转化受限

气象科技成果总的转化应用效率并不高。造成这种情况的原因是多方面的（阿旺旺堆等，2010）。

1）气象领域的特殊性

第一，气象科学属于环境科学，其科研成果绝大多数为自身发展和公益服务所需要，即使有一部分成果可以作为商品投入社会，但量小面窄，难以形成规模。

第二，气象科研课题难度大、周期长，特别是天气学理论和天气预报等关键技术难以在短时间内取得突破，一些成果受自身缺陷制约难以得到推广和进入市场。

第三，气象部门经济实力不足，投入较少，支持性政策与体制未能完全适应社会主义市场经济体制的要求，是气象科技产业形成与发展的重要制约因素，进而影响气象科技成果转化。

第四，科技成果自身因素。科技人员在选题立项时考虑最多的是科技前沿性、创新性，对是否能够转化考虑得较少，一些科技成果成熟性不足，缺少中间试验环节。同时还存在成果本身缺乏原创性，甚至部分成果是在原来的或国外的基础上大改或小改，存在低水平重复。

第五，成果转化的资金投入不足。大部分科研成果都需要中试才能转化为实际应用，而目前气象科研机构普遍缺乏中试的资金和场地。政府的财力有限，有限的财政经费又分散在不同的行业和众多的科技计划项目中，对科研中试费的投入较少；科技贷款的规模和方式又远不适应成果转化的需要；民间资本由于没有很好的回报机制，投入科技成果转化的资金有限。这些状况造成科技资源的极大浪费，无法形成投入—产出—增值—再投入的良性机制。

2）气象科研管理体制缺乏创新

管理部门对具体的事务性过程管理过多，转化的基础环境（包括政策环境、机制环境、资金环境、意识环境、创新环境等）建设相对薄弱。科技管理的手段相对落后，不能有效地激发科技工作面向经济建设的活力。在成果目标管理方面，基本定位在"鉴定""评奖"和出版论著上，实际上仅将科技成果价值局限于学术价值，而忽视了科技成果的经济社会价值。相当一部分科研管理工作还停留在统计、报奖等过程管理的低级阶段，还没将科技成果有效地业务化，推入经济建设主战场的最终目标管理。在产权管理方面，缺乏有效保护和合法使用的手段，致使科研人员擅自授权现象严重，严重影响了科技成果健康、有序地转化。

3）科技人员不重视科研成果转化

受科研体制制约，科技人员存在着重科研、轻开发，重成果、轻转化的观念，科技人员把大量的时间精力花在课题申报、论证、检查、验收、鉴定上。少数科研人员为了出成果，立项时在如何能顺利完成研究项目上考虑较多，而对于成果产生后如何去适应市场推广应用的因素考虑较少，不注重其转化过程中所涉及的工艺技术的可靠性，忽视科研产品的商业性与经济性、市场开发的可能性与可行性，造成科研与生产实际相脱节，与市场相脱离等问题。

4）企业没有真正成为成果转化的主体

企业理应成为成果推广转化的主导力量，但在实施成果转化过程中，一方面一些企业由于科技创新意识不强，长期以来都是通过资金、人力的投入来实现量的扩张，对科技的需求没有紧迫感，缺乏依靠科技进步的内在动力。在组织生产时有些企业存在短期行为，片面追求短、平、快项目，拒绝承担吸纳高新技术的风险，将高新技术拒之门外。另一方面，有些企业负债沉重，承担风险能力较差，没有实力转化重大科技成果，即使吸纳了新成果，由于管理机制落后，也难以达到预期效果，这使企业没有真正成为成果转化的主体。

5）成果转化的科技中介市场发育不完善

科技成果转化需要科技中介，科技中介市场的完善和发展有益于成果的推广转化。相对于美国等发达国家以市场机制为主导，政府主要通过立法、制定政策，引导和推动科技中介机构发展的方式，我国大多数科技中介机构都是由政府主导成立的为发展科技创新而建立的非营利机构。在多年发展过程中，在结构、层次和功能上都存在一些问题。一是依附性强，独立性差。我国科技中介机构往往都是由政府主导的事业单位，导致其对政府的依赖性较强，服务内容单一，发展受到一定限制。虽然近年部分科技中介机构实现了盈利，但整体上我国的科技中介机构还没实现经济、权利上的独立。二是缺乏政策体系，管理制度有待完善。一套完善的政策体系与市场管理办法是科技中介服务发展的基础与保障。目前我国大多数科技中介机构的法律定位、经济贡献、管理体制、运行机制等还未明确。在行业管理方面，除评估、咨询、技术市场等领域在少数地区有特定的行业管理措施以外，其他科技中介服务领域欠缺相关的制度管理体系。三是缺乏复合型专业人才。科技中介机构需要的是掌握多学科领域专业知识、具备综合能力与高素质的复合型人才，特别是对科技成果具有鉴别力的人才，这是当前我国科技中介机构最为匮乏的资源之一。四是科技中介自身质量良莠不齐。目前，我国科技中介服务发展不平衡，在行业标准、服务规范和自身素质提高等方面需要进一步优化。很多机构自身经营水平不高，服务投入产出效率低（罗海波，2021）。

6）扭转长期失衡目标导向的激励机制建设不足

尽管气象科研管理中也设立了相关的奖励措施，但在制定激励措施的过程中主要强调论文、课题、论著、获奖，科技成果转化奖、应用奖、推广奖的实施起步较晚，长期以来形成了"轻技术、重学术，轻实际应用、重理论研究"的导向，致使科研人员热衷于立项、报奖、撰写论文和专著，而忽视科技成果的应用和推广，淡化了对科技成果的转化，导致科研开发和应用同市场、社会严重脱节。

7）未建立完善的科技成果转化评估体系

科技成果转化评估决定所评估成果能否被转化，对成果转化产生重要的引导作用，与成果研究、转化的主体利益密不可分，因此，科技成果转化评估是激励机制的关键环节。气象科研项目来源很多，从基础研究到应用研究、从理论研究到业务技术开发、从原创性研究到成果转化应用、从国家级项目到自立项目。目前我国没有形成完善的科技成果转化评估体系，对于不同的项目没有建立系统区别化的考核评价机制，对于科研成果的验收没有与其基本研究目标相符。重视前期的评估而忽视后期的评估，缺乏具体可行、简单的操作方法。气象行业的考评办法侧重于量化考核，存在重数量、轻质量的现象，不能客观地反映科研成果本身的质量和研究者的水平。考评体系存在的问题，使得以其为基础的激励机制很难发挥应有的作用。另外，气象科技管理涉及从研究开发到试验转化再到业务应用多个环节，目前科研和业务人员的分工、职责及考核、激励机制还没有完全建立，这严重制约了各类人员从事科研成果转化和长期跟踪与改进科研成果的积极性。

2. 如何加快推动公共气象科技成果转化

造成科技成果转化难的因素是多方面的，破解难题的途径和方法无疑也是多方面的，从不同的角度可以归纳出不同的原因和对策，下面主要从管理与激励机制两方面进行探讨，寻找一些促使科技成果转化的对策（阿旺旺堆等，2010）。

1) 建立有利于技术开发与成果转化的管理体制机制

目前，管理部门大部分时间耗费于日常事务性管理，而对于宏观的具有战略意义的问题没有时间深入思考。因此，管理部门当务之急是从具体的事务性管理中解脱出来，把工作重点放在基础环境建设上，改进和完善科研管理制度。开展新时期气象科研组织管理工作，必须在观念和方法等方面进行创新，建立有利于科研开发与成果转化的管理体制。

对于能应用市场机制的方面，要充分发挥市场机制的作用，不能运用市场机制的方面，则要正确发挥管理的宏观调控作用。构建多元化的财政科技资金投入方式，通过与创投、信贷、保险的组合配套，让市场去筛选项目、评价技术、转化成果。支持企业建立研究开发准备金制度、科技企业孵化器创业投资及信贷风险补偿、创新产品与服务远期约定政府购买等政策，使市场在配置资源中的决定作用更加突出。

统筹规划，突出重点，加强对技术开发与成果转化方向和重点的引导和支持。实现气象科技业务管理全过程的"痕迹"管理和信息公开，建立项目决策、执行、评价相对分离、相互监督的权力制衡机制，最大限度压缩权力寻租空间。使每项重大科技专项和科技专题计划项目的评审立项无不立足于企业和产业需求，立足于未来发展新优势的确立。

2) 加强产学研合作

随着科学技术的迅猛发展，学科领域内部深层次的研究，学科间的渗透、集成与交叉，边缘学科的兴起等均需要多个研究部门甚至不同行业的通力合作。首先是健全科研人员与业务人员的交流机制。为了奠定科研与业务人员结合的基础，在组织申报和应用基础性科研项目时，要着力增强项目组中科研和业务人员的合作力度，科学确定科研和业务人员的参与比例，通过项目引导，按照资源共享，优势互补，成果共有的原则，激励科研与业务人员更加深入合作交流，实现科研与业务的双向主动对接。其次是进一步推进产学研合作，促进产学研一体化与科技成果转化的互动效应。科技创新和成果转化需要通过更专业化的分工协作来进行，要通过深化改革现行的气象科技管理体制，及时把有关产学研一体化的工作纳入科技计划管理工作，将产学研成果创新与转化的管理纳入科技管理体系。鼓励高校、科研院所按照企业"订单"来确定科研课题，从人才、信息、机构、中介等方面为产学研合作创造条件。引导高校、科研院所和企业以资产为纽带，组成共同参股或相互持股的经济实体，建立多种中试基地，发挥其在气象科技成果转化中的孵化、示范和推广作用。

3）注重项目全程监督和控制

公共部门人力资源需要能够培养公共部门中高层员工的领导能力；全方位培养员工的认知、思维方法，拓展其价值和理想、信念；培养员工学习知识、分析问题、解决问题的能力；提升员工积极竞争、进取的意识，同时激发员工在组织中合作的精神；提高员工的生活水平和质量，培育健全的人格；让员工学会规划自我职业生涯发展的计划，促进个人的发展和价值的实现等。

4）验收结题管理引入科技成果评价机制

强化以气象科技供给为核心的考核验收机制，使成果转化成为气象现代化建设的"有源之水"，是创新驱动的意义所在。验收结题管理制度的建立要积极引入科技成果评价机制，可相对弱化鉴定制度，针对科技项目结题验收建立统一、规范的评价机制，通过制定合理的评价指标和内容，依靠专家讨论，提供具有足够"效力"的验收报告，具体内容可包括科研课题可行性和科学性、合同中各项任务指标完成情况、科研项目结题鉴定、业务应用效果及获奖情况、发表论文数量和质量等。对其研究水平进行科学评价，对成果进行科技评估，应从重视科研论文数量向重视业务化转变，高度重视科研成果的转化和业务化能力，对于没有达到业务化要求的课题不予验收，形成"评价—立项—研究—评价—转化推广—评价"的良性循环。

5）加强科技成果的推广力度

为进一步加强科技成果的推广力度，科研管理部门要积极搭建科研成果转化的桥梁，大力挖掘科研与业务需求的对接点。例如，针对承担单位及研究人员的科研任务完成情况建立科研信息数据库，完善成果登记制度，建立科技人员信誉档案；不定期组织成果推介会、座谈会，由各科研项目组向业务单位介绍项目进度，帮助项目组根据业务人员反馈意见及时调整研究方向，并且由各成果持有人或单位向相关单位介绍最新科研成果的内容及对提升业务技术的作用和意义，帮助成果持有人或单位积极寻找转化的途径等。省（区）局自主科研立项要以科技成果推广和转化为主导，通过科研项目立项和科技工作奖励加强对成果转化项目的引导，加大业务技术应用和成果转化工作的奖励和激励力度，使科研成果转化工作更加充满活力。

6）通过激励机制建设激发气象科技人员的内在动力

科技成果转化是从科技成果形成到转化为现实生产力的过程，它涉及科研院所、企业、政府和社会中介机构，而且还受到国家宏观政策、金融环境及社会科技意识等多方面因素的影响，是一个复杂的系统工程。在系统运行过程中，促进科技成果转化的机制有很多，其中有效的激励是促进科技成果转化的必需路径，它不仅能充分激发各主体要素的内在潜力，而且还能对其内部各组成部分进行优化组合。应根据气象部门的实际情况，建立和完善合理的科研激励机制，真正激发气象科研工作者的内在动力，显著提高研究成果的完成率、课题立项产出率以及气象科技成果的转化率。

（1）全方位气象科研管理激励机制建设。

第一，人才激励。科研成果的转化过程实际上是科研人员的潜能不断挖掘、创造力不断发挥的过程，在该过程中起决定性作用的科研人员是关键要素。如果没有完善的激励机制，就不能调动科研人员的积极性和创造性，那么科技成果转化也就成为空谈。因此，气象科研管理中组织引导、管理条例和管理方法的实施要贯彻主体性原则，要尊重人才，尊重人才成长规律，为科研人员的成才创造机会和条件，为科研人员提供更宽松的科研环境和更优越的实验条件，建立严格且合理的人事制度和职称考评制度，并适当增加科研指标的分值等。要充分发挥专家在科研管理中的作用，承认和肯定科研人员的价值，创造新的用人制度，树立科学的人才观，实现人才资源的优化配置。

第二，目标激励。目标激励也称动机激励。目标意味着努力的方向和奋斗的理想，有了目标才能够激发人们的行为，最终达到实现目标的目的。在科研管理中，应该提供适宜的目标诱因，使科研人员能够选择更符合自身需要并更具有成功可能性的目标。

第三，利益分配激励。利益分配是调动科技人员积极性的核心问题，保证科研人员的合法利益能够充分调动其从事研究、开发、应用、转化等工作的积极性。2021年8月13日，《国务院办公厅关于改革完善中央财政科研经费管理的若干意见》中明确要求"加大科技成果转化激励力度""对职务科技成果完成人和为科技成果转化作出重要贡献的人员给予奖励和报酬"，体现了关键贡献者优先原则，将激发广大科技人员和转化人员的积极性。气象部门可按照国家和当地政府的政策，结合本行业实际情况，制定各种开放、优惠政策，建立劳动、知识、资本、技术等生产要素按贡献参与分配的机制。制定成果转化的利益分配办法，尽量提高科研人员及科技成果转化参与者的利益分配比例，把科技成果转化的效益与科研人员及科研管理人员的工资、奖金、福利等挂钩。科技人员的课题结余经费可作为他们创办科技型企业、投资其他科技成果转化公司的资金等，扩大自主支配的权限，通过经济杠杆的调节，激励科研人员积极从事科学研究和成果转化，最大化地追求科研效益。

第四，服务激励。科研工作是探索性的工作，科研成果既是物质的，也是精神的。由于科研管理的客体和内容存在着时间、空间上的不确定性，因此，科研管理并不是纯粹的行政管理，也不等同于生产经营管理，它具有特殊的管理要素。在这种意义上单纯地靠行政或规章制度来实行管理，并不是明智的选择，而完善的服务能够激发科研人员的科研热情和积极性。因此，在科研管理中，管理者必须尊重科技人员的人格和尊严，信任并尊重他们的意见，要为他们的工作排忧解难，激发工作积极性。

（2）激励机制建设注意事项。

第一，要建立科学的考核体系。激励机制必须建立在科学的评价指标体系之上，建立在合理考核、公平竞争的基础之上，要坚持实事求是、公平合理的原则，合理地协调各方面的利益关系。一套科学有效的激励机制不是孤立的，应当与单位的一系列相关体制相配合才能发挥作用。构建评价指标体系应充分考虑到各单位、人员的不同情况，合理确定各级指标和对应权重，使评价尽可能科学和易于操作。

第二，要处理好质与量、量与度的关系。回归科研本身的价值，正确处理质与量的关系，重视量的同时更应强调质，在质的基础上追求量，建立以质为主兼顾量的合理科研评价制度。同时要处理好激励机制中量与度的关系，激励机制中量与度的关系不是固定不变的，相反，应根据时间、条件等因素的变化予以调整，否则激励会产生负面效应。

第三，要依法建立激励机制。完善知识产权管理制度，规范知识产权的经营和管理活动，实行知识产权研究阶段、产权阶段、转化阶段的系统管理，对科技人员的成果进行跟踪与评价，及时采用适当的方式进行知识产权保护。基于知识产权法律法规建立激励机制，重视物质奖励与精神奖励的有机结合，及时对科研成果进行宣传报道，提高科研人员的影响度和荣誉感。

总之，科技成果转化的过程实质上是技术扩散的过程，也是科技成果商品化、产业化的过程，有其自身的特点。科技成果转化难以一蹴而就，要通过政府、科研人员、社会长期努力。建立起有利于科技成果转化的体制和运行机制，是搞好科技成果转化的客观条件，有效发挥科技成果转化系统中各相关要素的协调作用，遵循成果转化的客观规律，才能产生最佳的效果。

复 习 题

1. 什么是公共气象科技管理?
2. 如何推进公共气象科技创新?

3. 谈谈你对"气象科技软实力"建设的认识。

4. 如何加强公共气象前科技成果阶段管理?

5. 如何推动公共气象科技成果转化?

主要参考文献

阿旺旺堆, 阎昌生, 王晓军, 等. 2010. 气象科技成果转化的管理和激励机制研究: 以西藏气象局为例. 科技情报开发与经济, 20(14): 158-161.

陈正洪. 2013. 战略机遇期下的气象科技管理与创新. 陕西气象, (1): 43-46.

陈正洪, 杨桂芳. 2013. 气象科技管理探索与政策建议. 科技管理研究, 33(16): 15-18.

罗海波. 2021. 我国科技中介体系亟待完善. http://www.sy93.gov.cn/zx/czyz/sqmy/202301/t20230112_4369320.html[2022-10-22].

申丹娜, 李研. 2018. 我国气象系统科技创新能力区域差异分析. 工程研究-跨学科视野中的工程, 10(1): 81-90.

王海燕, 郑秀梅. 2017. 创新驱动发展的理论基础、内涵与评价. 中国软科学, (1): 41-49.

吴芸. 2014. 政府科技投入对科技创新的影响研究: 基于40个国家1982—2010年面板数据的实证检验. 科学学与科学技术管理, (35): 16-22.

易燕明, 范旭, 刘伟, 等. 2009. 我国气象前科技成果阶段管理实施的现状、问题及对策. 科技管理研究, 29(3): 270-273.

张来武. 2011. 科技创新驱动经济发展方式转变. 中国软科学, (12): 1-5.

第9章 气象灾害应急管理

导入案例

为深入贯彻习近平总书记关于防灾减灾重要指示精神和党中央、国务院决策部署，强化气象预警和应急响应联动，切实提升暴雨、台风、强对流等气象灾害防范应对能力，应急管理部与中国气象局日前联合印发《关于强化气象预警和应急响应联动工作的意见》（以下简称《意见》）。

《意见》明确，要强化气象预警与应急响应信息横向互通。各级应急管理部门和气象部门健全气象预报预警信息共享机制，各级气象部门通过国家突发事件预警信息发布平台发布气象预警信息，应急管理部通过应急管理大数据应用平台接收中国气象局推送的各级气象部门发布的气象预警信息，地方各级应急管理部门通过省级应急管理综合应用平台获取气象预警信息，实现暴雨、台风、强对流天气等气象预报预警信息的实时共享。要强化气象红色预警县域防范应对指导。收到气象预警信息后，地市级以上应急管理部门及时指导相关县级防汛抗旱指挥机构启动或调整应急响应，并督促落细落实防范应对工作措施；对于已发布气象红色预警信息但未启动应急响应的县级防汛抗旱指挥机构，地市级以上应急管理部门要及时提醒督导其启动相应的应急响应。

《意见》规定，要强化气象预警与应急响应联动机制。各级应急管理部门在组织修订防汛抗旱应急预案时，要把气象预警纳入应急响应启动条件；收到气象预警信息后，应急管理部门组织灾害风险综合会商研判，及时报请本级防汛抗旱指挥机构依据预案启动应急响应；收到气象红色预警信息后，应急管理部门第一时间报请本级党委政府和防汛抗旱指挥机构进一步组织研判，提出"关、停"等强制措施实施意见，依据预案和会商意见果断执行。要强化直达基层责任人的气象红色预警"叫应"机制。地方各级气象部门发布暴雨、台风、强对流天气等气象红色预警信息，第一时间电话报告本级防汛抗旱指挥机构负责人，并通知同级应急管理部门主要负责人或分管负责人；县级气象部门发布暴雨、台风、强对流天气等气象红色预警信息时，通过与当地应急管理部门提前商定的渠道提醒预警覆盖的乡镇（街道）党政主要负责人、村（社区）防汛责任人。《意见》要求，要强化气象预警和应急响应信息社会发布机制。各级气象部门、应急管理部门要充分利用广播、电视、短信、报刊、网络、社交媒体、公共显示屏和国家突发事件预警信息发布平台、应急广播系统、智能外呼系统等渠道向社会广泛发布气象预警和应急响应信息；县级应急管理部门还应督促指导乡镇（街道）、村（社区）采取大喇叭、铜锣、口哨、手摇报警器、敲门通知等手段发布预警信息，协助乡镇人民政府指导行政村（社区）落实当地村（居）民特别是独居老人、病残人士和留守儿童的转移责任措施。要强化气象预警和应急响应科学性。各级气象部门进一步完善递进式气象灾害预警服务机制，优化预警信息发布规则；各级气象部门会同应急管理等部门，充分应用自然灾害综合风险普查成果，不断优化完善基于致灾阈值的气象预警服务；重特大灾害发生后，应急管理部门会同气象部门组织开展气象预警和应急响应实施效果评估，进一步完善气象预警与应急响应启动条件的衔接机制。

资料来源：应急管理部与中国气象局联合印发强化气象预警和应急响应联动工作的意见. https://www.mem.gov.cn/xw/yjglbgzdt/202206/t20220620_416162.shtml [2022-09-05]

9.1　气象灾害的内涵、分类及特征

9.1.1　气象灾害的内涵

在法律层面上，《气象灾害防御条例》（国务院令第 570 号）对气象灾害有明确定义："本条例所称气象灾害，是指台风、暴雨（雪）、寒潮、大风（沙尘暴）、低温、高温、干旱、雷电、冰雹、霜冻和大雾等所造成的灾害。"此定义作为操作层面上的定义，直接将气象灾害确定为上述 11 种。在学术层面上，一般而言，灾害系统可以界定为由孕灾环境、承灾体、致灾因子三大子系统共同组成。其中，孕灾环境是由大气圈、岩石圈、水圈、物质文化（人类-技术）圈组成的综合地球表层环境；致灾因子是指可能造成财产损失、人员伤亡、资源与环境破坏、社会系统混乱等孕灾环境中的异变因子；承灾体则是指包括人类本身在内的物质文化环境，主要有农田、森林、草场、道路、居民点、城镇、工厂等人类活动的财富集聚体（史培军，1991）。气象灾害具有一般灾害的特征。据统计，气象灾害造成的损失占整个自然灾害损失的 70%以上（郑治斌，2018）。故此，可将气象灾害界定为由于天气或气候原因导致的，对人的生命财产、社会经济等造成直接或间接损害的事件或现象。

根据气象学的定义，气象灾害可以分为天气灾害和气候灾害。天气灾害是指在一次天气过程中异常天气造成的灾害，即短时间、局地性的灾害，如台风、暴雨、寒潮等。气候灾害则是指在一个较长时间内气象要素的变化给所造成的灾害，即大范围、长时间、持续性的灾害，如旱灾等。

气象灾害既具有自然属性，也包含有社会属性。一方面，气象灾害的产生离不开各类极端气象要素；另一方面，完全脱离了人类社会的极端气象要素也无法导致气象灾害，如南极的极端低温或大风由于离开了人类社会，也无法称为气象灾害。

气象灾害自然属性在致灾因子方面表现为极端的气象要素,在孕灾环境方面表现为特定的自然的地质地理环境,在承灾体方面表现为特定的地区环境与地理地貌。气象灾害社会属性在致灾因子方面表现为人为破坏和不科学的社会经济活动对气象灾害的激发,在孕灾环境方面表现为防灾工程和环境治理对气象灾害的抑制和消减,在承灾体方面表现为人类及社会经济系统受到冲击。

9.1.2 气象灾害的分类

1. 按照影响面的大小划分

按照影响面的大小划分,气象灾害可以分为公共性气象灾害、行业性气象灾害、高影响天气灾害 3 类。

公共性气象灾害是指对一定区域范围内不特定社会公众造成影响的天气事件。一旦此类气象灾害发生,则对整个影响范围内所有的人和组织机构都会造成影响,如台风、暴雨等。

行业性气象灾害是指对特定行业造成严重影响的天气现象与事件。例如,水稻扬花期出现长时间多雨天气会导致水稻减产等。行业性气象灾害具有很强的行业指向性,一般不会对公众造成太大影响,但对特定领域、特定范围、特定行业会产生特殊影响。

高影响天气灾害是指对社会、经济和环境产生重大影响的天气现象与事件。高影响天气灾害中,气象要素本身并无特别异常之处,但是其在特定的时间与特定的基础条件、预防手段、应对措施等相耦合,能够对社会造成特别严重的不利影响。例如,2001 年 12 月 7 日的北京小雪造成的北京全城大堵塞。

2. 按照形成过程划分

按照形成过程划分,气象灾害可以分为突发型气象灾害和缓发型气象灾害。

突发型气象灾害是指极端气象要素达到一定强度后在很短时间内迅速发展所形成的气象灾害。例如,2016 年"6·23"盐城龙卷风事件,共造成 98 人死亡,800余人受伤[1]。

缓发型气象灾害是指致灾因子经过长时间的积累后危害性逐渐增强而导致的气象灾害。例如,据财新网报道,2008 年南方雨雪冻灾导致 129 人死亡,农作物受灾面积 1.78 亿亩,直接经济损失超过 1516 亿元人民币[2];2010 年西南地区特大旱导致受灾面积达到 9716 万亩,1939 万人因旱饮水困难[3]。

---

[1] 盐城龙卷风灾害 24 小时: 98 人已遇难 救援全力展开. https://www.chinanews.com.cn/sh/2016/06-24/7916321.shtml [2023-07-31].

[2] 2008 中国南方雪灾. https://special.caixin.com/event_0110/[2023-07-31].

[3] 在历史罕见大旱考验面前——中央有关部门抗击西南地区特大干旱纪实. https://www.gov.cn/jrzg/2010-04/02/content_1571740.htm[2023-07-31].

3. 按照因果关系划分

按照因果关系划分，气象灾害可以分为气象原生灾害、气象次生灾害和气象衍生灾害。

气象原生灾害是指在气象灾害事件链中，最早发生作用的灾害，即极端气象要素直接造成承灾体的破坏与伤亡的灾害，如暴雨、暴雪、台风等。

气象次生灾害则是指由气象原生灾害所诱导出来的灾害，如暴雨导致的城市内涝、台风导致的建筑物垮塌等。气象次生灾害具有种类多、范围广、突发性强、危害性大等特点。

气象衍生灾害是指在应对气象原生灾害和气象次生灾害过程中，破坏了原有的人类生存的和谐条件而导致的社会生产、经济活动的停顿而形成的灾害，如卡特里娜飓风后新奥尔良市出现了一系列犯罪事件。

4. 按照特征、致灾因子和天气现象来划分

根据气象灾害的特征、致灾因子和天气现象，气象灾害可以分为7类20种（郭进修和李泽椿，2005）。

洪涝类气象灾害，包括暴雨与大雨，是指因长时间降水过多或区域性持续性大雨、暴雨以上强度降水，以及局地短时强降水引起的江河洪水泛滥，冲毁堤坝、房屋、道路、桥梁，淹没农田、城镇等，引发地质灾害，造成人员伤亡与财产损失的一类灾害。

干旱类气象灾害，即因某地一段时间内少雨或无雨，降水量较常年同期明显偏少而致灾的一种气象灾害，主要有干旱、干热风、热浪等。

台风灾害。热带气旋是生成于热带或副热带洋面上，具有有组织的对流和确定的气旋性环流的非锋面性涡旋的统称。热带气旋，尤其是达到台风强度的热带气旋，具有非常强的破坏力。

冷冻害，即来自极地的强冷空气及寒潮侵入造成的连续多日气温下降，使作物因环境温度过低而受到损伤以致减产的气象灾害。

强对流天气灾害，即雷暴、冰雹、龙卷风、雷雨大风和飑线等剧烈的天气现象。

连阴雨天气灾害。一般连阴雨是连续≥6天阴雨且无日照，其中任意4天白天雨量≥0.1毫米；严重连阴雨是连续≥10天阴雨且无日照，其中任意7天白天雨量≥0.1毫米。

其他类气象灾害，即沙尘暴、浓雾、静风等类型的气象灾害。

9.1.3　气象灾害的特征

近几十年来由于受全球气候变化的影响，我国气象灾害时空分布、损失程度和影响广度都出现了新变化，气象灾害主要有如下5个方面的特征。

1. 灾害种类多

发生在我国的气象灾害涵盖了所有的气象灾害种类，既有直接造成巨大损失的暴雨（雪）、台风、大风、干旱、高温、雷电、冰雹、霜冻、霾、低温等原生灾害，也有由原生灾害所诱导出来的次生灾害，如山体滑坡、泥石流、森林火灾、城市内涝等；同时还有原生灾害所衍生出来的生态灾害等衍生灾害。

2. 时空分布广

时间上，我国一年四季都可能出现气象灾害；空间上，无论高原、平原、海岛，还是江河湖海，处处都可能发生气象灾害。我国每年有 70% 以上的国土、50% 以上的人口以及 80% 的工农业生产地区和城市都会受到不同程度的气象灾害的冲击和影响（张钛仁等，2014）。

3. 发生频率高

我国每年平均有 14 种气象灾害发生，洪涝、干旱、台风以及强降水引发的泥石流、山体滑坡等灾害的发生频率非常高。据统计，我国年均发生干旱灾害 7.5 次，洪涝灾害 5.9 次，台风灾害 8 次，冻害 2.9 次，干热风 1.5 次（张钛仁等，2014）。

4. 灾害风险大

根据联合国政府间气候变化专门委员会（IPCC）的《管理极端事件和灾害风险推进气候变化适应特别报告》（Managing the Risks of Extreme Events and Disasters to Advance Climate Change Adaptation，SREX），自 20 世纪 80 年代以来，每年气象灾害造成的经济损失和人员死亡极为庞大。气象灾害的社会连锁反应非常突出，气象灾害能够对交通、安全、生命财产造成巨大的影响。随着社会的发展，人口更加集中，气象灾害高风险地区被不断开发利用，使得气象灾害的"灾害链"十分明显。

5. 灾害损失严重

气象灾害的影响范围广，造成的损失往往极其庞大。以 2013 年台风"海燕"为例，据菲律宾国家减灾委员会的报告，"海燕"共对菲律宾 44 个省的 16078181 人造成了影响，其中 6300 人死亡、1062 人失踪、28688 人受伤，经济损失 1813.25 亿菲律宾比索。在我国，据《中国统计年鉴》的数据，2010～2013 年我国因气象灾害造成受灾人口达到 15.4 亿人次，死亡 11369 人，直接经济损失达 1.84 万亿元人民币（张钛仁等，2014）。

9.2　气象灾害应急管理概述

中国气象局原局长秦大河（2004）院士指出，"我国每年因气象灾害导致的经济损失约占整个自然灾害造成损失的 70%""气象灾害作为自然灾害的主要灾种之一，已成为制约我国社会经济发展的重要因素"。因此，构建气象灾害应急管理体系，积极应对气象灾害是极其重要的任务。

9.2.1　气象灾害应急管理的定义

气象灾害应急管理作为一个偏正结构的短语，其由两个重要词语构成：气象灾害和应急管理。对于应急管理，美国国土安全部将其定义为协调、整合所有对于建立、维持与提高一系列能力来说很有必要的所有活动；美国联邦应急管理署则将应急管理定义为：有组织地分析、规划、决策和分配可利用的资源以针对所有的风险灾难完成缓解、准备、响应和恢复功能；林德尔认为应急管理就是应用科学、技术、规划与管理，应对能够造成大量人员伤亡、带来严重财产损失、扰乱社会生活秩序的极端事件（杨月巧，2020）。通常而言，应急管理是在应对突发事件的过程中，为了降低突发事件的危害，达到优化决策的目的，基于突发事件的原因、过程及后果进行分析，有效集成社会各方面的相关资源，对突发事件进行有效预警、控制和处理的过程。故此，气象灾害应急管理，是指政府公共部门为降低气象灾害的危害，有针对性地计划、组织和协调应急资源对气象灾害进行预警预测、应急处置和善后恢复，从而降低或减少气象灾害带来的损失的所有活动。

气象灾害应急管理的概念可以从如下方面来理解。

（1）气象灾害应急管理是一个涵盖事前、事中、事后的全过程的管理活动，既包括气象灾害的事前预警预测，也包括气象灾害过程中的应急决策指挥和应急响应，还包括气象灾害结束后的善后恢复。

（2）气象灾害应急管理的是一项目的性极强的管理活动。气象灾害应急管理具有明确的管理对象，即气象灾害及其次生事件、衍生事件；气象灾害应急管理目标十分明确：在气象灾害发生发展的各个环节上尽可能实施有效管理，尽可能降低甚至消除气象灾害造成的人员及财产损失。

（3）气象灾害应急管理是一项融合了常态和非常态特性的管理活动。气象灾害应急管理既具有常态下管理的特征，又包含在平时状态下的需要进行日常的例行管理活动，如预案编制与更新管理、应急演练、应急管理工作机制建设、组织体系建设等；在气象灾害紧急下，则需要进行应急处置与响应。

9.2.2　气象灾害应急管理的内容

狭义的应急管理主要集中于事中的管理，即应急处置和响应广义的应急管理则包含事前的预警预测、事中的应急处置和响应、事后的善后恢复。气象灾害应急管理的内容主要包括应急预案管理、应急决策、预警管理、舆情管理、应急响应、灾后评估、媒体管理等。

1. 气象灾害应急预案管理

气象灾害应急预案,是指各级气象部门、人民政府及其部门、企事业单位、社会团体等为依法、迅速、科学、有序应对气象灾害,最大程度减少气象灾害及其造成的损害而预先制定的工作方案,是在辨识和评估气象灾害造成的潜在危险、演化过程、灾难后果及影响严重程度的基础上,对应急机构的职责、人员、技术、装备、设施、物资、救援行动及指挥与协调等方面预先做出的具体安排。

气象灾害应急预案管理则是气象灾害的应对责任单位通过对气象灾害信息的分析,预测气象灾害的发展趋势,识别潜在威胁,并制定相应的预备性处置方案,一旦预测的情况发生,就按照预订的方案行动,同时根据具体的事态发展及时调整行动方案,以控制事态的发展,将可能发生的损失降低至最低,维护整体利益和长远利益。

根据《国务院办公厅关于印发突发事件应急预案管理办法的通知》(国办发〔2013〕101 号),气象灾害应急预案管理包括预案编制、应急演练、预案评估与修订、培训和宣传教育、组织保障等具体内容。

2. 气象灾害应急决策

应急决策是高度集权的决策主体在突发事件的情境下,受到有限的时间、信息和资源等约束压力,以控制和平息危机为目标,紧急调动可支配资源,通过非常规、非程序化手段所做的一次性快速决断(桂维民,2007)。应急决策与常规决策在决策约束条件、决策目标、决策模式、决策机构、决策效果 5 个方面存在巨大的差异,即在应急决策约束条件方面面临时间紧迫、信息不对称、人力资源短缺和技术支持匮乏等限制;在决策目标方面存在决策目标处在博弈变化中,同时强调快捷、灵活和有效的特点;在决策模式方面,应急决策是一次性的非程序化的例外决策;在决策机构方面强调决策机构高度集权;在决策效果方面,决策效果是难以把握的。应急决策具有非程序性、权变性、博弈性、合法性、高成本性的特点。

气象灾害应急决策,是在气象灾害已经爆发或者即将爆发的情况下做出,是一种在巨大的压力环境和有限的约束条件下完成的特殊决策过程。发生气象灾害时,为尽快控制灾害损失,只能在时间紧迫、信息有限、资源不足、无经验可循和不确定性大等应急状态下进行的非程序化、非常规的决策。尽管如此,应急决策仍然要努力做到:尽可能多地掌握决策对象的有关资料、听取不同意见、实事求是、只做属于自己职责范围内的决策。

气象灾害应急决策既包括气象灾害来临前的预警预测阶段的应急决策,即通过对灾害性天气进行会商研判,发出预警信号,随时准备启动响应的应急预案;也包括气象灾害应急响应过程中的应急决策,即根据应急响应的信息、资源的实时变化做出新的决策;还包括气象灾害过后的恢复与重建的决策。

3. 气象灾害预警管理

气象灾害预警管理是气象部门根据有关过去和现在的气象数据、情报和资料，运用逻辑推理和科学预测的方法技术，对气象灾害出现的约束条件、未来发展趋势和演变规律等做出科学的估计和推断，发出气象灾害预警信息，使公众提前了解事件发展的状态，以便及时采取相应策略，防止或消除不利后果的活动（左雄，2011）。

气象灾害预警管理的关键是制定相应的气象灾害分级分类标准，一旦捕捉到气象灾害的关键征兆信息即可根据既定的标准进行分析研判，同时，还应做到信息高度共享，从而提高对信息的分析、管理和传递的科学性和效率。

气象灾害预警管理是气象灾害应急管理首当其冲的第一个环节，气象灾害预警管理应遵循如下原则：①快速性，即气象灾害应急管理相关部门能够及时准确捕捉气象灾害征兆，果断决策，及时向潜在承灾者发出预警信息；②准确性，气象灾害预警信息来源广泛，内容复杂多变，预警判断的准确性关系到气象灾害应急管理的成败，要通过科学完善的预警程序和预警机制提升预警的准确性；③公开性，预警管理需客观、如实地向公众发布；④全方位性，气象灾害预警管理应该尽可能实现不同层级、不同部门的信息整合，详尽考虑气象灾害的各影响因素并分析其内在科学规律。

4. 气象灾害舆情管理

舆情是在一定的社会空间内，围绕中介性社会事项的发生和发展变化，公众对国家管理者产生和持有的社会政治态度（王来华，2004），故而，气象灾害舆情则是由于气象灾害的刺激而产生的并传播的"人们对于该事件的所有认知、态度、情感和行为倾向的集合"（曾润喜和徐晓林，2009）。气象灾害舆情管理是指政府相关部门通过各种手段对气象灾害舆情信息主动地进行监测、汇集、分析、控制与引导，以维护政府形象，引导公众正确应对气象灾害。

气象灾害舆情信息具有快捷性、时序性、空间性、大数据性、社会性五大特征；从发展阶段上看，可以分为散播阶段、集聚阶段、热议阶段和流行阶段。实施气象灾害舆情管理，建立社会舆情汇集和分析机制，能够畅通社情民意，帮助政府查找气象灾害应急管理的疏漏，及时纠正气象灾害应急响应过程中的失当行为，维护政府的形象，提升政府的公信力。

气象灾害舆情管理包括气象灾害舆情采集、舆情信息分析、舆情信息展示和舆情预警与引导共4个环节。其中，气象灾害舆情采集环节是应用数据挖掘技术对各大网站、论坛、微博、新闻留言等网络媒介进行数据爬取，采集气象灾害舆情的原始信息；舆情信息分析是指对采集到的原始信息经过筛选和甄别后整理成可供分析的数据，并通过计算机系统辅之以决策信息系统和专家判断，得到气象灾害舆情分析报告；舆情信息展示是指借助可视化技术，将气象灾害事件的空间位置、舆情关注热度、舆情关注焦点等相关信息进行图形化展示，以获得最直观的感受；舆情预警与引导是指根据舆情信息展示的结果判断舆情发展的趋势，发出舆情预警信号，通过有针对性地设置舆情话题对舆情实施引导。

实施气象灾害舆情管理，首先，应该加强网上舆情监测，加强舆情预警研判，及时披露信息，向公众说明真相，发布新闻通稿，防止谣言传播；其次，注重舆情节点管控，强化对网站源头的控制，积极争取上级部门的支持，积极与网民互动；最后，做到"五个坚持"，即坚持信息公开，坚持舆论法治化，坚持责任政府意识，坚持科学管理意识，坚持快速反应意识。

5. 气象灾害应急响应

气象灾害应急响应是指在气象灾害发生时，以政府为核心，迅速启动相关应急预案，依托气象、民政、国土等部门的技术支持，调动所需要的人力、物力资源，根据灾情发生、发展状况，适时调整应急预案内容，果断决策，科学决策，采取一切必要的紧急行动，有效地预防、消除、控制、减少灾害发生可能造成的损失，同时对已经造成的损失进行及时有效的处置（左雄，2011）。

气象灾害响应阶段是气象灾害应急管理过程的核心和关键环节。对气象灾害的所有预测、预警是否准确，决策措施是否适当，都将在应急响应中得到检验；应急预案的各项对策措施都将在应急响应中得到贯彻。

气象灾害应急响应应该遵循的原则如下：①及时性，即及时做出决策、及时启动预案、及时调用资源、及时组织救援；②效率性，即在应急响应中能够高效率地协调人财物等应急资源，提升应急响应的效果；③协同性，即能够协调好多部门、多组织的人员，形成一个有机的应急整体；④依法性，即依法应急；⑤安全性，"人的生命是最可宝贵的"，在应急响应中，既要积极救援，也要保证应急响应人员的安全；⑥科学性，尊重科学，在尽可能了解气象灾害内在规律的基础上开展应急响应活动，切忌盲目行动。

气象灾害应急响应的流程主要包括：响应启动；灾害信息获取；灾情分析辨识；应急指挥决策；决策实施；信息发布；效果评估与反馈。各环节的目标、任务和工作方法相互联系又相互独立，形成一个不断调整的应急响应循环系统。

6. 气象灾害评估

气象灾害评估是政府及有关部门对已经发生或潜在发生的气象灾害造成的人员伤亡、财产损失、社会损失以及政府应急处置手段及方法等进行统计和评价。气象灾害评估包括气象灾害的灾前评估、灾中跟踪评估、灾后评估。

灾前评估是根据灾害天气预报的结果，运用科学分析方法定量或定性评估某一地区气象灾害发生的强度、范围及可能造成的灾害损失。灾中跟踪评估是跟踪灾害的发展进程，实时评估气象灾害的灾情及应急响应的效果。灾后评估是气象灾害应急响应结束后，对气象灾害所造成的各项损失进行评估，为灾后重建提供依据。

气象灾害评估的主体根据评估的内容不同而有所差异。在灾前评估中，气象部门是主要的评估主体，根据具体的评估内容，评估主体还可以是应急管理部门、交通部门、卫生部门、水利部门、民政部门等。灾中跟踪评估主体主要依据不同政府部门的职能要求，有针对性地对相应的政府职能进行评估。灾后评估是最为系统的评估，通常由某一级政府来组织实施评估，评估的内容也非常丰富，包括损失评估、环境破坏评估、心理评估、应急绩效评估、重建规划评估等。

一般来说，气象灾害评估应该遵循如下原则：系统性原则，即用系统论来考察气象灾害及其造成的各种损失；准确性原则，即调查所收集的灾害的相关数据要准确、客观和可靠；客观性原则，即在评估过程中要持实事求是、公正的态度和方法处理灾害相关情况；量性结合原则，即要做到定性和定量相结合。

9.3　气象灾害应急管理体系

自 2003 年"严重急性呼吸综合征（SARS）事件"之后，我国围绕"一案三制"展开了应急管理体系。"一案"即应急预案；"三制"即体制、机制、法制。在此应急管理理念下，我国围绕"一案三制"建设了气象灾害应急管理体系

9.3.1　气象灾害应急预案体系

2009 年 12 月 11 日，国务院办公厅印发《国家气象灾害应急预案》，此后又印发实施《国务院办公厅关于印发突发事件应急预案管理办法的通知》（国办发〔2013〕101 号），以此为基础，我国逐渐建立了国家—省—市—县四级气象灾害应急预案体系。在预案层次方面，形成了"政府总体预案+政府专项预案+政府部门预案"的层次结构。在国家层面上，编制有国家总体预案——《国家突发公共事件总体应急预案》，同时编制有国家专项预案——《国家气象灾害应急预案》，中国气象局编制有部门预案——《中国气象局气象灾害应急预案》；相应地，在省、市、县三级地方政府也都编制有相应的总体预案、专项预案和部门预案。同时，在各企事业单位也编制有气象灾害应急预案，针对重大活动也编制相应的气象灾害应急预案。从而构成了我国完整的气象灾害应急预案体系（图 9-1）。

2010 年以来，全国 31 个省（自治区、直辖市）、市、县三级人民政府均分别制定出台了气象灾害政府专项应急预案，并结合本区域气象灾害特点制定了相应的气象灾害分灾种专项应急预案，形成了四级气象灾害专项预案体系。截至 2015 年，中国气象局共制定本级应急预案 5 件，各直属单位制定应急预案 71 件，各省（区、市）气象局制定应急预案 306 件，市县两级气象部门制定各类应急预案 6000 余件（许小峰，2015）。气象灾害应急预案着重体现气象灾害应急管理中的政府主导地位，明确

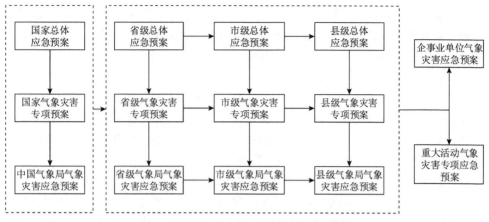

图 9-1 我国气象灾害应急预案体系结构图

地方政府在气象灾害应急管理中从预警到响应部门联动的职责任务。目前我国已基本形成符合气象特色的各类应急预案体系（卫敏丽和丁冰，2007）。

9.3.2 气象灾害应急管理体制

应急管理体制是指为保障公共安全，有效预防和应对突发事件，避免、减少和减缓突发事件造成的危害，消除其对社会产生的负面影响，而建立起来的以政府为核心，其他社会组织和公众共同参与的有机体系。应急管理体制可以理解为针对突发事件的政府机构设置、职能配置，以及与职能相应的事务管理制度及权力运行机制的总称。

《中华人民共和国突发事件应对法》第四条明确规定"国家建立统一领导、综合协调、分类管理、分级负责、属地管理为主的应急管理体制。"据此法条，我国气象灾害应急管理体制在《国家突发公共事件总体应急预案》《国家气象灾害应急预案》《中国气象局气象灾害应急预案》以及其他各级各类气象灾害应急预案中得到完整体现。

气象灾害应急管理体制运作应遵循如下 4 个基本原则。

（1）统一指挥原则。气象灾害的应急处置工作必须是在应急指挥机构统一指挥下完成。根据气象灾害应急预案的要求，气象灾害的各参与方均应在统一的应急指挥部的领导下，依照法律、行政法规和有关规范性文件的规定，展开各项应急处置工作。

（2）综合协调原则。气象灾害应急响应主体呈现出多元化特征，除气象部门外，更重要的是各级政府及其相关部门，同时还包括基层自治组织、各类企事业单位、非政府组织以及公民个人甚至国际援助力量。应急体制要想实现反应灵敏、运转高效的目标，必须充分重视综合协调能力建设，通过人力、物力、财力、技术、信息的综合协调，整合各方应急资源，最后形成各部门协同配合、社会参与的联动工作局面。

（3）分级负责原则。特定层级的气象灾害应急管理机构拥有特定的应急处置资源和人才技术储备，相应地只能负责特定级别的气象灾害事件的应急处置。必须通过科学的应急管理机构的能力评估，明确各级气象灾害应急管理机构的权力与责任。

（4）属地管理原则。属地管理为主，即强调气象灾害事件的发生地担负着快速响应、有效应对的责任，这是有效遏止气象灾害事件发生、发展的关键。必须明确地方政府是发现气象灾害事件苗头、预防发生、先行应急处置的第一责任人，赋予其统一实施应急处置的权力。属地管理并不排斥上级政府及其有关部门对其应对工作的指导，也不能免除发生地其他部门和单位的协同义务。

在组织体系方面，根据《国家气象灾害应急预案》，气象灾害应急管理实行"统一领导，分工协调"，不同的部门在气象灾害应急管理过程中承担不同的职责：发生跨省级行政区域大范围的气象灾害，并造成较大危害时，由国务院决定启动相应的国家应急指挥机制，统一领导和指挥气象灾害及其次生、衍生灾害的应急处置工作；发生地区性气象灾害的时候，则地方各级人民政府要先期启动相应的应急指挥机制或建立应急指挥机制，启动相应级别的应急响应，组织做好应对工作，如高温、沙尘暴、雷电、大风、霜冻、大雾、霾等灾害由地方人民政府启动相应的应急指挥机制或建立应急指挥机制负责处置工作，国务院有关部门进行指导。

在职责权限配置方面，气象灾害应急管理实行分类管理、对口负责，明确赋予不同的部门在气象灾害应对中的具体职责，如面对暴雨灾害，不同的部门的职责分别为："气象部门加强监测预报，及时发布暴雨预警信号及相关防御指引，适时加大预报时段密度；防汛部门进入相应应急响应状态，组织开展洪水调度、堤防水库工程巡护查险、防汛抢险及灾害救助工作；会同地方人民政府组织转移危险地带以及居住在危房内的居民到安全场所避险；民政部门负责受灾群众的紧急转移安置并提供基本生活救助；教育部门根据防御指引、提示，通知幼儿园、托儿所、中小学和中等职业学校做好停课准备；电力部门加强电力设施检查和电网运营监控，及时排除危险、排查故障；公安、交通运输部门对积水地区实行交通引导或管制；民航部门做好重要设施设备防洪防渍工作；农业部门针对农业生产做好监测预警、落实防御措施，组织抗灾救灾和灾后恢复生产。"

9.3.3　气象灾害应急管理机制

气象灾害应急管理机制指的是国家为了有效应对各种气象灾害，在鼓励各界社会力量积极参与的基础上创建管理机构，从而制订各项管理制度的总和（张震，2019），亦即是在气象灾害应急管理过程中各种程序关系的构成，是各种制度化、程序化的方法和措施（左雄，2011）。

气象灾害应急管理机制运行过程中应遵循基本原则包括：

（1）科学性原则。科学性原则是指应急管理各要素、运行内容以及程序都要符合科学规律要求，不得有随意性。包括应急机制本身的设计以及机制内在要素的设计与完善，特别是风险隐患治理、预测预警、应急机构设置、权利与义务、应急资源征用等，既有时间和效率的要求，更有数量和质量的要求，必须讲究科学性，要运用专家和技术力量，利用科学思维和方法对待，切忌完全靠经验办事和盲目蛮干。

（2）系统性原则。气象灾害应急管理机制应该是一个的良性运行系统，既包括各应急运行要素、各子系统自身完善，以及要素、各个子系统相互之间协同联动。气象灾害应急管理机制应该包括气象灾害应急管理的监测预警、应急处置、善后恢复、资源保障等诸多环节，且每一个环节与其他环节之间都是相互协调相互配合的。只有应急管理机制成为一个系统的整体，才能实现应急管理的能力最大化。

（3）动态高效原则。气象灾害应急管理机制应该具有动态调整能力，能够根据气象灾害事件的发生发展演化态势而有针对性地进行调整，亦即，随着气象灾害应急管理各阶段任务要求的变化，能够不断更新制度设计，不断进行资源调配和调用，不断磨合各子系统的运转机制。同时这种动态调整能力还应具有高效性，能够在紧迫的时间约束条件下迅速做出调整，达到高效运转目标。

气象灾害应急管理是一个过程，各个环节相互衔接，互为影响。气象灾害应急管理机制应当涵盖气象灾害预防与应急准备、监测与预警、应急处置、事后恢复与重建等所有阶段，还应涵盖每一个阶段的每一个具体应急管理任务。

气象灾害应急管理机制的建设水平是体现政府或者公共部门应急管理水平的重要指标。具体而言，气象灾害应急管理机制主要由九大机制组成：①预防与准备机制，即围绕气象灾害的应对，通过制度化的预案编制、培训演练、宣传教育，做好常态化的基础管理工作的相关制度与措施；②监测预警机制，即针对气象灾害的预测预报的相关制度和流程；③信息传递机制，即气象灾害信息在相关部门之间流转的工作制度；④应急决策与处置机制，即气象灾害应急处置过程中做出决策并付诸实施的相关制度安排；⑤舆论引导机制，即增强信息透明度，引导舆论发展方向的相关制度和措施；⑥社会动员机制，在气象灾害发生后进行公众的动员，引导社会力量进行自救、互救的相关制度和办法；⑦善后恢复与重建机制，即政府及有关部门为恢复正常的社会秩序和运行状态进行灾后重建的相关制度和措施；⑧调查评估机制，即对气象灾害的预警预测、应急处置、灾后损失等进行评估的工作制度；⑨应急保障机制，即气象灾害应急管理过程中的资源储备、征用、调拨、发放等程序。九大机制涵盖了气象灾害应急管理的全范畴，同时，在气象灾害应急管理的实践中，还应根据具体的应急管理行动设计更详尽、更具体的应急管理的执行机制。

9.3.4　气象灾害应急管理法制

气象灾害应急管理法制是针对气象灾害所制定的用以规范气象灾害应急管理行为以及各种管理关系的法律规范和原则的总称。气象灾害应急管理法制既包括相关的法律法规，也包括所制定的相关政策方针。气象灾害应急管理法制具有权利优先性、紧急处置性、程序特殊性、社会配合性的特征。

气象灾害应急管理法制主要承担导向和调控两大功能。

1. 导向功能

所谓导向功能，是指相关的气象灾害应急管理法律法规、政策方针能够进行社会控制和调整人们之间关系（特别是利益关系），能够对公众的行为产生引导作用。气象灾害应急管理法制不但要告诉公众什么是该做的，什么是不该做的，而且还要让公众明白为什么要这样做而不能那样做，怎样才能做得更好。

2. 调控功能

所谓调控功能，是指政府及相关部门运用气象灾害应急管理的法律法规、政策方针，对气象灾害应急管理过程中出现的各种矛盾进行调节和控制。主要体现在调整社会各种利益关系，尤其是物质利益关系上。气象灾害法制的调控功能既可以在社会常态下表现出来，也可以在社会的非常态下表现出来。

目前我国已经基本形成以《宪法》为应急管理根本法，《中华人民共和国突发事件应对法》为应急管理基本法，《气象法》《防洪法》《中华人民共和国安全生产法》等为应急管理专门法、辅之以其他相关政府条例、办法、规定等法规性文件的法律体系；在气象灾害应急管理方面，在《气象法》《中华人民共和国突发事件应对法》的基础上，进一步颁布实施了《气象灾害防御条例》《气象灾害预警信号发布与传播办法》等一系列部门规章。在地方政府层面，各级地方政府都制定出台了气象灾害防御的地方性条例。截至 2014 年 10 月，除中国气象局根据《气象灾害防御条例》修订了三部部门规章外，31 个省（区、市）和 30 个有立法权的较大市制定出台了与气象灾害防御相关的地方性气象法规和政府规章 133 部，其中地方性法规 44 部，政府规章 89 部。部门规章、地方气象灾害防御法规和规章的制定，进一步完善了气象灾害防御法律制度（秦大河，2015）。总体而言，我国已经建立了具有"突出政府主导防灾减灾的职责、与气象管理体制相适应、与政策协调配合、中央立法和地方立法的结合、综合立法与专项立法的结合"的气象灾害应急法制体系（王志强，2013）。

复 习 题

1. 气象灾害应急管理的三个阶段分别是什么？具体包括哪些管理内容？
2. 简述气象灾害应急预案。
3. 气象灾害应急响应应遵循的原则是什么？
4. 气象灾害应急管理机制包括哪些方面？

主要参考文献

桂维民. 2007. 应急决策简论. 中国应急管理, (12): 14-17.
郭进修, 李泽椿. 2005. 我国气象灾害的分类与防灾减灾对策. 灾害学, 20(4): 106-110.
秦大河. 2004. 加强气象灾害应急管理能力. 中国减灾, 6: 9-10.

秦大河. 2015. 科学防御和应对气象灾害 全面推进气象法制建设. 中国减灾, (9): 23-25.

史培军. 1991. 灾害研究的理论与实践. 南京大学学报(专刊), (11): 37-42.

王来华. 2004. "舆情"问题研究论略. 天津社会科学, (2): 78-81.

王志强. 2013. 有效防御气象灾害的法制建设研究. 阅江学刊, 5(3): 26-30.

卫敏丽, 丁冰. 2007. 我国已基本形成符合气象特色的各类应急预案体系. https://www.gov.cn/
    govweb/jrzg/2007-10/09/content_771485.htm [2022-9-10].

许小峰. 2015. 《国家气象灾害应急预案》的实施成效与思考. 中国应急管理, (3): 6-10.

杨月巧. 2020. 新应急管理概论. 北京: 北京大学出版社.

曾润喜, 徐晓林. 2009. 网络舆情突发事件预警系统、指标与机制. 情报杂志, 28(11): 51-54.

张钛仁, 李茂松, 潘双迪, 等. 2014. 气象灾害风险管理. 北京: 气象出版社.

张震. 2019. 气象灾害应急管理机制的完善研究. 科技风, (5): 138.

郑治斌. 2018. 气象防灾减灾与服务研究. 北京: 气象出版社.

左雄. 2011. 突发气象灾害应急管理研究与实践. 北京: 气象出版社.

第10章 公共气象服务

气象服务是气象工作的出发点和归宿，是气象事业发展的立业之本。公共气象服务是气象服务的重要组成部分，是气象服务的窗口，也是气象工作最重要的表现方式之一。随着经济的发展和社会的进步，人们对气象的需求越来越多、要求越来越高。如何及时、有效、充分地为广大人民群众提供公共气象服务已经成为我国气象事业发展的重要内容。

 导入案例

《"十四五"公共气象服务发展规划》正式发布

2021年11月24日，中国气象局印发《"十四五"公共气象服务发展规划》(气发〔2021〕130号，以下简称规划)。规划从气象防灾减灾成效显著、气象服务现代化取得明显进展、重大战略气象保障持续深入和气象服务管理机制逐步健全四个方面分析了"十三五"时期气象服务工作取得的成就，剖析了气象服务工作存在的不足和短板，深入分析了当前气象服务发展面临的新形势，提出了"十四五"时期公共气象服务发展的主要目标和主要任务。

"十四五"是我国开启全面建设社会主义现代化国家新征程的关键时期，气象服务发展面临新形势、新需求和新任务，气象服务急需进行新变革。

规划以习近平总书记对气象工作的重要指示为根本遵循，坚持"以人民为中心、以需求为牵引、以创新为驱动、以改革促发展、以开放促融合"的原则，明确公共气象服务发展的主要目标是，到2025年，气象服务数字化、智能化水平明显提升，智慧精细、开放融合、普惠共享的现代气象服务体系基本建成。气象服务保障生命安全、生产发展、生活富裕、生态良好更加有力，气象防灾减灾第一道防线作用更加凸显。同时，规划明确了公共气象服务发展的七大主要任务：

（1）坚持人民至上、生命至上，筑牢气象防灾减灾第一道防线。强化气象监测预警的先导作用、突发事件预警信息发布的枢纽作用、风险管理的支撑作用、应急处突保障作用，构建协同联动的气象灾害防御机制。

（2）融入生产发展，增强气象服务经济社会发展能力。强化粮食安全、乡村振兴、交通强国、国家能源、海洋强国、区域协调发展方面的气象保障服务，发展全球气象服务业务。

（3）助力生活富裕，为美好生活提供高质量气象服务。提高公众气象服务供给能力，推进基本公共气象服务均等化，强化城市气象服务，发展健康气象服务、旅游气象服务，提升全民气象科学素养。

（4）保障生态良好，提升生态文明建设气象能力。加强生态系统保护和修复气象保障，服务大气污染防治攻坚战，科学安全发展人工影响天气。

（5）夯实基础支撑，加强气象服务能力建设。建设气象服务业务支撑平台，分类升级气象服务业务系统。

（6）坚持创新驱动，提升气象服务现代化水平。加强气象服务核心技术研发，深化信息技术融合应用，提升气象服务自动化水平，加快科技创新与成果转化。

（7）适应改革要求，创新气象服务机制。推进系统发展，强化气象服务上下游衔接；推进融入发展，协调气象服务业务内外共生；推进集约发展，增强国省协作一盘棋合力；推进开放发展，稳步推动服务社会化进程。

资料来源：《中国气象局关于印发〈"十四五"公共气象服务发展规划〉的通知》（气发〔2021〕130 号）

10.1　公共气象服务的含义

在人类社会发展过程中，人们对气象早有所感知和认识，并能初步运用气象现象调整自身行为，趋气象之利，避气象之害。然而最初对气象的认识很粗浅，气象服务尚未从气象观测、气象预报等技术性事务中分离，对气象知识的利用较为零散，且基本属于个人行为。之后随着科学技术尤其是气象科学技术的发展以及气象需求的增加，气象服务逐步从气象观测、气象探测、气象预报等技术性领域分离，并逐步由为军事提供气象保障向为广大公众提供各类气象服务拓展。

一般而言，气象服务是指提供气象资源与气象保障的活动，包括提供气象信息、气象产品、气象咨询以及气象技术支持等内容。公共气象服务是气象服务工作的重要组成部分。公共气象服务不同于一般的气象服务，它强调服务的公益性、公共性，提供气象服务的目的在于增进社会的公共利益。因此，公共气象服务即是指以国家气象主管部门为核心的组织或个人以有效增进公共利益为宗旨，以达到合理有效地利用气象资源和避免或减少气象灾害所带来的损失为目的，运用多种方式与手段依法提供气象信息、气象产品、气象技术支持与保障以及气象综合咨询等服务以直接满足经济建设、国防建设、社会发展和人民生活需要的气象活动。具体而言，理解公共气象服务应当注意以下几个方面。

首先，公共气象服务强调服务的公益性和公共性。公共气象服务对我国经济、社会、生态、防灾减灾、国家安全、人们生活以及社会的可持续发展等各个方面具有重要的影响，其公益性和公共性是由气象事业的性质决定，是"公共气象"理念的鲜明体现。一方面，强调公共气象服务的公益性是由气象事业的性质决定的。《气象法》第三条明确规定，气象事业是经济建设、国防建设、社会发展和人民生活的基础性公益事业。气象事业的性质决定了整个气象工作必须将公益性的气象服务放在首位。因此，作为气象服务的重要组成部分，公共气象服务亦应以公益性为旨归。另一方面，公共气象服务的公共性是"公共气象"理念的鲜明体现。公共气象包括公共气象产品、公共气象服务、公共气象事业或公共气象事务等诸方面。"公共气象"理念突出体现为"公共"二字，它明确了气象事业的根本性质和发展方向，强化了气象服务的公共性、公益性特征。

其次，公共气象服务的供给主体主要是国家各级气象主管部门，但其他组织或个人也可以是供给主体。在传统计划经济体制下，气象服务主要由国家气象主管部门垄断，此时的气象服务与公共气象服务重叠，基本没有本质区别。但是随着经济社会发展以及气象服务需求的增长，传统的气象服务供给难以满足社会发展和公众生活的需要。与此同时，市场环境的日趋完善与气象科学技术的发展为其他组织涉足公共气象服务提供了良好的平台和技术保障。因此，现代公共气象服务的供给主体并非只有国家气象主管部门，还包括企业、第三部门以及国际气象组织等。只要这些组织是基于公共利益供给气象资源或提供气象保障的，均可纳入公共气象服务的范畴。

再次，气象是一种资源，如何利用气象资源为人们服务是公共气象服务需解决的基本问题。换句话说，需要提供哪些服务才能让人们有效控制气象，进而实现趋气象之利而避气象之害之目的。有效的气象控制与利用有赖于精确、可靠、及时的气象信息，因而气象信息是公共气象服务实践中最主要的服务内容，它包括气象预报、气候预测信息以及气象探测信息等。气象产品包括人工增雨、人工防雹、人工消雾以及电线结（积）冰、涉及雾的高速公路开通与否等专用气象服务产品。气象技术支持与保障包括各种气象灾害的防御技术。气象综合咨询是为人们提供有关气象的综合性咨询服务，是多种气象信息和气象工程技术的有机结合。

最后，公共气象服务供给的结果是有助于人们合理有效地利用气象资源和避免或减少气象灾害所带来的损失。从根本而言，人类社会至今尚没有足够的能力改变自然，也还未能完全控制气象环境。但是，人类可以依靠现代气象科学技术的力量，掌握气象规律，了解自然灾害发生发展的规律，并预测其变化趋势，从而运用气象知识调节气象环境。在气象灾害发生时为人们采取有效的措施争取到足够的时间和空间，从而避免或减少遭受损失。公共气象服务应有助于人们控制气象环境，使气象资源为我所用，或者避免、减少气象灾害可能带来的危害和损失，改变过去"靠天吃饭""听天由命"的现状。

10.2　公共气象服务的类型

按照科学研究的一般规律，"理论化可以包括这样几个层级：简单分类、构建类型学、概念化、形成概念框架、模型化。当然，不同的研究设计的著作在这一问题上有所分歧。不过，有一点几乎是没有争议的，那就是，理论化的第一步是分类"（马骏，2006）。只有对社会现象进行区别、分类，社会科学才有了研究的前提。按照一定标准、方法和原则对公共气象服务划分与归类，这不仅是进一步认识公共气象服务的前提，也是发展和完善公共气象服务进而使之更加完整和系统化的重要途径。同时，研究公共气象服务类型可为决策者供给公共气象服务提供决策参考，促进公共气象服务的有效供给和可持续发展，构建适应经济发展和满足社会需求的新型公共气象服务体系，为政府部门、社会公众和各类用户提供及时、准确、优质的公共气象服务。

10.2.1　根据服务对象划分

公共气象服务按服务对象划分，可分为决策气象服务、公众气象服务和专项气象服务。

（1）决策气象服务。决策气象服务是指为党政领导机关提供的气象服务。服务的对象是党中央、国务院、国家防总和各级党政机关；服务产品主要是提供给国家和各级政府的宏观决策者或领导机构，因此对全国和各地的国民经济正常运行具有举足轻重的作用，并且在涉及国家安全、社会稳定和宏观经济发展等重要问题上，气象信息也已经成为不可缺少的现代科学管理决策依据之一。决策气象服务成为其他气象服务的重中之重。

（2）公众气象服务。公众气象服务是指通过各种大众媒体（包括广播、电视、报纸、电话、互联网等）为广大人民群众的生产与生活提供天气预报、重大灾害性天气预警等气象服务。公众气象服务的对象是社会公众。公众气象服务是国家兴办气象事业，提高防灾减灾能力，保护人民、为人民谋福利的重要措施，是气象事业公益性的重要体现。

（3）专项气象服务。专项气象服务是指为重大社会政治活动、国民经济专门建设项目以及重点工程建设等提供的气象保障、评估等服务，其对象包括政府有关职能部门、活动的组织者、合作伙伴等。专项气象服务包括提供各种服务信息、开展人工影响局部天气以及提供防灾减灾的技术支持等。专项气象服务不同于决策气象服务和公众气象服务，它具有鲜明的行业特点，是以需求决定供给，用户有需求时气象服务实体便可提供与此相关的气象服务。

这种分类方法考虑到不同对象其所需要的气象服务以及供给气象服务的机制有着不同的特点，因而有助于提高气象服务的针对性，进而提高气象服务的质量和效率。然而，这种划分随着社会的变化其缺陷也日渐明显。例如，专项气象服务，既可以为政府职能部门提供，也可为一般的社会组织或个人提供。如此一来，为政府职能部门提供的专项气象服务亦可认为是决策气象服务。

10.2.2 根据服务内容划分

公共气象服务按服务内容划分，可分为公共气象信息服务、公共气象工程技术服务和公共气象科技综合咨询服务。

（1）公共气象信息服务。气象信息是整个气象服务系统工程的重要组成部分，也是气象服务得以有效实现的基础。从服务过程而言，气象信息服务与气象工程技术、气象咨询等其他气象服务并不是并列的相互独立的服务内容，而是整个气象服务系统体系中互为依存的分系统。根据提供信息的时间特性，公共气象信息服务可分为公共气象情报信息服务和公共气象预报信息服务。公共气象情报信息服务是指向用户提供实测性的气象信息服务，包括直接用大气探测仪器测得的大气状态信息以及在实测信息基础上经诊断分析推断得到的加工信息，但预测性信息除外。例如，某工程建设需要提供某山顶的气候环境信息，这只能根据附近几个气象观测站的实测资料来推断求得，同时这种情报信息还需通过必要的检验，以证明其可靠性。公共气象预报信息服务是指向用户提供有关未来时刻的预测性气象信息服务，它是有效控制气象环境动态发展的依据。当然，由于公共气象预报信息服务是预测性的信息，且各行各业的气象需求存在差异，其加工制作的技术难度较大。

（2）公共气象工程技术服务。公共气象服务的最终目的是有效控制或运用气象信息，使其为人类服务。因此，在提供气象信息的同时，如何通过技术手段实现对气象的有效控制与运用也是公共气象服务的重要内容。长期以来，人们形成一种习惯观念，那就是气象部门主要职责在于提供气象信息，而如何根据气象信息做出应对举措则是用户自己的事情。当然，除了观念上的原因，气象科学技术发展水平的限制也是一个重要影响因素。如今，随着气象科学技术水平的不断提高、气象管理体制的深入变革以及市场经济的日趋完善，气象服务实体越来越主动参与气象控制工程技术的开发和组织实施，不再仅仅满足于为用户提供气象信息，还进一步为用户提供控制气象的技术服务。例如，干旱是一种气象灾害，提供有关干旱发生的气象信息属于提供气象服务信息，但是根据干旱气象灾害信息采取适当的防御或减轻干旱的工程技术措施则属于气象工程技术服务。

（3）公共气象科技综合咨询服务。公共气象科技综合咨询服务主要是指向用户提供有关气象科技方面的综合性咨询服务，如为一些重大工程设计项目提供关于气象环境利与害的综合咨询服务。公共气象科技综合咨询服务是建立在气象信息、气象技术以及咨询对象三者相综合的基础上所提供的气象咨询，它需要多种学科的知识基础。

综上所及，公共气象信息服务是提供公共气象服务的最基础内容，它也是公共气象服务体系大厦的根基。公共气象工程技术服务则是公共气象服务深化发展的重要阶段。它不仅向用户传达气象信息，更重要的是还为用户控制气象环境提供技术支持。近年来公共气象工程技术服务实践取得较大发展，如人工降雨、人工消雾、防雷装置等都为拓展公共气象工程技术服务提供了成功的经验。当前，公共气象工程技术服务在公共气象服务供给中的比重日渐上升，其服务覆盖面日趋扩大。公共气象科技综合咨询服务是气象信息服务和气象工程技术服务的有机结合，虽然其技术仍然是气象科技，但具有明显的软科学技术特征，目前这种服务尚处在起步阶段。总之，如果将公共气象信息服务看作为用户解决"气象是怎样的"问题的话，那么公共气象工程技术服务则是为用户解决"如何控制气象"的问题，而公共气象科技综合咨询服务则是为用户解决"为什么如此做"的之所以然问题。

10.2.3 根据服务性质划分

《气象法》第三条明确规定："气象事业是经济建设、国防建设、社会发展和人民生活的基础性公益事业，气象工作应当把公益性气象服务放在首位。"这从法律上肯定了气象事业为基础性公益事业的性质，为社会提供公益性气象服务则成为气象工作的重中之重。根据公共物品理论，公共气象服务也有纯公益性气象服务和准公益性气象服务之分。

（1）纯公益性气象服务。主要是指为政府部门和社会公众提供具有非排他性、非竞争性以及不可分割性的各类气象服务，包括为政府决策部门提供的决策气象服务和为公益目的实施的专项气象服务、为社会公众提供的有关天气预报和重大灾害性天气预警等公众气象服务等。气象服务实体所提供的服务不以营利为目的，纯粹是为政府、公众和社会利益服务。

（2）准公益性气象服务。主要是指为政府部门和社会公众提供具有有限的非排他性或有限的非竞争性的各类气象服务。准公共气象服务一般不是完全由政府投资供给，往往是由其他社会组织对气象信息做了二次加工后提供给用户，它不以营利为目的。例如，手机气象短信服务，必须支付一定的费用才能享受到这类气象服务，即具有一定的消费竞争性，但它却有受益的非排他性。一人订制享用这种服务，往往全家人或亲朋好友都能享受，而且难以限制个人的非营利转发，具有明显的受益非排他性。手机气象信息服务一般是对国家提供的初级气象信息进行加工而成，其所收取的短信订制费用主要是为了维持通信传播和信息采编成本。

值得注意的是，判断是否是公益性气象服务的标准并不在于其是否需要付费或者是否是由政府提供，而在于该服务是否满足或部分满足非排他性、非竞争性以及不可分割性的特征。换句话说，即使该服务收取一定的费用，但如果其满足部分公共物品的特征且服务并非以营利为目的的话，那么此公共气象服务也属于公益性气象服务，只不过是属于其中的准公益性气象服务。

　　除以上三种常见的划分方法外，还可根据服务范围分为国际性、全国性和地方性公共气象服务；根据服务行业分为农业气象服务、航空气象服务、交通气象服务、海洋气象服务、水文气象服务等。无论何种划分方法，其实都是对公共气象服务的不同视角的认识。

10.3　公共气象服务的发展及其基本原则

10.3.1　我国公共气象服务发展现状

　　进入 21 世纪，我国已初步建立起运行稳定、有效的公共气象服务体系和与之相适应的运行机制，服务的观念和思想得到更新和发展，在服务内容、服务方式、服务业务体制和技术体系逐步健全、完善，服务水平及效益不断得到提升。

1. 公共气象服务领域进一步拓宽，服务内容更加丰富

　　中国气象局建局之初，党中央、国务院明确提出，气象工作必须与经济建设密切结合起来，既要为国防建设服务，又要为经济建设服务。为此，气象部门确立了"依靠全党全民办气象，提高服务的质量，以农业服务为重点，组成全国气象服务网"的工作方针。党的十一届三中全会后，气象部门把工作重心转移到提高气象服务效益和气象现代化建设上来，确立了"积极推进气象科学技术现代化，提高灾害性天气的监测预报能力，准确及时地为经济建设和国防建设服务，以农业服务为重点，不断提高服务的经济效益"的工作方针。20 世纪 90 年代，气象部门提出了"在继续抓好中短期天气预报的同时，应当大力发展灾害性天气短时临近预报业务和气候、气候变化工作"的战略部署。世纪之交，气象部门又进一步提出"气象服务是立业之本"和"一年四季不放松，每个过程不放过"的气象服务理念。2006 年，《国务院关于加快气象事业发展的若干意见》提出了"公共气象、安全气象、资源气象"的发展理念和建设"一流装备、一流技术、一流人才、一流台站"的发展要求，之后进一步提出了建立适应防灾减灾和应对气候变化需求的现代气象业务体系的新思路，强调以公共气象服务为引领，气象预报预测业务为核心，综合气象观测业务为基础，科技和人才为保障，全面推进气象事业科学发展[①]。整体而言，我国气象工作始终坚持把做好气象服务作为根本宗旨，为国防和国民经济建设以及保障人民生命财产安全进行全方位的服务，领域不断拓宽，建立了包括决策气象服务、公众气象服务、专业专项气象服务、气象科技服务在内的具有中国特色的气象服务体系；开展了气象灾害防御等应急气象服务，能源、气候资源、城市、重大工程、应对气候变化等新的服务正在逐步深入，建立起覆盖面广、传播速度快、基本适应需求的

---

　　① 郑国光. 2009-12-08. 在中国气象局成立六十周年庆祝大会上的讲话. https://www.cma.gov.cn/2011zwxx/2011zbmgk/2011zjld/2011zjzzgg/2011zjzggldjh/201504/t20150421_280042.html[2023-07-29].

公众天气预报预警服务系统，成为国家预警信息发布的前哨阵地；气象为农业服务不断深入推进，人工影响天气作业服务已由单纯的抗旱拓展到增加水资源、改善生态环境、森林草原灭火、应对污染等突发事件，以及保障重大社会活动的人工消（减）雨作业试验和机场消雾试验等领域。[①]

　　当前，我国气象服务工作已发展成为三大服务体系。一是适应国家层面的需求，面向"一带一路"、"三农"和生态建设等开展气象服务，如 2019 年，我国自主研发的"一带一路"沿线城市天气预报覆盖 137 个国家（地区）；2012～2022 年，气象部门在粮食主产区和重要农产品生产区实施飞机人工增雨作业 5091 架次，火箭高炮增雨作业 9 万次，实施人工防雹作业 28 万次[②]，人工增雨覆盖 500 余万平方公里，防雹面积达 50 余万平方公里[③]，为我国连年粮食丰收作出贡献；近年来，气象服务工作还发展到国际外交领域，如风云气象卫星竭力服务"一带一路"乃至全球的气象预报、自然灾害应对和生态环境治理，截至 2022 年，使用风云气象卫星数据的国家和地区已达到 124 个，风云三号卫星国际软件包用户扩大到 30 个国家，61 个机构用户开通了卫星数据绿色通道，33 个国家用户使用公有云客户端。2021 年度风云卫星国际用户数据服务订单已达 2113 个，数据服务量超过 10TB。[④]此外，气象部门通过发布气候变化权威科学信息、强化极端事件应对、开展气候变化评估、参与国际国内应对机制设计、推进气候资源开发和科普宣传等，为我国应对气候变化、参与国际环境外交谈判提供科技支撑和服务。二是为广大人民群众的生产、生活提供公众气象服务，具体表现在为提高大众生活质量而提供专门性气象服务，如提供有关健康、舒适、娱乐、旅游、度假等天气预报和气候预测。如今，为公众提供公共气象服务的产品日益丰富、精细，更加贴近生活、贴近百姓。三是为企业的生产经营和社会团体的社会活动提供专项气象服务。气象信息是从事经济活动的决策依据之一，根据气象服务提供的信息来安排生产经营活动，有助于企业趋利避害，减少经济损失，提高经济效。因此，为企业组织提供气象信息已经成为现代气象服务的重要组成部分。同时，气象部门还为重大社会活动、重大社会事件以及重大工程开展气象保障、趋利避害、评估等服务，如通过人工影响局部天气措施和减灾适用技术等为重大活动提供气象保障服务。

　　总言之，我国气象服务从最初仅为国防建设服务，发展到为决策服务、为公众服务和为以农业服务为重点的各行各业服务，气象服务领域不断得到拓宽，其中公

---

① 气象局：新中国气象事业 60 年主要成就和基本经验. 2009-09-25. https://www.gov.cn/govweb/gzdt/2009-09/25/content_1426343.htm[2023-07-29].

② 趋利避害 润泽民生! 人工影响天气成效显著. 2023-06-26. https://www.cma.gov.cn/ztbd/2023zt/20230214/2023021401/202306/t20230626_5604474.html[2023-07-29].

③ 服务国计民生 书写气象担当|党的十八大以来气象事业发展成就综述. 2022-10-14. https://www.cma.gov.cn/ztbd/2022zt/20220923/2022092303/202210/t20221014_5129740.html [2023-07-29].

④ 服务"一带一路"的"合作星". 2022-06-22. https://www.cma.gov.cn/2011xwzx/2011xqxxw/2011qxyw/202206/t20220622_4922782.html[2023-07-29].

共气象服务也逐步发展为决策气象服务、公众气象服务和重大社会活动气象保障等内容。目前,我国公共气象服务领域已涉及 100 多个行业,涵盖国防、科技、教育、能源、交通运输、建筑、水利、海洋、盐业、环保、旅游、民航、邮电、保险以及工农渔林商等多个领域,已由最初单一的气象预报服务发展为集多种服务于一体的多层次、全方位的综合性气象服务。

　　2. 公共气象服务方式更加丰富,服务手段更加多样化

　　中国人制作的第一张天气图诞生于 1915 年。当时的中华民国政府成立了中央观象台,蒋丙然任气象科科长,于 1915 年亲自绘制了第一张中国人发布的天气图。1916 年正式以天气图的方法试做预报,每日天气预报分两次对外公布,预报内容分风向和天气两项[①]。中华人民共和国成立后,1956 年 7 月 1 日,中央气象台第一次通过中央人民广播电台和《人民日报》《北京日报》《工人日报》《光明日报》等媒体向北京市民直接提供天气预报服务[②]。1980 年 7 月,《新闻联播天气预报》在中央电视台开播[③]。1981 年,中央电视台《新闻联播》节目播发的天气预报还以口播为主。1983 年,中央电视台制作了"灯光城市闪烁图版",在报道某一城市的天气预报时,该城市位置上的灯光就会闪动起来。1984 年 1 月,《天气预报》节目利用数字特技"拉洋片"播出,增加了 15 个城市的预报,天气预报城市总数达到 27 个;1986 年 10 月,增加到 30 个,同时彩色卫星云图也登上了电视屏幕。1993 年 3 月 1 日,气象节目主持人从幕后走到台前讲解天气,并增加了 48 小时形势预报。此后,各省(自治区、直辖市)气象部门纷纷成立气象影视队伍,气象信息的传播步入空前繁荣阶段[②]。2006 年 5 月 18 日,中国气象频道(现在的中国天气频道)正式开播。可见,电视天气气候预测预报的方式、频率都发生巨大变化,由原来的单一的每日一次播报扩展到多样化的每日多次播报或气象专栏播报。此外,播报方式所借助的媒介亦发生变化。

　　进入 20 世纪 90 年代,随着互联网的普及以及通信技术的日渐成熟,以天气气候预测预报为主体的公众气象服务方式越来越多样化,各级气象部门纷纷开办气象网站,为公众提供短时、短期、中期、长期等不同时间尺度和大范围、中范围、小范围等不同空间尺度的天气预报产品,随之衍生出的穿衣、洗车、紫外线强度、运动、空气污染扩散等相关指数的预报产品日渐增多,气象行业逐渐由过去利用纸质材料等有限的信息分发手段发展为运用电视、电话、报纸、网络、手机等多种媒介开展服务,气象用户不仅能够更加便捷、灵活地获取所需要的气象信息,还能根据自身需要选择个性化、精细化的气象产品和服务。全国每天接受各类气象信息服务

---

　　① 西学东渐:我国天气预报的发展历程. 2016-01-14. https://www.cma.gov.cn/2011xzt/2016zt/20160113/2015102601/202111/t20211104_4175621.html[2023-07-29].

　　② 气象服务的"军转民"之旅 从严格保密到随时获取. 2019-06-10. https://www.cma.gov.cn/2011xzt/2019zt/20190923/2019092304/202111/t20211103_4137557.html[2023-07-29].

　　③ 1956 年 6 月发布天气预报. 2019-09-23. https://www.cma.gov.cn/2011xzt/2019zt/20190923/2019092302/201909/t20190923_536172.html[2023-07-29].

的公众超过 10 亿人次[①]，"十三五"期间，全国预警信息立体传播网络累计服务超过 10 亿人次，公众覆盖率达 87.3%[②]。与此同时，气象管理相关法规以及气象技术标准和业务规范等的颁布实施也使公共气象服务走上了法治化的轨道。

3. 公共气象服务组织结构与运行机制逐步完善

在生产力发展水平不高、气象科技水平有限的情况下，气象服务难以从气象业务中分离出来，也未能形成相对独立的服务体系。中华人民共和国成立初期，我国气象服务由各级气象部门事业单位承担，形成了相应的单一气象服务体制，服务工作由业务单位完成，没有独立的服务实体，气象服务组织结构体系主要是以公益服务为主体的、依赖于业务体系的内部结构关系和服务形式，气象服务是气象预报的自然延伸，服务管理和运行形式比较简单。20 世纪 80 年代初期到 90 年代初期，随着国家以经济建设为中心的战略思想的确定以及社会经济的快速发展和市场经济的提出，为经济建设服务成为各行各业的中心工作，社会对气象服务的需求日益增长，防灾减灾决策服务成为各级政府工作的重要议题。为此，气象部门明确提出"气象服务是气象工作的出发点和归宿"的指导思想，气象服务作为气象基本业务的四大功能之一独立出来，单一的公益服务发展为多种形式气象服务并存，气象业务技术体制由此随之发生相应变化。1992 年，气象部门提出"基本业务、科技服务、综合经营"三大块的运行机制[③]等。

我国在原有公益性服务组织外出现了有偿服务实体。1995 年，我国召开第三次全国气象服务工作会议，提出了"两个首位"的思想，把气象服务作为气象工作的出发点和归宿，坚持在公益服务与有偿气象服务中，把公益服务放在首位；在决策服务与公众服务中，把决策服务放在首位；坚持在为国民经济各行各业服务中，突出以农业服务为重点。2000 年 5 月第四次全国气象服务工作会议进一步提出"气象服务是立业之本"；"一年四季不放松，每一次过程不放过"的服务理念。此次会议要求，国家级、省级气象部门在深化事业单位改革中，要不失时机地建立决策气象服务机构、公众气象服务机构、气象有偿服务机构和商业性气象服务机构，由此形成气象科技服务的专有名词和特殊服务类别。2008 年第五次全国气象服务工作会议提出要进一步解放思想，坚持改革创新，建立健全公共气象服务的体制机制，全面推进公共气象服务体系建设。2014 年第六次全国气象服务工作会议提出要以党的十八大和十八届三中、四中全会精神为指导，紧密围绕国家需求，坚持公共气象发展方向，全面深化气象服务体制改革，大力推进气象服务现代化，努力构建中国特色

---

① 气象局：新中国气象事业 60 年主要成就和基本经验. 2009-09-25. https://www.gov.cn/govweb/gzdt/2009-09/25/content_1426343.htm[2023-07-29].

② "十三五"期间我国气象事业持续高质量发展 任风云变幻 气象服务如影随形. 2020-12-10. https://www.rmzxb.com.cn/c/2020-12-10/2733843.shtml[2023-07-29].

③ 风好正是扬帆时——20 世纪 90 年代气象现代化建设回眸. 2012-02-10. https://www.cma.gov.cn/2011xwzx/2011xqxxw/2011xqxyw/202110/t20211030_4051996.html[2023-07-29].

现代气象服务体系。

进入新时代，气象服务工作受到各级党政和社会的高度重视，地位更加凸显。2008年中国气象局组建公共气象服务中心，为进一步做好公共气象服务工作提供了组织保证。当前，我国气象服务组织主要由国家气象部门服务机构、行业气象服务机构和少量已进入国内的外国气象服务公司组成。其中，国家气象部门的服务机构又分为公益性服务机构和有偿性服务机构。与此同时，不同类型的服务按各自机制运行。基础公益性气象服务主要由国家和地方财政拨款支持；成本补偿性有偿气象服务则由国家和地方财政给予补贴或按事业单位收支两条线方式运行；商业性有偿气象服务则按企业管理模式进行管理。总而言之，公共气象服务组织结构日趋扁平化、多元化，与此相应的是运行机制亦日渐灵活多样。

4. 公共气象服务水平和效率不断提升

准确及时地提供气象信息，为决策者提供精准决策依据，为人民群众合理安排日常生活，可以产生显著的经济和社会效益。过去，在气象科学技术水平不高的情况下，气象预报准确率不高，气象部门更多是为国民经济建设和百姓生活提供参考性的气象信息。然而，随着气象科技的迅速发展，气候观测信息越来越丰富，天气预报越来越准确，气象信息的使用价值和气象服务水平越来越高，气象服务效益也日渐明显。天气气候预测预报准确率逐年提高，天气预报时效延长，气候预测、预估的范围从短期（月、季、年）延伸到长期（年际、十年及几十年），其性能和准确率有显著提高，气象灾害造成的经济损失占GDP比例由2012年的0.65%下降到2021年的0.29%[1]，气象工作的投入产出比提高到1：50[2]。

当前，公共气象服务的现代化建设成果和效益发挥了巨大作用，决策气象服务方式手段明显改进；为社会和用户提供的公众气象服务进一步优化，面向社会发展的各种与百姓日常生活息息相关的生活指数等气象服务更加贴近生活，"十三五"期间，我国气象预警信息公众覆盖率达到87.3%，全国公共气象服务满意度稳步提高，2019年全国公众气象服务满意度达到91.9分[3]，2021年，公众气象服务满意度评分达92.8分[4]。各种天气预报警报、气象情报、气象资料、气候分析应用、大气环境影响评价、气象卫星和雷达信息分析应用、气象适用技术、气象雷电灾害防御和人工影响天气等气象服务产品在经济社会生活中发挥着越来越重要的作用，截至2020

---

① 服务国计民生 书写气象担当｜党的十八大以来气象事业发展成就综述. 2022-10-14. https://www.cma.gov.cn/ztbd/2022zt/20220923/2022092303/202210/t20221014_5129740.html [2023-07-29].

② 气象局：新中国气象事业60年主要成就和基本经验. 2009-09-25. https://www.gov.cn/govweb/gzdt/2009-09/25/content_1426343.htm[2023-07-29].

③ "十三五"期间我国气象事业持续高质量发展 任风云变幻 气象服务如影随形. 2020-12-10. https://www.rmzxb.com.cn/c/2020-12-10/2733843.shtml[2023-07-29].

④ 监测更精密 预报更精准 服务更精细，气象强国建设服务保障高质量发展. 2022-12-26. https://rmh.pdnews.cn/Pc/ArtInfoApi?id=33094383[2023-07-29].

年 10 月，暴雨预警准确率达到 89%，强对流天气预警时间提前至 38 分钟，台风路径预报 24 小时误差减小到 65km，稳居国际先进行列，PM$_{2.5}$、臭氧污染气象条件预报时效提高到 15 天，对拉尼娜、厄尔尼诺等气候事件的预测能力接近世界先进水平，开展基于 5G 通信的预警信息靶向发布试点工作，发布正确率提升至 99.98%[①]，公共气象服务水平和效率显著提升。

10.3.2　我国公共气象服务存在的问题

尽管我国公共气象服务得到长足发展，但同目前社会经济发展和人民需求相比，仍存在一些问题和不足，公共气象服务内容、服务水平与能力以及服务手段仍难以适应各党政机关、经济部门和广大人民群众日益增长的气象服务需求。

2021 年《“十四五”公共气象服务发展规划》指出，“十三五”时期，气象部门紧紧围绕党和国家的部署要求，坚持公共气象发展方向，深化气象服务体制改革，全力推进气象服务现代化，基本建成中国特色的气象服务体系。然而，气象服务工作虽然取得显著成绩，但对标对表习近平总书记关于气象工作的重要指示精神，仍然存在不足和短板，主要表现为：一是气象服务有效供给不足。气象服务的质量和效益有待进一步提升，专业化、精细化、个性化程度难以满足高质量发展和人民对美好生活向往的需要，不断增长的气象服务需求与有限的公共气象服务能力之间的矛盾仍然突出。二是气象服务科技创新驱动不强。气象灾害风险预警、影响预报、精细化服务等关键核心技术缺乏，跨领域、跨行业的技术融合有待提升；人工智能、大数据等新一代信息技术在气象服务领域应用的深度和广度还不够。三是气象服务业务体系亟待升级。以自动观测和智能预报为基础的气象服务体系尚未建立，气象服务数字化、自动化程度较低，气象服务发展不平衡不充分。四是气象服务机制有待进一步优化。气象服务集约化、品牌化发展机制尚未理顺，全国一盘棋发展合力亟须加强。多元供给机制不健全，社会管理职能作用没有充分发挥[①]。

随着世界经济和科技全球化的发展趋势，我国经济运行必然需要纳入全球经济轨道，由此要求公共气象服务必须以世界的眼光、开放的思维融入乃至直接参与到全球气象经济和科技活动中。与此同时，公共气象服务面临发达国家的直接竞争和重大挑战。美国、日本等发达国家的气象部门和私营气象服务机构设备精良、技术先进、资金充足，已经能够在全球范围内为众多领域和行业提供各种各样的气象服务产品。我国公共气象服务必须确立跨越式发展战略，扩大开放、加速技术引进，提高自主创新能力，才能在日趋激烈的竞争中赢得主动。当然，公共气象服务也面临新的机遇，与国民经济各行各业以及灾害、能源、环境等联系日趋紧密，政府、企业以及个人的需求越来越多、越来越新、越来越细、越来越个性化。因此，公共气象服务的内涵和外延必须快速适应上述变化，力求供给的公共气象产

---

① 中国气象局.2021-11-24.《“十四五”公共气象服务发展规划》（气发〔2021〕130 号）.

品更加准确、快捷、连续、丰富、深化，更加贴近生活、贴近百姓、贴近国家的可持续发展战略。

10.3.3　我国公共气象服务发展面临的形势及应坚持的原则

1. 我国公共气象服务发展面临的形势[①]

"十四五"是我国开启全面建设社会主义现代化国家新征程的关键时期，站在新的历史起点，需要坚持新发展理念，构建新发展格局，辩证认识国内外发展形势，深刻把握我国社会主要矛盾变化带来的新需求，深入分析气象服务发展面临的新形势。

（1）党中央国务院对气象服务工作提出新要求。新中国气象事业 70 周年之际，习近平总书记关于气象工作的重要指示精神，指明了新时代气象事业发展的根本方向、战略定位、战略目标、战略重点和战略任务，是新时期气象服务工作的根本遵循和行动指南。做好气象服务必须坚持党的领导，做到监测精密、预报精准、服务精细，充分发挥防灾减灾第一道防线的作用，切实保障生命安全、生产发展、生活富裕、生态良好，为经济社会发展提供高质量的气象保障。

（2）高质量发展对气象服务工作提出新任务。"十四五"时期，我国进入新发展阶段，生态文明、乡村振兴、区域协调发展等重大战略的实施以及碳达峰与碳中和目标愿景，数字中国、健康中国、交通强国、海洋强国建设对气象保障提出新的任务。要面向国家现代化的战略需求，着力补短板、强弱项，提能力，全面提高气象服务保障国家战略和经济社会发展的水平。

（3）新时代人民美好生活对气象服务提出新需求。社会公众高品质生活对气象服务需求愈发旺盛，呈现个性化、多元化、精细化特征。要适应不断升级的气象服务品质需求，持续提升气象服务精细水平，全面提高气象服务的实用性、便利性和覆盖度，促进基本公共气象服务普惠共享。

（4）新一轮科技变革为气象服务发展催生新动能。当前，人工智能、移动通信、物联网等新一代信息技术广泛应用，信息化已经进入跨界融合、加速创新的阶段。科技变革为气象服务业态的革新、气象服务供给结构的优化、气象服务技术的升级提供了机遇。要以科技创新培育壮大新动能、塑造发展新业态，建立以智慧精细、开放融合为重要特征的现代气象服务体系。

（5）国家治理体系和治理能力现代化使气象服务面临新变革。防范化解重大风险体制机制不断健全，突发公共事件应急能力显著提高，发展安全保障更加有力是推进国家治理体系和治理能力现代化的必然要求。要深入研究现阶段我国气象服务机制与国家治理体系现代化总体要求不相适应的问题，深化气象服务体制改革，不断完善气象服务运行管理机制，更好地将中国特色的气象服务制度优势转化为治理

---

① 中国气象局.2021-11-24.《"十四五"公共气象服务发展规划》（气发〔2021〕130 号）.

效能，促进气象强国建设。

2. 我国公共气象服务发展应坚持的基本原则[①]

（1）坚持以人民为中心。始终坚持"人民至上、生命至上"，做到发展为了人民、发展依靠人民、发展成果由人民共享，把高质量的气象服务成果体现在为民服务上，更好地满足人民对美好生活的向往。

（2）坚持以需求为牵引。贯彻落实党中央和国务院重大决策部署，主动适应各级党委政府和有关部门需求，把服务保障国家重大战略、经济社会高质量发展和满足各行各业用户需求作为气象服务发展的重点。

（3）坚持以创新为驱动。始终将创新作为引领发展的第一动力，加强关键核心气象服务技术的研发，强化新技术在气象服务领域的应用，构建适应新时代的公共气象服务发展新模式。

（4）坚持以改革促发展。贯彻新发展理念，深化公共气象服务供给侧结构性改革，优化气象服务业务布局，推进气象服务方式的变革，着力解决制约气象服务发展的资源配置等深层次问题，推动公共气象服务高质量发展。

（5）坚持以开放促融合。深化气象服务开放合作，以社会需求为导向、以技术和产品为核心、以资产和要素为纽带，鼓励和支持引导社会力量开展气象服务技术研发，发展面向个性化需求的服务，构建开放融合、主体多元、充满活力的气象服务"朋友圈"。

10.4　气象服务市场化及我国公共气象服务发展规划

10.4.1　气象服务市场化的缘起及其含义

1. 气象服务市场化的缘起

公共气象服务是一种公共物品，并且是一种世界性的公共物品。公共气象服务最好由政府免费、无偿提供。但是现实往往要比理论复杂得多。随着世界经济、社会以及科学技术的发展，信息服务产业迅猛发展，气象服务市场化、商品化现象日渐凸显。在一些发达国家，气象服务商业化、市场化早已不是新鲜事，气象服务市场已经有了相当的规模。例如，美国大约有 300 余家私营天气预报公司，在天气衍生品市场方面，美国 2004 年、2005 年和 2006 年合约额分别为 20 亿美元、80 亿美元和 400 亿美元。日本天气新闻公司已经成为覆盖气象观测、数据分析、预报及服务全流程的气象服务生态帝国，2017 年销售额为 145 亿日元。

---

① 中国气象局.2021-11-24.《"十四五"公共气象服务发展规划》（气发〔2021〕130 号）.

1）气象服务需求的发展

在 20 世纪 40 年代，一些国家开始出现了市场化公共气象服务活动。一些私人气象公司向民航及其他特别用户提供商业化气象服务。民航部门对气象条件的依赖性很强，特别是在飞机起飞和降落时，恶劣天气更是飞行事故的主要杀手。另一个早期接受市场化气象服务的部门是远洋运输部门，热带气旋和温带气旋等天气系统对海上航行安全有致命的影响，因此，也需要专门的气象服务。可以说，海上航行的安全需要促进了现代天气预报的最初发展。但是，因为这些部门主要是从防灾角度使用气象预报，这属于政府气象部门提供的公益服务，市场化气象活动没有大的发展。

到了 20 世纪 80 年代初，随着科学技术和社会经济的进一步发展，气象信息的准确性提高了，要求提供气象服务的部门越来越多，领域越来越广泛，许多行业需要更有个性的气象服务，这些进一步促进了私人气象服务公司和国家气象部门市场化活动的开展。例如，对普通人来说，从公众天气预报得知近期有一股冷空气将经过某一地区，预知天气将转冷要多加件衣服也就可以了。可对一个虾农来说，这远远不够。虾农需要进一步了解这股冷空气经过此地的更为精确的时间，强度有多大，持续时间有多长，养殖场的水温会不会降到危及虾继续存活的程度等，以便提前采取措施减少或避免损失。又如，高铁运行的安全速度受天气状况尤其是风速的直接影响很大。此外，对海洋上全天候在全球范围航行的数千艘万吨级大型船只来说，预测会遇到什么样的风浪以确保航行安全同样非常重要。因此，这些特定行业、特定群体、特定时间窗口下的气象服务则与普通天气预报不同，这是根据客户特定的需要将基本气象资料精细化、再加工和具体化的极具个性化特征的商业性气象服务。

当前，在全球气候变暖背景下，极端天气气候事件增多，统筹发展和安全对防范气象灾害重大风险的要求越来越高，经济社会发展对气象气候影响的敏感性和关联性越来越强，人民生活对气象服务的需求越来越精细，生态文明建设对气象保障的要求越来越迫切。人民群众、各行各业对气象服务保障的需求已从"有没有"转向"好不好""强不强"，这对气象服务保障能力和水平提出了更高要求，气象服务需要更加注重了解各方面的需求，更加注重产品的专业化、精细化、针对性。然而，长期以来，预警发布"大水漫灌"、气象服务应用观测预报产品不足等问题，是影响气象防灾减灾第一道防线作用充分发挥、阻碍气象服务水平进一步提升的顽疾[1]，现有的公益性质气象服务无法满足老百姓的个性化需求，也难以帮助判断气象条件对出行可能造成的影响，这块气象服务"短板"要靠气象产业来补齐，如天气预报因为涉及国家安全，必须由官方权威气象部门统一发布，但在此基础上的气象信息

① 破难题 求实效 见真功——气象部门 2022 年"质量提升年"行动综述. 2022-12-20. https://www.cma.gov.cn/2011xwzx/2011xqxxw/2011xqxyw/202212/t20221220_5229267.html[2023-07-29].

解读和消费端的气象产品提供，应该积极吸纳各类市场主体的力量[①]。有需求就会有市场，气象服务需求的增长为气象服务市场化发展提供了极大的动力。

2）气象服务需求与供给的矛盾

与此同时，社会各界的气象需求越来越呈现出多元化、精细化、地区分布不均衡等特征，不同地区、不同行业、不同人群对气象服务有着不同的需求。例如，铁路、航空航天、农业、海洋等不同行业对公共气象服务的种类需求不同，各行业倾向于本行业所需的专业性气象服务；气象灾害预警预报、灾害评估等要求公共气象服务越来越精细化；由于我国幅员辽阔，地区差异大，公共气象服务地区之间、城乡之间都存在着供给不均衡的问题，如北方城市居民关注沙尘暴，沿海城市关注台风等；此外，不同社会群体对气象服务的关注重点也有所差异，如农民关注低温、霜冻，司机关注雨雪、大雾，老人关注穿衣指数，年轻女士关注防晒指数等。如此复杂的公共气象服务需求，必须需要投入更多的人力物力财力，才能更好地满足人民的气象需求。然而，作为公益性的事业单位，国家对人员编制和经费的投入有限，在面对国家重大战略、保障人民生命安全、支撑生态文明建设等方面所提出的气象服务需求更加广泛深入、任务越来越重的情况下，由气象部门独自供给所有气象服务显然有些力不从心。例如，气象服务单一供给模式，有限的供给能力，封闭的服务体系已经无法更好地适应社会对气象服务提出的新需求，迫切需要鼓励社会力量参与其中。又如，随着经济社会发展，气象服务已经到了无限需求和有限能力矛盾的凸显期，这就需要推动气象服务社会化，要让市场和社会来做更多的气象服务工作[②]。因此，无限的气服务需求与有限的服务能力和资源的矛盾、个性化需求旺盛与个性化气象服务产品不足的矛盾促使气象服务体制进行改革，通过引入市场方式来提供定制化气象服务。

3）市场化改革的推动

近年来，市场化改革趋势成为全面深化改革的最强音。《中共中央关于全面深化改革若干重大问题的决定》提出"必须积极稳妥从广度和深度上推进市场化改革"。市场化改革渗透到教育、医疗卫生、住房保障和供应以及养老服务等公共服务领域中。在这一市场化潮流推动下，作为公共服务组成部分的公共气象服务亦加入了市场化改革的行列

此外，由于受本国经济的限制，一些国家气象部门的经费不足，或者政府因财政困难减少了给气象部门的经费，政府在政策上允许气象部门进行市场化运作，这使得许多国家气象部门陆续开展并进一步扩大了商业化活动。总之，气象服务市场

---

① 【两会产业观察】从公益服务到个性化需求 气象服务如何补齐"短板"？2018-03-17. http://finance.cnr.cn/txcj/20180317/t20180317_524168022.shtml[2023-07-29].

② 我国气象服务已进入快速发展阶段 产业发展后劲足. 2015-10-27. https://www.cma.gov.cn/2011xwzx/2011xmtjj/201510/t20151027_295994.html[2023-07-29].

化是一个大趋势，随着 5G、物联网技术的不断发展，气象探测、通信等科技的进步，气象服务会越来越精细、专业，使得满足不同主体的不同气象服务需求成为可能，因此，气象服务的领域不断拓宽，气象服务商业化、市场化运作则是水到渠成的事情。现实生活中，除了为政府防灾和公众日常生活提供公益性的信息保障外，气象服务开始提供承担较多的个性化、专业化的职能，也就具有了私人性、商业性的特点，可以按照市场机制进行运作。值得一提的是，市场化、商业化的运作，既能让气象服务更加多元化，可以推进气象信息加工、处理等技术和相关服务在需求和竞争中快速提升，也可以增加气象部门的收入，为国家社会和行业的发展提供更多更好的公益性服务，进而促进气象事业的发展。

2. 气象服务市场化的含义

气象服务市场化趋势与最近二十多年世界科学技术的飞速发展分不开。近几十年来大气科学快速发展，借助气象卫星和天气雷达等现代探测手段，大大提高了监测能力；借助现代化通信技术，大大提高了气象信息的传输能力；广泛应用高速计算机，发展了以数值预报为基础的现代天气预报业务。新的气象分支学科不断涌现，如人工影响天气、人工增雨、人工消雹、人工消雾、灾害评估技术、污染气象预报、医疗气象等。即使传统的公益性天气预报，稍作加工就成为适销对路的新产品。在国外，气象经济学界流行一条"德尔菲气象定律"，即气象投入与产出的比为 1：98，即气象企业在气象上每投入 1 元，就可以得到 98 元的经济回报，由此可见气象与经济有着密切的、直接的关联。例如，夏天持续的高温刺激着消费者购买空调的欲望，强烈的紫外线引导消费者购买遮阳伞，饮料的销售量在酷热的几天中也是直线攀升；在德国夏天气温每升高 1℃，啤酒销量就会增加 230 万瓶，在日本，夏季超过 30℃气温每多一天，空调的销量就增加 4 万台（陈强等，2010）。为了提高气象服务的水准，国外气象公司开发出啤酒指数、空调指数、雨伞指数、泳装指数、睡眠指数等五花八门的气象指数预报信息，定向提供给专门的企业获取利润。

由于这些气象服务产品属于小众需求，科技含量和生产成本较高，且能够为用户带来较多的经济效益，属于私人物品，应该收取相应的制作费用。因此，气象服务市场化是指根据某些部门单位、个人的特殊需求，对气象初级产品（如观测要素资料）采用现代化科学技术，进行深加工，制作出适合用户需要的气象产品（个人出行、指导农业生产等），并按照市场交易原则收取一定费用的行为。

10.4.2 我国气象服务市场化的实践情况

20 世纪 40 年代，一些国家把市场竞争机制引入到气象服务中，开展商业化气象服务。气象服务商业化既减轻各国政府的财政压力，又提高了气象服务效率，因而在 80 年代初气象服务商业化得到快速发展。商业化气象服务的形式大体分为三种：一是完全由国家气象部门从事商业化服务，如新西兰等；二是国家气象部门只搞公益无偿服务，由私人公司开展商业化服务，如美国、日本等；三是国家气象部门既搞公益服务又搞商业化服务，同时也允许私人公司从事商业化服务，如英国、法国和澳大利亚等（王海啸，2000）。从国外气象服务的发展模式来看，各国政府对公共气象服务投入有限，除基础公共气象服务外，其他气象服务大都以商业气象的形式提供。

在计划经济时期，我国气象服务主要是无偿为军事、政府决策以及党的重要活动服务，政府既是气象服务的供给者，又是气象服务供给的主要消费者。之后，随着我国社会主义市场经济体制的建立以及公众对气象服务需求的增加，政府供给气象服务呈现资金不足问题，为此，我国自1985年开始开展有偿气象服务的实践，气象服务市场化实践初现端倪。《气象法》第三条规定："气象台站在确保公益性气象无偿服务的前提下，可以依法开展气象有偿服务。"第二十五条规定："通过传播气象信息获得的收益，应当提取一部分支持气象事业的发展。"这些表明，在我国引入市场机制来供给气象服务是有法律法规的支持依据的，标志着气象商业化服务的序幕正式拉开。

目前，我国公共气象服务供给市场化实践主要表现为两种形式。

1. 公共气象服务供给费用补偿

这种形式主要是强调使用者付费，即"谁使用谁付费"的原则，采取收费的方式供给一些公共气象服务，目的是把价格机制引入到公共气象服务中。例如，公众因个人原因如旅游、投资等需要更为精准、丰富的气象产品或服务的话，则必须支付相应的额外费用。

20世纪80年代初，国内气象有偿服务就出现萌芽状态，1985年，国务院批准气象部门开始开展有偿气象服务。经过20多年的发展，全国许多气象台也陆续开展了针对特定企业、特定行业的专业气象服务。有些企业，像民航这种对天气敏感的特殊行业，则选择自己提供气象服务。例如，中国南方航空股份有限公司根据自己的需求，向指定的气象信息发布部门（如国家气象部门以及国际民航组织缔约方指定的气象台）购买信息，然后针对某个要求来进行研究，如降水、温度、风速等，对飞机有哪些实际影响等，"气象部门是生成原料的部门，就像大米和水、盐、油等基础原料，我们南航气象室则是把这些大米煮熟，调制各种口味，根据航空公司的各种要求做成适合不同口味的一道道菜"（陈强等，2010）。

在我国公共气象服务公司中，最著名的当属华风气象传媒集团有限责任公司。华风气象传媒集团有限责任公司是中国气象局旗下的国资背景企业，该公司已经开始针对各行业成立专业气象服务板块。例如，针对交通、能源电力、水利、农业、金融保险等，华风气象传媒集团有限责任公司在各个方向布局成立了一些混合所有制的企业，其模式都是与优势的行业企业相结合，将行业的专家信息和认知模式，与华风集团的气象数据与分析能力相结合，做"靶向"的气象服务。这已经走出了一种市场模式，就是用混合所有制的方式来探索气象行业的深度结合，然后提供个性化的行业解决方案。该公司还将争取服务全球化，做全球观测、全球预报、全球服务，尤其是紧跟国家"一带一路"倡议，争取把国家的气象信息服务能力拓展到全球，提供全球气象服务的中国方案。例如，该公司谋划针对中欧班列、巴基斯坦瓜达尔港等提供中资气象机构的仓储货运资产的安全管理与天气风险管理的解决方案①。企业或公众需要使用这些气象服务产品或项目时须支付相应的费用。2014 年10 月，中国气象局批复同意上海自贸区气象服务市场管理改革试点实施方案，在上海自贸区率先试点建立符合国际化和法治化要求的外资气象服务市场管理体系，打造气象服务市场管理制度"试验田"。当前，我国处于气象服务市场扩大开放的探索期，上海自贸区气象服务市场管理试点可谓是全国深化气象服务体制改革的"探路先锋"（王瑾，2015）。

2. 政府购买公共气象服务

政府购买服务即是指政府向社会力量购买服务，是通过发挥市场机制作用，把政府直接向社会公众提供的一部分公共服务事项，按照一定的方式和程序，交由具备条件的社会力量承担，并由政府根据服务数量和质量向其支付费用。2013 年，《国务院办公厅关于政府向社会力量购买服务的指导意见》颁布，之后政府购买公共服务在全国范围、各个领域不断推进，涉及公共卫生、教育、养老、残疾人服务、社区矫正、文化、环保等诸多领域。在政府购买公共服务的政策推动下，2014 年中国气象局印发《气象服务体制改革实施方案》，提出要初步形成统一开放、竞争有序、诚信守法、监管有力的气象服务市场。政府购买气象服务作为气象服务市场化、社会化的重要实践形式，是现阶段我国运用得较多的一种公共气象服务市场化实践形式。

在中央政府大力倡导政府购买公共服务的政策背景以及中国气象局全面深化气象改革的背景下，政府购买气象服务实践在我国全面展开。2014 年财政部将"气象频道维持"作为全国布局的政府购买服务试点项目，投入 1000 万元左右资金。2015年预算又增加了"'三农'气象服务"作为政府购买服务试点项目，投入 550 万元资金，涉及 8 个省 75 县，支持其组织农村有关社会组织、信息员等参与气象服务（周锦程等，2015）。各试点积极探索通过政府购买气象为农服务或共享数据资源等方式，充分调动社会力量参与气象服务积极性，部分省市已经将农业气象信息服务、人工影响天气等公共气象服务项目纳入政府购买服务目录。目前，全国已有 192 个县将气象为农服务工作纳入政府购买服务指导性目录，42 家国有气象企业、165 家社会企业及 235 家社会组织已成为气象为农服务的社会力量，128 万农户受益（贾

---

① WISE 风向大会：气象服务的全球化与市场化趋势. 2019-04-16. https://tech.chinadaily.com.cn/a/201904/16/WS5cb572dba310e7f8b1576d83.html[2023-07-29].

静淅和崔国辉，2015）。各省市、区县气象部门逐步将公共气象服务纳入政府购买服务清单（表 10-1 和表 10-2）。

表 10-1　公共气象服务纳入部分地方政府购买服务清单情况（省级层面）

省份	公共气象服务纳入地方政府购买服务清单			相关文件
	一级目录	二级目录	三级目录	
安徽省	基本公共服务	"三农"服务	农业气象信息服务	《安徽省政府向社会力量购买服务指导目录》2014 年 1 月 27 日发布，2015 年 6 月 17 日修订
	社会管理性服务	防灾救灾	气象灾害预警信息传播服务；气象灾害监测设备、人员密集公共场所防雷设施维护	
河南省	基本公共服务	公共文化	气象防灾减灾科学知识普及	《河南省政府向社会力量购买服务指导性目录》
		基本公共安全服务	气象灾害预警信息传播服务、气象灾害监测及设备保障	
		"三农"服务	农业气象信息服务	
浙江省	公共服务	农林水服务	防灾气象信息传播	《浙江省政府向社会力量购买服务指导目录（2015 年度）》
	政府履职辅助性服务	维修和保养服务	其他设备的维修保养（包括气象设施设备的维修保养）	
黑龙江省	资源环境	气象灾害监测		《黑龙江省人民政府办公厅关于政府向社会力量购买服务的实施意见》
		气象预警信息发布		
		气象防灾减灾科学知识普及及和培训		

表 10-2　部分基层政府购买公共气象服务实践情况（市区县层面）

省份	时间	市（区、县）	购买气象服务内容
安徽省	2014 年	合肥市	生活气象服务、气象科普宣传、公共设施防雷安全检测、气象灾害预警信息发布
	2015 年	铜陵市	气象灾害防御、公众气象服务、气象为农服务、人工影响天气、气象科普宣传及其他政府委托的气象服务
山东省	2014 年	青岛市	气象灾害防御
陕西省	2014 年	渭南市	基层气象为农服务、气象为农影视服务节目
	2014 年	铜川市耀州区	"直通式"气象服务
	2015 年	延安市	气象灾害预警信息传播服务、人工影响天气装备保障技术服务、农情调查及农业气象信息服务、自然灾害及重大社会事项等突发公共事件影响评估服务
	2015 年	汉中市	气象灾害预警信息传播服务、农情调查、农业气象信息服务、自然灾害影响评估服务、气候品质认证
	2015 年	韩城市	气象设施设备

续表

省份	时间	市（区、县）	购买气象服务内容
浙江省	2015 年	宁波市	气象防灾减灾信息传播
	2015 年	永嘉县	气象防灾减灾信息传播、人工增雨火箭弹储运服务、气象观测和服务设施、通信设备维修保养、气象为农服务、气象影视制作、农产品气候品质认证、农业气象使用技术项目成果推广
	2015 年	德清县	气象监测和服务设施的维修保障服务，气象防灾减灾培训和社会宣传，气象防灾减灾信息的社会传播，人工增雨火箭弹的储运服务，气象服务需求、信息覆盖率、满意度调查，现代农业气象基地的日常管理、人工观测和试验以及农业气象适用技术项目成果推广
湖南省	2015 年	长沙市	气象预测
	2016 年	常德市澧县	人工增雨火箭弹储运服务和防灾减灾气象信息分类分级传播
湖北省	2014～2015 年	荆门市、武汉市东西湖区、大冶市、云梦县、嘉鱼县、赤壁市、通山县、潜江市、天门市、应城市	"三农"气象服务、气象信息传播、农情调查、气象设备维护
福建省	2014 年	南平市	人工影响天气、为农服务"两个体系"、新一代天气雷达、气象专项信息
	2014 年	三明市	农村气象专项预警、人工影响天气、短时灾害性天气、为农服务两个体系
	2014 年	平潭县	天气预报节目、专项预警预报服务
	2014 年	漳州市诏安县	为农服务、人工影响天气、乡镇气象信息员培训、技术装备保障
	2014 年	龙岩市武平县	人工影响天气和为农服务

10.4.3 我国公共气象服务发展规划

1. 我国气象服务体制的改革

自党的十八大以来，我国进入全面建成小康社会和全面深化改革的关键时期，世情、国情继续发生深刻变化，气象服务赖以生存的经济基础、体制环境、社会条件正在发生深刻变化，将给气象服务带来一系列重大影响，迫切需要气象管理主动适应中央和国家深化改革大势，科学谋划气象服务体制改革，深入推进气象服务改革发展。

为推进气象服务体制改革，2014 年 5 月 21 日，《中共中国气象局党组关于全面深化气象改革的意见》提出，积极培育气象服务市场。建立公平、开放、透明的气象服务市场规则，形成统一的气象服务市场准入和退出机制，鼓励和支持气象信息产业发展。按照开放有序的原则，制定气象服务负面清单，明确气象服务市场开放领域，建立基本气象资料和产品开放共享和使用监管政策制度，加大气象资料和产品的社会共享力度。营造良好的气象服务市场发展环境，在市场准入、基本气象资料和产品使用、政府购买服务等方面，让各类气象服务市场主体享受公平政策。积极培育气象信息服务产业，扶持气象科技企业发展，提高市场竞争力和国际竞争力。

2014 年 10 月 10 日，中国气象局印发《气象服务体制改革实施方案》，提出气象服务体制改革的基本思路是：深化气象服务体制改革，要坚持公共气象发展方向，围绕更好发挥政府主导作用、气象事业单位主体作用和市场在资源配置中的作用，创造有利于多元主体参与气象服务、公平竞争的政策环境，引入市场机制激发气象服务发展活力，增强气象服务供给能力。健全公共气象服务运行机制，发挥气象部门公共气象服务的职能和作用，推进公共气象服务的规模化、现代化和社会化发展。该实施方案提出了加快推进气象服务体制改革的重点任务：一是更好发挥气象事业单位在公共气象服务中的主体作用；二是培育气象服务市场；三是激发社会力量参与公共气象服务的活力；四是强化政府在公共气象服务中的主导作用。

历经多年努力，我国气象服务体制改革取得显著成效，如防雷减灾体制改革推进迅速，《国务院关于优化建设工程防雷许可的决定》下发后，中国气象局立即取消气象部门对防雷专业工程设计、施工单位资质许可，主动与住房和城乡建设部沟通，做好将房屋建筑工程和市政基础设施工程防雷装置设计审核、竣工验收许可，整合纳入建筑工程施工图审查、竣工验收备案的协调工作，并与水利部、交通运输部、国家铁路局等行业主管部门进行对接，细化清单、明确责任；根据国务院降低准入门槛、扩大社会参与、加强事中事后监管的要求，中国气象局制定下发《雷电防护装置检测资质管理办法》，全面开放防雷装置检测市场，鼓励社会组织和个人参与防雷技术服务，出台相关配套标准规范，建立公平开放透明的防雷减灾服务市场规则，规范服务机构及从业人员行为；在"简"和"放"的同时，中国气象局制定了防雷装置检测的相关配套标准规范，推进"双随机、一公开"机制的建立，确保放下去的事项接得住、"管"得好，取消的事项不出现监管的真空；探索利用互联网建立监管平台和信用平台，强化执法监督。通过改革，2016 年 3 月底，"雷评"（雷电灾害风险评估）等涉及防雷行政审批的所有中介服务全部清理规范完毕，每年将有 20 多万个工程项目避免重复许可，有效缩短办理时间，切实减轻了企业负担[1]。与此同时，地方气象部门的气象服务体制改革推进有力。例如山东省以集约化、品牌化为发展目标，推动公众气象服务业务省市集约；增加气象服务有效供给，在 4 个"三农"服务专项实施县开展农村气象防灾减灾体系标准化试点建设；推动省财政厅落实政府购买服务有关规定，明确气象

---

① 防雷减灾体制改革攻坚克难显成效. 2016-08-02. https://www.cma.gov.cn/2011xwzx/2011xqxxw/201608/t20160802_318315.html[2023-07-29].

防灾减灾和公共气象服务地方事权及相应的支出责任，10个地市已将气象服务纳入政府购买服务指导性目录；联合省财政厅共同落实气象双重计划财务体制，对气象事业发展的中央与地方事权与支出责任进行划分，明确了14项地方气象事业项目，要求各市县财政部门要将地方气象事业费足额落实到位，进一步推动了地方政府建立与地方气象事权相适应的支出责任等[①]。

2. 我国公共气象服务发展目标与任务

新中国成立以来，在党的领导下，我国广大气象工作者坚持服务国家、服务人民，为促进国家发展进步、保障改善民生、防灾减灾救灾等做出了突出贡献。气象工作关系生命安全、生产发展、生活富裕、生态良好，做好气象工作意义重大、责任重大。习近平总书记要求广大气象工作者发扬优良传统，加快科技创新，做到监测精密、预报精准、服务精细，推动气象事业高质量发展，提高气象服务保障能力，发挥气象防灾减灾第一道防线作用，努力为实现"两个一百年"奋斗目标、实现中华民族伟大复兴的中国梦作出新的更大的贡献[②]。为贯彻落实习近平总书记关于气象工作重要指示精神和党中央国务院决策部署，推动"十四五"时期公共气象服务高质量发展，2021年，中国气象局印发《"十四五"公共气象服务发展规划》，明确未来五年公共气象服务主要发展目标，提出到2025年，气象服务数字化、智能化水平明显提升，智慧精细、开放融合、普惠共享的现代气象服务体系基本建成。气象服务保障生命安全、生产发展、生活富裕、生态良好更加有力，气象防灾减灾第一道防线作用更加凸显，具体目标如下[③]。

（1）公共气象服务效益明显提升。气象防灾减灾成为国家综合防灾减灾体系的重要组成，气象灾害导致的直接经济损失占GDP比重低于0.5%。用户理解和利用气象服务的能力明显提高，人民群众对美好生活向往的气象服务需求基本得到满足，全国公众气象服务满意度平均水平保持在90分以上。气象服务农业、交通、生态、能源、海洋、旅游、健康等重点行业领域的成效明显。

（2）公共气象服务能力取得新突破。以影响预报和风险预警为核心的气象服务业务基本建立，气象服务基本实现以气象要素为主向影响服务为主转变。突发事件预警信息发布能力显著增强，预警信息公众覆盖率达到95%以上。到2022年，初步实现气象服务数字化；到2025年，气象服务智能化水平明显提升，基本实现气象服务产品的自动制作、内容按需定制和服务的在线交互。

（3）现代气象服务体系基本建成。"智能预报+气象服务"的业务服务体系逐步

---

① 山东：气象服务体制改革成效显著. 2016-11-30. https://www.cma.gov.cn/2011xwzx/2011xgzdt/201611/t20161130_343365.html[2023-07-29].

② 《中共中国气象局党组关于学习贯彻习近平总书记重要指示、李克强总理批示和胡春华副总理讲话精神的通知》（中气党发〔2019〕112号）。

③ 中国气象局. 2021-11-24.《"十四五"公共气象服务发展规划》（气发〔2021〕130号）.

完善，实现气象观测、预报和服务的系统协调发展。"气象+"服务业态基本形成，气象服务布局进一步优化，气象服务集约化、品牌化发展机制更加完善，气象服务供给能力和均等化水平明显提高，气象服务国际影响力显著提升。

为实现以上发展目标，该规划提出了七大主要任务[①]：

（1）坚持人民至上、生命至上，筑牢气象防灾减灾第一道防线。深入贯彻落实习近平总书记"两个至上"和防灾减灾"两个坚持、三个转变"理念，全面融入国家应急管理体系和自然灾害防治体系建设。增强风险意识，强化底线思维，注重补短板、强弱项，提升气象防灾减灾能力，为综合防灾减灾救灾和平安中国建设提供基础支撑。

（2）融入生产发展，增强气象服务经济社会发展能力。围绕国家重大战略，面向国计民生的重点行业和气象敏感行业，以推进气象服务数字化、智能化为抓手，实施"气象+"赋能行动，将基于影响预报的数字化气象服务产品植入各行业用户智能决策指挥平台、生产运营系统，构建气象服务与相关行业深度融合的气象服务新业态，实现全产业的实时交互、全链条在线服务，为生产发展和生产安全提供有力保障。

（3）助力生活富裕，为美好生活提供高质量气象服务。紧贴百姓高品质生活的需求，推进公众气象服务向数字化和智能化转变，强化气象服务标准化、品牌化建设，探索开展基于场景定制式、个性化的气象服务，提升公众气象服务质量。拓展气象服务渠道，实现气象服务触手可及。

（4）保障生态良好，提升生态文明建设气象能力。坚持需求导向，实施气象服务赋能绿色发展和保障生态安全行动，充分发挥气象在生态系统保护和修复中的保障支撑作用、在绿色发展中的趋利增效作用、在环境问题治理中的预警先导作用。

（5）夯实基础支撑，加强气象服务能力建设。坚持问题导向和目标导向，补短板，强弱项，推进气象服务基础能力建设，构建数字化气象服务体系，提升气象服务自动化和智能化水平。

（6）坚持创新驱动，提升气象服务现代化水平。强化气象服务核心技术集中攻关、成果转化以及信息技术的集成应用，提升智慧气象服务能力，实现气象服务产品的个性化定制、自动化制作、精准化推送。

（7）适应改革要求，创新气象服务机制。贯彻新发展理念，坚持系统观念，推进气象观测预报服务的有机衔接。强化气象与相关行业系统的有机融合，构建气象服务"朋友圈"，实现气象服务与相关行业的正向互动、共生发展。发挥市场机制的重要作用，培育和支持社会气象服务企业发展，规范气象服务市场监管，促进气象服务提供主体多元化。

① 中国气象局.2021-11-24.《"十四五"公共气象服务发展规划》（气发〔2021〕130号）.

复 习 题

1. 如何理解公共气象服务的含义?
2. 公共气象服务可以分为哪些类型?
3. 谈谈你对气象服务市场化的认识。
4. 如何推动公共气象服务的发展?

主要参考文献

陈强, 程行欢, 朱杏金. 2010. 中国气象经济为什么未成气候. 今日国土, (10): 42-44.

贾静淅, 崔国辉. 2015-12-11. 政府购买服务有清单, 社会力量踊跃参与. 中国气象报, (001).

李泽椿, 巢纪平. 2004. 中国气象事业发展战略研究·气象与经济社会发展卷. 北京: 气象出版社.

马骏. 2006. 中国公共行政学研究的反思: 面对问题的勇气. 中山大学学报(社会科学版), 46(3): 73-76.

王海啸. 2000. 国际气象商业化发展情况. 山东气象, 20(2): 13-16.

王瑾. 2015-01-08. 打造气象服务市场管理制度"试验田"——解读上海自贸区气象服务市场管理改革试点. 中国气象报, (001).

周锦程, 林峰, 赵建伟, 等. 2015. 政府购买公共气象服务: 效率和效益的提升. 气象科技进展, 5(4): 66-67.

第11章　公共气象科普

导入案例

气象科普推进科学认识，逐步引导生产生活

2022年初，"炸弹气旋"携暴雪强风侵袭美国，导致美国部分地区的供电、交通等遭重创，弗吉尼亚州有超过10万户用户停电、马萨诸塞州的数百所学校关闭等。"炸弹气旋"作为一种极端天气现象曾一度成为公众关注热点。中央气象台、中国气象报、中央电视台、参考消息报等对"炸弹气旋"特点、形成原因、发生区域、影响范围等进行了报道与认知性解读，使公众相对迅速地了解该类天气现象的特点、成因及影响。

此外，相关网站或平台如知乎、哔哩哔哩（bilibili.com）等，通过文字、视频、图片或综合性结合对"炸弹气旋"的概念、某次"炸弹气旋"的形成过程、不同专家的观点、产生的科学原理进行了相对详细的剖析。若有公众愿意进一步了解"炸弹气旋"，可通过这些平台来进一步加深理解。

事实上，在公众平台或公共媒体大范围地对"炸弹气旋"进行介绍或阐释之前，20世纪80年代我国就有专家对此问题进行了研究（在一些专著、论文等中有体现），但这些专著或论文中对"炸弹气旋"解读更专业、更完整，其信息来源则相对封闭，且普识性不强、易懂性不高。而通过公共媒体或公众平台发布的信息则更具易懂性、可读性、娱乐性、人文性等特征，也更易于传播与获取。

资料来源：部分来源于中国气象科普网，部分依据中国气象科普网站、知乎、百度百科等来源自行改编

科普是开展科学技术普及的简称。通过科普使公众对于相关科学知识、科技实践更易理解、接受、认同、参与，甚至是在此基础上的进一步转化或应用。科普一般指科普主体以通俗易懂的方式、方法使受众获取科学知识，掌握技术能力，进而提高科学素质的过程或行为。由于气象与公众的生产生活息息相关，普及气象科学知识、提升公众气象科学素养对保障人民生命财产安全和促进经济社会发展具有重要意义。经过多年努力，2022年12月，我国已拥有国家级气象科普教育基地461个，其中，由中共中央宣传部、科技部、教育部和中国科学技术协会联合命名的"全国青少年科技教育基地"17个，由中国科学技术协会命名的"全国科普教育基地"（2021～2025年第一批）44个，由教育部命名的"全国中小学生研学实践教育基地"11个，由中国气象局、科技部联合命名的"国家气象科普基地"16个。除了科普基

地的建设，科普人才的培育、科普手段的更新、科普方式的改进、科普渠道的拓展，都是我国公共气象科普发展中的重要方面。

11.1　公共气象科普的概念、主体及特征

11.1.1　公共气象科普的概念

1. 公共气象科普的定义

公共气象科普是指公共气象科普主体在一定的时间范围内通过不同的形式、不同的载体向公众普及气象知识、传播气象科技知识与气象信息的过程或行为。公共气象科普有别于一般气象科普最本质的特征在于科普主体与科普对象的公共性，而公共性背后也必然承载着对相关科普内容的客观性、科学性、公开性、人文性等要求。

2. 公共气象科普的类型

一般而言，依据不同的划分标准，可以将公共气象科普分为不同的类型。而不同类型的公共气象科普均通过一定的社会形式或社会活动体现出来。

依据公共气象科普的接受对象（即受众）的不同，可分为中小学公共气象科普、青少年公共气象科普、农民气象科普等。中小学与青少年公共气象科普一般通过相应学习阶段的学校来完成，原则上具有集中性、持续性、稳定性与知识性。当然也可通过分散的其他方式或场所来完成。而农民气象科普的途径、场所等则相对比较分散，科普的亲民性、科普的效果与持久性亦较难评估。

依据公共气象科普的普及主体不同，可分为国家机关、武装力量、社会团体、企业事业单位、农村基层组织及其他组织、公民个人的科普，这一分类是依据《中华人民共和国科学技术普及法》（以下简称《科普法》）来确定相应的科普主体，并以科普主体所掌握的相关气象知识及科普服务能力为基础展开。由于公共气象科普具有政府主导性，法定的科普主体在公共气象科普中占据引领地位，因此，如何充分发挥法定科普主体的作用，健全其他主体的有效参与机制，既需要法律的确认，更需要政府的扶持与引导。

依据公共气象科普的科普内容不同，可将公共气象科普分为气象科学知识、气象灾害及其防御、气候变化和气候资源利用、气象与生活、气象文化、气象法律法规、气象科技发展、气象科学研究成果推广八个方面。此分类下的公共气象科普往往以公众的气象知识需求、气象问题认知、天气变化对产业发展的影响、天气现象对生活的影响等方面的展开。在此八个内容下的公共气象科普，大多都具有较强的专业性与系统性，需要具备专业知识的人以公众能接收理解的方式来进行。目前不同层级气象主管部门所展开的公共气象科普大多是依科普的内容或所服务的行业而进行的分类。

11.1.2　公共气象科普的主体与受众

1. 科普主体及科普受众

何为科普主体？科普主体包含哪些类型？现有相关研究及实践均并未给出一致界定，本教材将结合《科普法》的规定以及科普实践活动中的实际主体，对科普主体的内涵与外延进行解读。

按照科普的环节或过程划分，科普主体包括科普的决策主体、科普的规划主体、科普的监管主体、科普的实施主体、科普的接纳主体等。科普的决策、规划与监管主体，一般由国家机关或法律法规授权的组织来担任。虽然《科普法》未明确科普主体的概念，但明确了国家机关、武装力量、社会团体、企业事业单位、农村基层组织及其他组织应当开展科普。《科普法》的规定表明上述这些主体是开展科普活动的法定义务主体，蕴含着这些主体是科学技术知识的普及者、科学方法的倡导者、科学思想的传播者及科学精神的弘扬者。《科普法》中规定这些主体是科普信息的提供者、发布者与传播者，这些主体应科学理性地选择相应的价值取向、科普途径与方式、科普内容来决定向受众传递哪些科普信息。因此，这些法定的科普主体必须以义务或责任的最佳履行为基础展开活动。

按照科普信息的收集、编辑、发布、传播、接收这一流程来看，科普活动中的相应群体至少包含了两个不同的类型：一是科普信息的收集、编辑、发布、传播者；二是科普信息的接受者（科普信息的受众）。一般将前者[1]当作科普主体，将后者当作科普受众（或科普对象）。《科普法》中未将科普主体与科普受众予以明确区分，当然在现实中也存在着科普主体与科普受众合一或交叉并存的现象。我国《科普法》第十三条规定："科普是全社会的共同任务。社会各界都应当组织参加各类科普活动。"该条中指出社会各界都应该组织参加各类科普，此条将"全社会"与"社会各界"作为科普活动的组织参加者，显然此处的组织参加者既包含了科普的主体（即科普的收集、编辑、发布、传播等主体），也囊括了科学技术知识、科学方法、科学思想及科学精神[2]的接纳者（即科普活动的受众或对象）。

尽管《科普法》未明确界定科普主体的内涵，但以列举的方式明确了科普主体的外延范围[3]。从《科普法》的规定来看，该法明确了科普的义务主体与参与科普的权益主体，这对于科普活动中的一系列行为或活动的顺利展开是有积极意义的。公共气象科普属于科普，因此，这些规定当然适用于公共气象科普。

基于科普实践、法律规定及一般认知，将科普主体划分为科普主体与科普受众。

---

① 指科普信息的收集者、编辑者、发布者、传播者。

② 关于科普内涵，主要有三科、四科与五科之说。三科指科技知识与技能、科学思想、科学方法；四科指科学技术知识、科学方法、科学思想及科学精神，该认知被《科普法》所采纳；五科指科学技术知识、科学方法、科学思想、科学精神和科学道德。

③ 参见《科普法》第四条的规定。

科普主体是指依照法律规定或社会需求，收集、提供、发布与传播科普信息的主体，系科普的义务主体；科普受众是指科普信息的接纳者，作为科普活动的受众或对象，科普受众是参与科普的权利主体。因此，无论是科普的义务主体，还是权利主体，都可能成为科普活动中能动主体。同时，无论是科普主体还是科普受众，都不应该以科普为名从事有损社会公共利益的活动。

2. 公共气象科普主体

公共气象科普是科普活动受众为公众的气象科普，除了表述存在差异外，与一般科普差异并不明显。因此，公共气象科普主体可分为科普主体与科普受众。在一般的认知与理解中，大多将科普主体理解为科学普及的传播者、教育者等，这种认知未将科普受众纳入主体范围是值得商榷的。科普本质上应该是双向互动的过程，因此，无论是科普主体还是受众都应该纳入科学普及主体的范围才符合现代科普的发展趋势。

公共气象科普主体是依法开展公共气象科普的主体，涵盖了公共气象信息的收集、提供、发布、传播等主体。包括国家机关、武装力量、社会组织、企事业单位、农村基层组织及其他组织。国家及地方气象主管机构、气象台站、从事气象教育的高等院校等是公共气象科普的主要主体，这些主体不仅掌握着系统全面的气象知识与气象科技，而且在气象科学知识普及和先进气象科学技术推广方面具有优势。

公共气象科普的受众主要指参与气象科普的权利主体，其主要对象是公众。公众的范围包含了自然人、法人、社团等。从现有科普实践看来，科普受众主要集中于不同年龄、不同职业特性的自然人，以及不同需求的法人或社团。

11.1.3 公共气象科普的特征

1. 公共气象科普的一般特征

公共气象科普是有中国特色的，兼具科学性、群众性和公共性的科学活动，此类科学活动不同于一般的科学研究与技术创新活动，更"重视人文关怀，贴近人的需求"，在实践中不仅要有效传播科学理论，更要使被传播的内容易于被公众所接纳，将科学认知的娱乐和教育融为一体。作为人类社会气象活动与科学活动充分融合产物的公共气象科普，本质上应是一种以公众的正当需求为核心的复杂的气象科技传播、认知及应用一体化的进程。在该进程中，如何"推动科学家和公众的有效对话"是关键。因此，尽管现代科技传播呈现出非线性的特征，但"科学性、群众性、公共性"仍是公共气象科普的一般特征。

2. 公共气象科普的独有特征

综观公共气象科普的理论发展与社会实践，相对其他科普而言，具有如下独特性。

　　一是公共气象科普主体的特定性与专业性，这是由系统性气象知识的复杂性、科学性，以及现代气象学发展而产生的学科分工所决定的。

　　二是公共气象科普形式与科普载体的多样性，形式与载体的多样性既是科普内容的要求，也是科普形式的体现。另外，这种多样性亦与气象知识来源的广泛性、传承性等特征相关。

　　三是公共气象科普知识传播的多元性与内容复杂性，这要求不同的科普主体应以科普内容的有效传播为核心，强化对知识的解读、认知与理解性传播，深化气象信息与知识的普适性转化。四是公共气象科普内容的广泛性与专业性。气象知识的获取或需求既与公众生产生活认知相关，也与人类科技的整体性进步相关，因此科普内容的可接受性与科普对象的广泛性是密切相关的。

11.2　公共气象科普的主要内容

　　公共气象科普内容的发展演变，一方面源于社会经济发展与社会进步的整体性需求，另一方面也受到科普主体所掌握的科普知识或科普信息、科普受众的需求与理解认知程度的影响。公共气象科普的主要内容关联着科普的使命，无论其内涵定位为"三科""四科"，还是"五科"，其目的都是为了弘扬科普精神、倡导科学方法、传播科学思想、普及科技知识，并促成公众对科技的认知、理解、转化与应用。

　　在现有的研究与实践中，有人认为公共气象科普涵盖了气象学原理知识、气象防灾减灾、二十四节气、气候变化、气象与生产生活、气象与历史文化和气象与环境，也有人认为公共气象科普的内容应从气象与灾害、气象与社会生活、气象与经济、气象与军事、气象科技发展和气象与文化这六个方面展开，还有将气象科普分为气象科学知识、气象灾害及其防御、气候变化和气候资源利用、气象与生活、气象文化、气象法律法规、气象科技发展、气象科学研究成果推广八个方面内容（沈箐等，2017；赵斐苗，2018）。这些分类虽然来源于实践，且与中国气象局科普网站上呈现的内容基本一致，但归纳性与凝练性有待进一步提升。为了让科学技术知识、科学方法、科学思想及科学精神能真正被公众所领悟、理解、实践与应用，科普内容应兼具科学性与人文性特征（陈玉海，2012），因此，本教材中关于科普内容的确定亦将以此为基础，将公共气象科普内容划分成以下两个方面：一是知识普及或信息传播视角下的公共气象科普；二是人与气象（气候）关系定位视域下的公共气象科普。

11.2.1　以知识普及或信息传播为核心的公共气象科普

　　公共气象科普中的知识普及往往与信息传播交织在一起，二者相互促进、相辅相成。在当前实践中，以知识普及或信息传播为视角，公共气象科普的内容将主要围绕以下六方面展开：天气或气象知识、气象观测或气象预报、气候变化知识或信息、气象灾害的预报或预防、人工（类）影响天气（气候）的知识或信息、雷电防护信息或知识（沈箐等，2017；赵斐苗，2018）。这六方面的科学普及或信息传播，对于提升公众对气象（气候）科学技术知识的正确理解，秉持科学思想与科学精神认识气象（气候）问题，应用科学方法解决气象（气候）问题都具有重要影响与实践价值。这种实践价值不仅体现为公众气象知识的整体性提升，更体现为这些知识或信息对人们生产实践的指导与人们生活方式的改进。在以知识普及或信息传播为核心的公共科普中，虽侧重强调科普内容的"科学性""真理性""客观性"，但如何将这些科学知识更有效地传递给公众，则人文性特征必不可少。因而，此视角下的公共气象科普应尽可能地拓宽科普渠道、增加科普的表现方式与获取手段、增强科普内容的可读性与趣味性。

天气或气象知识、气候变化知识或信息的认知与理解，是公众具备气象科学精神与思想，做出科学合理判断或行为选择的前提。天气或气象知识，由于贴近生产生活而被公众相对熟知，但也可能会被不科学的"常识"所误导，因此，如何通过此类知识普及或信息传播，让公众知晓并接纳成为公共科普的重要选择。尽管气候变化所产生的负面影响让公众对此类知识有深入了解的愿望，但大多公众对于气候知识或信息的了解既缺乏直观性、亦缺乏传承性，对于此类知识与信息则需要有更多的政府引导与推动，方能让公众知晓并接纳。

公众对气象观测或气象预报、气象灾害的预报或预防（包括雷电防护）的科学认知、理解与接纳，是公众了解气象工作机制、气象工作原理的切入口，也是公众对此类工作给予支持与配合的前提，更是指导公众生产生活的重要依据。例如，人工影响天气是目前人类对气候（或气象）资源进行合理开发利用的重要内容，唯有大多数都知晓并理解这些活动可能产生的实际影响，才能更有效地对此类资源的有序有效开发利用进行监管，也才能更有效地规范公众的各种活动与行为。所以，此视角下的科普不仅要以科学为基础，在甄别、选择、评估、筛选并确认的前提下进行普及，以确保科普知识与信息的准确性与科学性；而且还要以人文性为出发点，经规划、定位、修饰、编译与转换后进行科普，提高此类知识与信息被受众接纳的可能性与可行性。

11.2.2　以人与气象关系定位为基石的公共气象科普

以人与气象（或气候）关系定位为基石，此视角下的公共气象科普主要围绕不同方面的气象条件（或气候资源）对人（或人类）的影响展开，主要包括农业、生活、体育、交通、校园或生态等方面的气象科普，这些科普不仅能提高公众的认知，也能对公众的生产生活产生密切的影响，因而，此视角下的公共气象科普，除了科普内容的"人本性""为民性""易懂性"，以便于公众接纳外，科普内容的"科学性""真理性""客观性"也要有保障。无论在何种情形下，科普内容尽可能地真实可靠、科学客观都是公共科普不可或缺的内核。

农业气象科普主要是为农业生产提供气象服务，使农业生产者、农业生产管理者在掌握气象信息的基础上，有序有效地规划、安排与从事农业生产。生活气象科普则是为公众的生活（尤其是户外活动）提供相应的气象信息，便于公众更安全、科学地安排自身的生活与工作。体育气象科普不仅为各项体育活动、体育竞赛等提供气象信息服务，同时也为公众合理安排自身的体育活动与训练提供选择性认知基础。交通气象科普在现代交通运输中发挥了重要作用，亦为交通运输的正常运行与发展提供了有效的气象服务与气象信息认知。生态气象则使人类对自身行为的生态环境影响有了更加理性的认知，从而更科学地规划自身的低碳行为、绿色消费行为等。校园气象科普，是一种地域差异性较大，科普受众相对明确，科普内容也相对明晰的气象科普，此类科普除了关系到正常教学秩序外，正常开展教与学工作的气象条件的认知理解也是其重要科普内容。

11.3　公共气象科普的作用与功能

公共气象科普是公共气象服务的有效拓展和延伸，是加强气象科学技术普及，提高公民在气象方面的科学文化素质，全面推动经济发展和社会进步的重要力量。公共气象科普在公共气象服务中的先导性作用，是科普工作服务社会生产、助力乡村振兴、推动自然灾害防减的重要手段；公共气象科普在公众气象信息（或知识）获取方面的基础性作用，则是气象科普在公众的气象认知、气象行为、气象思想、气象精神等方面得以革故鼎新、明理增智的重要渠道。作为农业大国，我国政府一直十分关注气象科普在农业生产方面的作用，近年来，气象科普不仅体现为农业产生发展，对社会生产生活其他方面的影响也正逐渐加强。

11.3.1　公共气象科普的作用

科普的作用与其功能息息相关，无论科普所要达成的目的是"三科""四科"，还是"五科"，气象科普在公共气象服务中都发挥着非常重要的作用。气象科普使不同的服务对象对服务需求中涉及的气象科学原理、先进技术应用以及对国家、政府和人民所能发挥的作用有深入的理解和领会（刘波等，2017）。因此，先导性与基础性是公共气象科普两项最重要作用的呈现。

1. 先导性

公共气象科普的先导性（刘波等，2017），是指气象科普在公共气象服务的提供或气象信息的获取、理解与应用方面，具有的前置性、引导性的作用。这种前置性与引导性表明，相关主体（包括自然人、法人及其他组织等）的气象科学技术知识、气象科学思维方法、气象科学精神与思想等，在一定程度上具有指引公众的气象活动（或行为）的认知或行为选择的作用。从经济发展而言，气象科普在释放气象服务效益中发挥先导性作用；就公众的行为选择而言，气象科普在指导生产生活方面发挥了先导性作用；就社会协调发展而言，气象科普在保障社会和谐平安与整体进步中也有先导性意义（康雯瑛等，2020）。

公共气象科普的这种先导性主要体现在以下三方面。首先，气象科普须能保障基本公共气象服务的实施，并能促进社会生产，这既是科普潜在内涵的体现，也是科普传递功能的显性化。在实践中，无论通过哪种途径传播气象知识或气象信息，科普在公众的气象科学认知中的先导性作用是首要的，同时，科普既是社会生产生活的参考手册与指南针，还是整体性科学与社会进步的助推器。其次，气象科普是保障农业生产，助力乡村振兴的保障性手段之一。现代农业发展，自始至终都离不开气象工作的支持。从农村产业类型的调整、农业生产的规划与引导，到农业生产过程中的防灾减灾，甚至是农业生产作业的直接保障，都离不开气象知识与气象信息的理解和应用。最后，气象科普是让全社会了解气象灾害，推动防灾减灾建设的重要抓手。通过专业化、体系化的气象科普，使公众充分了解各种不同类型的气象灾害，减少恐怖性无知，以科学达观的态度看待气象灾害。在智能化迅速发展的时代，我们的生活不仅因智能化而便利，也因智能化而有了更多的参考与指南。

2. 基础性

科普是对科学技术的普及，其中知识的普及与基础性科学信息的获取是核心。公共气象科普的基础性便是为了保障公众对气象或气候认知，以科学增智，完成科普受众在科学的气象知识、科学的气象精神与思想等方面的突破与应用。公共气象科普的基础性，一方面体现为气象科普能使公众明晰气象知识，整体性提升气象文化。基础性气象知识的通晓，是启智的开端，提升整体公众的气象认知与气象素养，从而理解气象工作中存在的不足与制约，改观过去的不合理的抱怨与指责。另一方面，公共气象科普能使公众全面知晓气候变化，促进自身生产生活方式的改观，并进一步促成低碳生活生产。通过公共气象科普，公众充分知晓气候及气候变化相关知识，在理解气候变化背后的人类活动影响的前提下，认真反思与反省人类生产生活方式，改变非环境友好（或非低碳）的生活或生产方式。

11.3.2　公共气象科普的功能

1. 公共气象科普功能定位的转变

科普功能伴随其功效定位的变化而不断变化，科普功能的变化与国家政策相关，也与科普自身的发展相关。早期一般将科普定位为一种文化教育活动，侧重于科学知识的单向传播与普及，主要是为了社会发展与经济发展，其具体功能主要为获取支持、启蒙思想、分享科普、娱乐大众及理解科学。现代科普的发展逐渐超越了"科技普及—公众理解科技—科技传播"的三阶段，从"普及范式"转向"创新范式"

（郝帅，2017；施威和杨琼，2020）。科普功能认识与定位的多样化与复杂化在很大程度上影响着我们对公共气象科普的功能定位。现代社会，对公共气象科普的功能不再简单地定位为单向的知识传输与信息获取，正逐渐改变科普的单向的自上而下的教育与宣传，开始注重科普主体与受众间的双向互动，也逐渐将科普所涉及的知识维度、发展维度等多维度的内容综合起来进行科普。

2. 公共气象科普的具体功能

在科普的发展演化过程中，现代公共科普正逐渐被赋予"意识形态建设的工具"与"为经济建设服务"两个基本功能（王福涛等，2012；黄荣丽和王大鹏，2020）。这两个基本功能在实践中又进一步被细化为"教育功能、文化功能、娱乐功能以及潜在的经济功能与生态保护功能"等（王福涛等，2012；郝帅，2017）。气象作为一种自然现象，受自然规律作用明显，但人为的影响亦不可忽视，因此，公共气象科普在对上述两项基本功能的阐释细化与传播推广中，尽管科学性的呈现一直是核心，但与气象相关的伦理道德观念、思想认识方面的内容亦不可或缺。就现有的研究材料及实践而言，现代公共气象科普的具体功能至少应包含经济功能、生态保护功能、教育功能、文化功能与娱乐功能。无疑，这五项功能是对上述两项基本功能的进一步拓展与深化。

经济功能内置于公共气象科普的方方面面。虽有观点认为"将科普的功能定位于经济政策的辅助工具的做法，容易将利益攸关方之间的价值妥协过程变成单方政策宣讲"（王福涛等，2012；李晓农，2012；黄荣丽和王大鹏，2020）。但公共气象服务于"三农"、助力乡村经济发展、保障交通运输业的顺畅等方面一直是气象事业的重要内容。一方面，高质量的公共气象科普不仅提高了公众（农业生产者、交通运输管理者等）素质，促进科学技术转化为生产力及创新发展；另一方面，有效的公共气象科普在社会与公众的需求指引下，也进一步促进了气象科技的发展。

生态保护功能是公共气象科普的第二项重要功能。气象、气候本质上是自然现象的一种，但在人类世，自然现象往往会与人类社会的各种行为交织在一起进而影响自然。有的放矢的公共气象科普不仅能提升公众的生态保护环境的意识，在措施得当的前提下也会让公众主动用环境友好行为来约束自己。例如，有公众在了解静稳天气信息与大气污染物增加可能导致重污染天气后，会选择在不利于大气污染物扩散的气象条件，尽量减少开车出行。

教育功能是公共气象科普的一项传统功能，也是目前十分重视并通过不同形式呈现，由诸多科普主体尽力推进的一项功能。公共气象科普的发展，不仅让公众有更多的机会充分了解气象信息、增加认知的科学性，也能更早地培育从事气象科学的志向理想，为气象科学及实践的发展培养后备军。

文化与娱乐这两项功能往往交织在一起发挥效用，这两项功能是嵌入于公共科普过程形式的一种功能。这种嵌入一方面是公共气象科普的人文性特征的体现，另一方面是因为气象关联着人类社会的发展演化与生产生活。客观存在的气象不仅为人类提供了认知空间，也为人类提供了创作之源，人类的发展总关联着气象，因此，公共气象科普的文化功能是具有天然内在性的。

11.4　公共气象科普的实践模式与实践机制

科普应当采取公众易于理解、接受、参与的方式展开，科普主体要尽可能有效运用现代科学技术手段，以唤醒"科普受众的理性思维和理性精神"。公共气象科普的实践路径主要通过其实践模式与实践机制予以呈现，实践模式反映了公共气象科普在动态的实践过程中所侧重的价值选择或理念倾向；实践机制则体现了公共气象科普的运行机制，指由哪个（或哪些）主体来推动或促进科普的有序展开。

11.4.1　公共气象科普的实践模式

科学技术的传播模式一定程度上影响并决定着科普的实践模式，科普的实践模式已逐步由基于科学家共同体立场的"缺失模式"、基于政府立场的"中心广播模式"，转变为基于公众立场的"对话模式"（蒋丹，2020），逐渐从"政府主导"向"公众参与""多元协同"模式演化。

目前，我国公共气象科普的实践模式（图 11-1）主要包括政府主导型、民主参与型、法律保障型、市场激励型与混合型（综合型）。政府主导型是指气象科普工作是由政府进行整体规划部署，依政府规划建立起相对完善的气象科普机构、基地、人才体系等，并进一步通过行政手段推进或法律法规的强制性实施来达成气象科普的目的或要求，这是一种典型的自上而下的气象科普。民主参与型是指气象科普工作的开展并没有明确的层级化的管理，也没有法定（指定）的科普主体，而是由不同主体自行组织参与，这是一种分散的、自下而上的、以民间需求来推动的科普模式。法律保障型是指气象科普从战略规划、监管监控、执行实施、效果评估等都有明确的法律法规规定，并相对严格依照法律规定展开。市场激励型主要是将气象科普作为一项产业来发展，通过激励性机制保障市场主体参与气象科普产品的开发、气象科普基地建设等。混合型（综合型）是指气象科普强调前面四种不同模式的合理、混同与有序利用，并不以某一方面为主导。

图 11-1　公共气象科普的实践模式

《气象法》《科普法》的规定奠定了我国公共气象科普是典型的政府主导型，而实践亦进一步强化了政府的作用，削弱了其他类型气象公共科普的社会影响与传播力。政府主导型的科普实践模式虽然使科普的启动程序、内容选择、传播方式等兼具了多样性与单一性混杂的特征，但也在一定程度上弱化了多渠道进行公共气象科普的可能。当然，政府主导型的科普能得以有序进行并产生实效，更需要有完善的法律保障为基础。

11.4.2 公共气象科普的实践机制

公共气象科普的实践机制与科普主体的构成密切相关，依据科普主体是否由政府及相关法律法规所规定的组织来主动推进或主导（图 11-2），一般可分为两类：法定的公共气象科普实践机制与自愿的公共气象科普实践机制。法定的公共气象科普实践机制主要是通过法律法规的直接规定，确定机关、企事业单位等科普主体的职责与职能、基本运行方式等，以确保科普活动能因法律的规定而有序进行，此类科普机制下的相关科普活动多依赖于政府的投入或资助。目前我国大多气象科普都是在法律规定的范畴内展开，并以政府为主导。自愿的公共气象科普实践机制则主要由非法律所规定的自然人、法人及其他团体，自然所组成的科普实体，此类大多不直接依赖于国家的投入与资助。我国急需有更多的自愿性、公益性的气象科普活动来补充法定的、政府气象科普活动的不足，同时也需要有配套的机制确保非政府主导气象科普活动的有序展开。

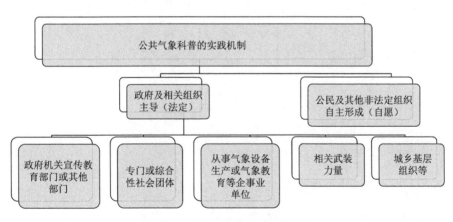

图 11-2　公共气象科普的实践机制

虽然，我国公共气象科普实践机制已形成体系并在实践中产生了良好的社会影响，但如何对不同类型下的科普主体的适格性进行法律确认、科普内容的科学性与适应性予以评估、科普的实效性及全面性落实考核等仍需要进一步完善。

复 习 题

1. 公共气象科普的主体包括哪些？公共气象科普主体与一般科普主体是否一致？
2. 公共气象科普的作用与功能有哪些？
3. 公共气象科普的一般特征与独有特征有哪些？
4. 请结合自己的认知，谈谈你对我国公共气象科普实践机制的理解。

主要参考文献

陈玉海. 2012. 论科普的科学性与人文性. 沈阳: 东北大学.

郝帅. 2017. 我国科普功能实现的要素研究. 昆明: 云南师范大学.

黄荣丽, 王大鹏. 2020. 科普的功能与作用: 基于社会整体视角的分析. 学会, (12): 50-55.

蒋丹. 2020. "互联网+科普"系统演进与模式构建研究. 南京: 南京信息工程大学.

康雯瑛, 赵洪升, 温晶, 等. 2020. 新时代气象科普工作的定位与可持续发展路径研究. 气象科技
　　进展, (2): 125-126.

李晓农. 2012. 从科学普及功能比较中西方科普之不同取向. 上海: 上海师范大学: 4-16.

刘波, 任珂, 康雯瑛. 2017. 气象科普在公共气象服务中的重要作用论述: 先导性、桥梁纽带和补充
　　性作用. 科技视界, (12): 219, 114.

沈箐, 施威, 李忠明. 2017. 我国气象科普内容体系构建研究. 中国集体经济, 16(10): 54-55.

施威, 杨琼. 2020. "互联网+科普"理论与实践. 北京: 中国科学技术出版社: 105-106.

王福涛, 范旭, 汪艳霞. 2012. 中国科普政策功能研究: 基于法兰克福学派批判理论的分析. 自然
　　辩证法研究, 28(10): 77-81.

赵斐苗. 2018. 气象科普内容建设及其传播和反馈机制分析. 创新科技, 18(2): 68-69.

第 12 章　气候变化与全球气候治理

导入案例

中国积极推动全球应对气候变化

2015 年联合国气候变化大会达成的《巴黎协定》提出，各方将加强应对全球气候变化威胁，把全球平均气温较工业化前水平升高幅度控制在 2℃之内，并为把升温控制在 1.5℃之内而努力。当前，全球变暖形势严峻，各国共同实现上述目标更加紧迫。世界气象组织发布的报告显示，截至 2023 年，全球平均气温较工业化前（1850～1900 年）的基线高出约 1.4℃。据 IPCC 第六次评估报告，基于各方提交的国家自主贡献所预示的 2030 年全球温室气体排放量，到 21 世纪末，全球升温幅度可能超过 1.5℃。人类影响的气候变化已经造成全球每个区域的许多气象和气候极端事件，包括热浪、特大暴雨、干旱和热带风暴等极端事件，而且相比较 IPCC 第五次评估报告，人类活动的贡献加强了。可以非常确信的是，极端热事件（包括热浪）自从 1950 年以来发生得越来越频繁，而且越来越严重了；而极端冷事件变得更少，高信度的研究表明人类活动造成的影响是这些变化的主要驱动力。气候变化已然成为全人类共同面对的严峻挑战。

作为一个负责任的发展中国家，自 1992 年联合国环境与发展大会以后，中国政府率先组织制定了《中国 21 世纪议程——中国 21 世纪人口、环境与发展白皮书》，并从国情出发采取了一系列政策措施，为减缓全球气候变化做出了积极的贡献。面对复杂形势和诸多挑战，应对气候变化任重道远，需要全球广泛参与、共同行动。中国呼吁国际社会紧急行动起来，全面加强团结合作，坚持多边主义，坚定维护以联合国为核心的国际体系、以国际法为基础的国际秩序，坚定维护《联合国气候变化框架公约》及其《巴黎协定》确定的目标、原则和框架，全面落实《巴黎协定》，努力推动构建公平合理、合作共赢的全球气候治理体系。

气候孕育并影响着人类文明发展的进程，人类文明的发展也成为影响气候的重要因素。自农业文明进入工业文明以来，人类活动对气候影响的广度和深度日益增加，尤其是发达国家在工业化过程中大量消耗不可再生的化石能源，导致大气中二氧化碳等温室气体浓度急剧增加，引起了近百年来以全球变暖为主要特征的显著的气候变化，对自然生态系统产生了剧烈的影响，给人类社会的生存和发展带来严重挑战。人类共同应对气候变化问题已然成为当代人类社会最为重要的问题之一。

12.1　气候变化的含义及影响

12.1.1　气候与气候系统

通常意义上的气候是指气温、降水量等气象要素长时间的平均或统计状态，随着气候学的发展，又形成了气候系统的概念。气候既有不同尺度的时间变化，又有不同尺度的空间变化。气候变化不仅由大气圈内部的热力、动力过程所产生，而且还包括大气圈、水圈、岩石圈、冰雪圈和生物圈所构成的系统中各圈层之间动力、物理和化学相互作用的结果，还受到火山活动、地球轨道和太阳活动等因素的影响。

1. 气候概念的发展

什么是气候？长期以来人们把气候看作是气象要素的平均。1817 年，德国的洪堡根据全球 57 个气象站的观测资料，首先用等温线的概念，绘制出世界上第一幅全球年平均温度分布图，并借助等温线图得出大陆东岸气候和大陆西岸气候的差异，并根据植物与气候的关系，把全球划分为 16 个气候区。他的研究被认为是近代气候学的开创性工作。自此之后，人类对气候的认识越来越深入。进入 20 世纪后，气候学研究逐渐发展，成为自然科学中十分活跃的学术领域。这个阶段的气候学没有突破平均概念的束缚，统计学成为气候资料加工处理的基本手段和工具，采用准平均概念对气候进行描述和分类，称为经典气候学或古典气候学阶段。

20 世纪 50 年代前后，气候学的发展进入了一个新的阶段。第二次世界大战期间，美国由于军事上需要进行长期的天气预报，开始研究日本北海道在各种气流流型下的天气状况，从而为提高该地区长期天气预报准确率，以及阐明气候形成理论提供重要的分析材料。自此之后气候学由古典气候学逐渐发展为天气气候学。它把高压、低压和锋面等标注在天气图上，用气团和锋面的移行、频数、变性以及大气活动中心在气候形成中的作用作为理论基础来研究气候的形成与气候活动，所以天气气候学也可称为动力气候学。

20 世纪 70 年代以来，人们认识到要解释气候的形成，探讨气候变化的原因，并进而预测气候变化，就不能仅限于研究地面的温、湿、压等要素，也不能仅限于研究大气本身，而是要研究包含大气圈、水圈（海洋）、岩石圈（陆地表面）、冰雪圈和生物圈在内的整个系统。气候系统是一个能决定气候形成、气候分布和气候变化的统一的物理系统，其各个组成圈层之间的相互作用，形成了月-季度、年际、年代际、千百年及以上时间尺度的气候变化。气候学的研究进入了现代气候学阶段，即气候系统研究阶段。

2. 气候系统

气候系统的研究内容非常广泛。其一，气候监测是气候系统研究的基础，包括大气、海洋、海冰等的常规观测，如大气气温、降水量和气压的观测，土壤温度及湿度的系统观测，海洋中的海表面温度、盐度、洋流及深海海温的观测，以及对监测气候系统变化有重要意义的非常规观测，如太阳常数和大气中微量气体的观测等；其二，根据气候监测结果进行气候诊断，其内容非常丰富，如对现代仪器观测的资料进行气候变化与气候异常的判断，利用冰芯、石笋、树木年轮和深海沉积等气候代用资料重建过去气候序列等；其三，根据大气和海洋动力学、热力学定律，在给定边界条件下，采用数值计算的方法进行气候模拟研究，如利用耦合模式进行数百年积分实验，分析气候变率的空间分布和气候振荡的时间变率等；其四，进行气候预测，包括短期气候预测，长期气候变化的敏感性实验及可预报性的研究等。

12.1.2　全球气候变化概述

气候变化是由于地球的气候系统受到不同程度的扰动而引起的。全球气候变化问题是 18 世纪工业革命后人类社会活动日益影响大气系统，造成二氧化碳等温室气体浓度不断增加，进而由温室效应造成的全球变暖现象。科学家已经明确指出，人类社会活动所导致的二氧化碳和其他温室气体浓度的增加是造成全球变暖的最主要原因。因此，防止气候变化朝不利的方向发展、阻止气候环境恶化是全人类共同面对的挑战和使命。

1. 气候变化的含义

地球是人类赖以生存的家园，地球上形成的良性循环的气候系统是人类生存和经济社会可持续发展的必要条件。在气候学中，"气候变化是指气候平均状态和离差（距平）两者中的一个或两个一起出现了统计意义上的显著变化。离差值增大，表明气候变化的幅度越大，气候状态不稳定性增加，气候变化敏感性也增大"（国家气候变化对策协调小组办公室和中国 21 世纪议程管理中心，2004）。《联合国气候变化框架公约》第一条明确指出，"气候变化"指除在类似时期内所观测的气候的自然变异之外，由于直接或间接的人类活动改变了地球大气的组成而造成的气候变化。与《联合国气候变化框架公约》的定义不同，IPCC 使用的气候变化一词是指气候状态的变化，而这种变化可以通过其特征的平均值和/或变率的变化予以判别（如利用统计检验），气候变化具有一段延伸期，通常为几十年或更长时间。气候变化指随着时间发生的任何变化，无论是自然变率，还是人类活动引起的变化。除了自然因素如地球运动、地质结构、太阳辐射、火山爆发等造成气候变化外，对气候系统产生扰动的重要驱动力是由人类活动导致的温室气体浓度增加，其中主要是二氧化碳温室气体通过其温室效应促进了全球变暖（曾文革，2012）。

气候变化是由气候系统的变化引起的。科学研究表明，自人类社会进入工业化以来，全球气候开始经历着以全球变暖为主要特征的显著变化。IPCC 在第三次评估报告中指出，1860 年以来，全球平均升高了 0.6℃（±0.2℃）。在过去 1000 年中，

20 世纪北半球温度的增幅可能是最高的，其中近百年来最暖的年份均出现在 1983 年以后。根据 IPCC 第六次评估报告（AR6），2001～2020 年全球表面温度要比基准值（1850～1900 年）高 1.09℃。其中，陆地的增温幅度是 1.59℃，高于海洋 0.88℃ 的增温幅度。观测结果显示，全球气候变暖对全球很多区域性自然系统产生了重要影响，如冰川退缩、海平面上升、冻土层加速融化、河湖封冻期缩短、中高纬度生长季延长、动植物分布范围向南、北极区和高海拔区延伸、某些动植物数量减少；与全球气候变暖关系密切的一些极端事件，如厄尔尼诺、干旱、洪水、热浪、雪崩和风暴、沙尘暴、森林火灾等，其发生的频率和强度也有所增加。IPCC 第六次评估报告指出，持续的温室气体排放将导致全球温升进一步增加，在纳入考虑的情境和模式路径中，全球温升的最佳估计值会在 2021 年至 2040 年内达到 1.5℃。

2. 全球气候变化的趋势

对全球未来气候变化趋势的预估是科学界和世界各国共同关心的热点问题，尤其是对未来几十年到一百年的气候变化预估，对于公共政策制定者来说具有重要的研究价值，它将影响着未来人类社会经济发展规划的发展方向。IPCC 根据不同温室气体排放构想，利用气候模式对未来 50～100 年气候长期变化趋势做出预测，这是近几十年来主要的国际性长期气候预测结果。在无额外的气候政策出台的情况下，根据《IPCC 排放情景特别报告》公布的基线排放情景来看，2000～2030 年全球基准温室气体排放将会增加，气候将继续变暖。

（1）全球气候将继续变暖，增暖的速度将比过去一百年更快。综合多模式、多排放情景的预测结果表明，到 21 世纪末，全球平均气温将上升 1.1～6.4℃。预估还表明，随着硫化物气溶胶排放量的减少，"冷却效应"将逐渐降低，未来气候增温的速度将比过去一百年更快。最大的增暖区将是高纬度地区，出现在春季和冬季，这与海冰和雪盖的减少联系在一起；大部分地区和季节陆地上的温度日较差变化范围减小，这主要是因为最低温度增加的幅度比最高温度增加的幅度大；在温室气体浓度稳定后，全球变暖的趋势还将持续下去（国家气候变化对策协调小组办公室和中国 21 世纪议程管理中心，2004）。

（2）大气中以二氧化碳为主的温室气体浓度将继续增加。根据 IPCC 第四次评估报告情景预估，在 2000～2030 年其增幅范围为 97 亿 t 二氧化碳当量至 367 亿 t 二氧化碳当量（25%～90%）。在这些情景下，预估到 2030 年甚至更长时间，化石燃料仍在全球混合能源结构中占主导地位。因此，预估在 2000～2030 年能源利用过程中的二氧化碳排放将增加 40%～110%。

（3）北半球中高纬地区降水将继续增加。随着全球气候变暖，降水分布也将随之发生重大变化，大陆地区尤其是中高纬地区降水增加，而大多数副热带大陆地区的降水量可能减少。未来全球平均降水量将会增加，主要是北半球中高纬地区，但大部分年平均降水量增加的地区可能同时出现大的年际变化。这表明全球降水将有更大的变幅，亚洲夏季风的降水变率将增加，同时降水的极值也将比平均值增加更大，降水事件的强度也将增加。

（4）极端天气和气候事件的发生频率增多，强度将继续增大。根据 IPCC 第四次评估报告，全球气候变暖很可能导致热极端事件、热浪、强降水、风暴等极端天气与气候事件的出现频率持续上升。预测表明，几乎所有的陆地地区最高温度将上升，热日和高温天气很可能更多。许多地区的强降水事件将增多，强度将增大，导致土壤侵蚀加大，洪水泛滥。热带气旋（台风和飓风）最大风速强度、平均与最大降水强度很可能增加。中纬度风暴强度将增加，自 1970 年以来，某些地区的超强风暴比例明显增加，远远大于现有模式的同期模拟结果。

（5）许多地区的干旱将继续加剧。在温室气体增加而气溶胶不增加的情况下，欧洲中南地区的夏季降水量预期将下降 10%～20%，这可能导致降雨日数大大减少，无雨的时段延长，有更大的干旱的可能性，并且高温引起蒸腾作用，将减少地表可用的水分，造成干旱加剧。在温室气体和气溶胶共同增加的情况下，多数气候模拟数值都表明，美洲北部的部分地区，非洲和亚洲都随着气溶胶的增加，降水量明显减少，干旱的可能性增大。

（6）海平面将加速上升。受全球气候变暖的影响，根据气候模拟数值表明，对应不同的温室气体和气溶胶排放情景，预计到 2100 年全球海平面上升幅度为 0.09～0.88m。根据 IPCC 第四次评估报告，由于气候过程和反馈相关的时间尺度，即使温室气体浓度实现稳定，人为变暖和海平面上升仍会持续若干世纪。预计到 2300 年，仅热膨胀就会导致海平面上升 0.3～0.8m（相对于 1980～1999 年）。由于将热量输送到深海需要时间，因此热膨胀将持续多个世纪。

12.1.3 气候变化对人类的影响

由于人类活动的加强和工业的迅猛发展，温室气体排放量骤增，致使温室效应引起的气候变化超过自然气候变化，成为影响未来气候变化的主导因素，这将给水资源、农业生产、人类健康和生态系统带来严重影响（许月卿，2001）。

1. 水资源

水资源是自然界逐年可以得到更新的淡水量，是一种可以再生的资源。水资源包括地表水、土壤水、地下径流等。它们的补给归根结底依赖于降水，降水几乎是人类居住的大陆上淡水的唯一来源。但与人类关系最密切的河湖淡水仅占总水量的 0.3%。可以说，水是人类和生物圈的生命线。

影响水资源的因素有自然和社会两个方面。影响水资源的自然因素有气候、土壤、植物、地貌、地质等。影响水资源的社会因素有水利设施、土地利用、植被状况、城市建设、社会用水水平和废水排放水平等。其中气候因素对水资源的影响最大，气候因素影响着降水、蒸发，从而影响到水资源。

气候变化与降水的变化紧密相关，并由此引起河川径流的变化。全球气候如果变暖，蒸发增加，水分循环加强，降水量就全球来说是增加的，但区域性降水则可能有增有减。因为温度升高，蒸发强烈，干旱时期土壤水分含量降低，地下水位下降，河流流量减少，水库储水量不多，夏季可用水很少。气候变化与水资源变化不是简单的线性关系，温度、降水和蒸发的微小变化，将会使可用水资源发生很大变化。如果变暖与少雨同时发生，将会造成严重的缺水。

气候变化不仅影响河流的水量，而且也会使流量在年内各季节的分配情况出现变化。有降雪的地区尤其受到影响，因为较高的温度意味着降水量中有较少部分以雪的形式降落。在许多地区，如北欧、东欧和北美的大片地区，目前由雪引起的春汛将显著减弱，有更多的径流出现在冬半年。气候变暖还使降水的季节性、降水变率、干旱与洪涝的分布、水质等发生变化，甚至出现极端干旱和雨涝。全球变暖对水文情势的影响不仅表现在水资源数量、时空分布上，而且通过对水文情势的影响进而对全球生态、农业、环境乃至社会经济系统产生一系列连锁影响。

水资源是社会经济发展的物质基础，水资源不足就成为经济发展的限制因素。例如，我国张家口地区光能资源丰富，但热量和水资源不足，作物的气候生产潜力只相当于光合生产潜力的 5%，降水不足是粮食生产的主要限制因素。在生态方面，由于地表水和地下水严重不足，水污染和土壤污染严重，环境质量下降，人体健康和植物生长都受到影响。在经济系统方面，水资源缺乏会导致工业、农业和渔业减产。

气候变暖也使人类活动对水资源的需求增加，农业用水有可能因为生长季的延长而引起作物需水量或灌溉需水量的显著增加。如果气候变暖，蒸发增强，流量减小，土壤水分和地下水位下降，地下水开采的费用越来越大，灌溉面积往往难以扩大。气候变暖下的高温也会使居民生活用水量大幅度增加，空调用电增多。如果气候变化使径流流量减小，电站的一次性冷却用水会受到限制，使用蒸发冷却的趋势会加强，低水位时发电可能中断，且发电成本增加，从而导致电价上涨。在某些地区，水的供给将限制城市的扩大和增长，城市地下水的开采量将大大超过地下水的补给量，使地下水位下降，形成地下漏斗，并引起一系列地质灾害。此外，降水量减少，河流和湖泊水位将下降，航行受阻。

目前，世界上许多地区淡水资源短缺，水资源短缺是人类用水量和可供水量发生尖锐矛盾的结果。由于人口和经济的快速发展，全球耗水量正在不断上升，一些地区已经接近甚至超过可供水量，出现水资源危机。在一个国家内，当水的使用量超过总潜在水源的 20% 时，水资源就将对发展构成限制。到 21 世纪中叶，不断增加的人口数量和人口向都市区的集中，将加大对水资源的需求。未来气候变化会影响到全球及区域的水量平衡，改变径流量和地下水蓄入量，则水资源问题会变得更加突出。

2. 农业

农业作为国民经济的基础，目前仍然是对气候影响最为敏感的产业部门。气候通过对农业的影响进而对整个社会产生全局性的影响。气候对作物的影响主要表现在两个方面：一是气候类型的空间分布决定了粮食生产的空间布局；二是气候在时间上的不稳定性影响了粮食生产的不稳定性。作物的生长、发育、成熟都必须有一定的气候条件，即一定的光、热、水等气候环境。气候生态环境决定了作物物种、栽培制度的分布，决定了作物产量和品质的变化，影响作物物种的遗传，决定了一地的农业结构、生产类型等。土壤水也是影响作物布局的重要因素，作物的产量与适宜的土壤水分有着密切关系。

二氧化碳的增加导致气候变化有显著的区域差异，气候变暖对不同国家的农业和经济有不同影响。在二氧化碳加倍的情况下，气候变化带来的作物产量的变化情况在不同地区有很大差别，其中一些地区的生产力将有所增加，而另一些地区，特别是热带和亚热带地区将减少。例如，在气候增暖的情况下，美国中西部主要粮食产区的土壤水分状况将趋恶化，对未来农业造成不良影响；而俄罗斯粮食产区多分布于升温幅度较高的中高纬度地区，气候变暖将使农业种植带向北大幅度前进，带来农业繁荣。气候变暖对高纬度地区农业生产潜力的提高起到促进作用，在一定条件下可以提高农业产量。大气中二氧化碳浓度增加，引起气候变暖，将使现有农业气候带和各种种植熟制的北界向北推移。据研究，年平均温度每增加 1℃，北半球中纬度的作物带将在水平方向北移 150~200km，垂直方向上移 150~200m。在我国，柑橘等亚热带经济果木种植范围也将不再局限于 32°N 以南；冬小麦种植范围将突破长城界限；三熟制北界将由目前的长江流域北移至黄河流域，大大扩大三熟制的种植区域，提高复种指数；困扰北部寒冷农业区的低温冷害将会缓解。

但是气候变暖也会给农业带来不利影响。田间杂草、病虫害的发生会随之加剧；还可导致土壤退化，影响种子质量，引起作物营养组成的变化，这将直接威胁到农业产量的可持续性；高温会加速肥料分解，降低杀虫剂和除草剂的效率。温度升高会使蒸发耗水大大增多，对于缺水地区来说，水分蒸发将会更加严重。据大气环流模式计算结果，在 2 倍二氧化碳模式条件下，我国华北、东北、西北地区年平均土壤湿度均减小，而蒸散量却在增加，且夏季大于冬季，北方大于南方。小麦灌浆至成熟期不仅降低结实率，而且影响土壤水分的利用率，农田蒸散量加大，又加重水分威胁。气候变化也将加大发达国家与发展中国家之间谷物生产的差异。根据模拟，发达国家的谷物生产将从气候变化中获益（可能增产 5%），而发展中国家的生产将由于气候变化而下降（10% 左右）。

3. 人类健康

适宜的气候环境可以促进病体的恢复，增强体质；恶劣的气候环境易给人带来疾病，危及人体健康。世界上的人口都居住在地球上某一温度范围内，即所谓的"舒适带"。可以通过"舒适指数"来确定温度高低或其他压力对每个人的生理、智力和社会功能的影响。温度太高或太低都会对每个人的功能和社会行为产生不良影响。高温天气会严重影响工作人员的生理和心理健康，引起劳动能力和生产效率下降，从而降低劳动生产率，对经济造成影响。

气候对人体的影响，从时间尺度上可分为长期影响和短期影响。不同气候带的环境是不同的，在不同气候带里人的体质也有所不同，这是气候对健康的长期影响。在正常天气下，人体感到舒适，而在严酷的天气下，人体感到不适，甚至生病，严重时甚至会死亡，这就属短期影响。

气候变化对人类健康造成广泛而极不利的影响。气候变暖的直接影响包括心、肺因热浪强度和持续时间而造成死亡率和发病率增加，而较冷地区温度上升会导致因寒冷死亡的减少。极端高温产生的热效应将变得更加频繁、更加普遍，会造成死亡、受伤、心理紊乱的范围扩大。研究表明，气温每升高 1℃，与心血管疾病相关死亡的总风险增加 2.1%，当日平均气温达到 42.8℃极限水平时，死于心血管疾病者将会增加 1～2 倍。气候变化的间接影响有：传染病如疟疾、黄热病和一些病毒性肺炎传播媒介的潜在传播；许多疾病的昆虫载体在暖湿条件下生长得更好，某些目前主要发生在热带地区的疾病可能随气候变暖向中纬度地区传播；随气候变化而增强的大气污染、粉尘、霉菌孢子等带来的呼吸和过敏性紊乱；气候变化对农业生产力的影响，会威胁一些地区粮食安全供应；部分地区的淡水安全供应受到限制等。

4. 海平面

海平面上升是气候变暖的必然结果，历史上已有多次例证。荷兰的阿姆斯特丹早在 1682 年就建立验潮站用来观测海平面的变化。验潮站记录的海平面变化精度很高，但所记录的海平面高度变化包含着多种不同因素对当地海平面高度的影响。因此，由验潮仪记录的平均海平面变化是该地的相对海平面变化。人们根据验潮站资料，分析得出现代平均海平面存在轻微上升趋势的结论，且多数学者认为平均海平面的上升速率为每百年 10～15cm。

根据 IPCC 第六次评估报告对海平面变化的监测和预估，20 世纪全球平均海平面上升速率在过去 3000 年中是最高的（高信度）。自 1960 年开始，全球平均海平面（GMSL）开始加速上升，从 1971～2018 年的 2.3mm/a 上升到 2006～2018 年的 3.7mm/a（高信度）。在 1993～2018 年，海平面在西太平洋上升最快，在东太平洋上升最慢（中信度）。在 1901～1990 年，GMSL 上升了 0.12m（变化范围为 0.07m 至 0.17m），平均上升速率为 1.35mm/a（变化范围 0.78～1.92mm/a）。IPCC 第六次评估报告还结合共享社会经济路径（SSP）气候情景，预估了未来数十年、上百年的 GMSL 上升情况。认为相对于 1995～2014 年，在 SSP 1-2.6（低排放）和 SSP 5-8.5（高排放）情景下，2050 年的 GMSL 会分别升高 0.19m 和 0.23m。到 2150 年，在 SSP 1-2.6 情景下，GMSL 会上升 0.5m 至 1m，而在 SSP 5-8.5 情景下，GMSL 会上升 1m 至 1.9m（中信度）。而且，这还是不考虑极地冰盖动力系统发生极端变化的结果。

海平面上升将淹没大片滩涂，加速海岸侵蚀，冲破护岸海堤，增加风暴潮发生的频率，阻碍沿海和内陆低地的排水泄洪能力，导致海水在地下的内侵，污染地下水源并引起盐渍化等。海平面变化还会影响到海岸带地区的渔业资源，以及与珊瑚礁、红树林、海岸沼泽和湿地等生物群落有关的重要生物资源。目前，全世界约有一半人口居住在沿海地区，其中最低洼处是一些土地肥沃、人口密度最大的地区。对于生活在这些地区的人们，即使较小的海平面升高，也将对他们产生严重影响。世界上特别脆弱的地区包括欧洲低地各国、孟加拉国等类似的三角洲地区和热带大洋上的一些岛国。

尼罗河三角洲，印度河三角洲，湄公河河口，中国的长江、黄河、珠江、海河和辽河河口及三角洲，美国东部大西洋沿岸和墨西哥湾沿岸等地区，也是对全球海平面上升比较敏感的地区。根据 IPCC 第五次评估报告，到 21 世纪末，在海平面上升 25～123 cm 的情景下，全球每年有 0.2%～4.6%的人口将会受到海水淹没的影响，预期年度损失占全球 GDP 的 0.3%～9.3%；自 IPCC 第五次评估报告发布以来，越来越多的研究表明，全球海岸侵蚀不但正在发生并逐步加剧（例如，在北极、巴西、中国、哥伦比亚、印度等地沿海，以及农业三角洲地区）。1984～2016 年，全球约有 1/4 的沙滩以超过 0.5 m/a 的速度被侵蚀（蔡榕硕和谭红建，2020）。

5. 生态系统

全球气候变暖会使降水、辐射等其他环境因子发生变化，最终将会对陆地和海洋生态系统及人类活动产生影响。在地质时期，生态系统的变异受气候的影响很大，冰期和间冰期对动植物的兴衰和迁移有重要影响。冰期的植物群分布要比间冰期南移很多，如亚热带植物常绿阔叶林林区的北界，在间冰期位于北纬 35°附近，到冰期退缩到华南沿海一带。20 世纪的气候变化也严重影响了自然和生物系统，如冰川退缩、永冻土融化、河湖冰面的推迟冻冰和提早化冻、生长季延长、昆虫分布向两极和高海拔迁徙、某些动物数目下降、树木提前开花、鸟类提前孵化等。

世界上各种生物群落的分布取决于气候，尤其是平均温度和降水。草原、森林、苔原和沙漠等天然生态系统或生物群落处在一种天然的平衡中相互作用和生活，直到这种平衡被人类或气候变化破坏为止。气候变化能改变一个地区对不同物种的适应性，并能改变生态系统内部不同种群的竞争力。所以，在一定时间内，即使气候的微小变化也能引起生态系统的巨大变化。植被生态学的观点认为，主要的植被类型表现为植物界对气候类型的反应，植物分布与气候带有对应关系，植被分布很大程度上取决于气温和降水的组合。

气候变化将会显著改变森林的组成和减小健康森林的面积。气候变暖将使土壤干燥，那些需要潮湿土壤的林木会死亡。例如，在美国密歇根州中部现在主要生长糖槭和橡树，将来大部分将会成为草地，只有稀稀落落的橡树。如果气候变干，森林火灾将变得频繁，森林病虫害也将增加。大气污染造成的酸雨、酸雾，将损害森林，减弱森林自我恢复能力，这些都会加速森林的衰退。迄今生物群落中仍然保持天然状态的热带森林和北极的苔原，在未来二氧化碳引起的全球变暖中也将发生明显的变化。气候变化特别是降水的变化，将会对宜林地区的分布产生显著影响。气候变暖，永冻的苔原会解冻，森林会更向极地方向伸展，而解冻后的苔原，其上层的泥炭会干化、氧化和腐烂并放出二氧化碳进入大气，使增温进一步加强，造成正反馈。

据研究，气候带在未来 50 年内可能向两极方向移动数百千米。但根据历史上森林迁移的速度，树木不易很快响应气候变化，动植物区系将滞后于这些气候带的移动，这将严重影响这些生物的生存，尤其是适应性选择非常有限的群落如在丘陵、高山、极地、海岛及海岸的生物群落将遭受生存死亡的威胁。如果二氧化碳继续增加，气候进一步变暖，森林北界的扩展总是落后于气候带，而南界森林的消亡却和气候带对应，则森林带缩小将更加厉害。对加拿大几个地区的研究表明，那里树木的枯萎与气候条件的改变有关，尤其是与连续的暖冬和干夏有关。

气候变暖，不同的植物也表现出不同的反应。草本植物对气候变化的反应迅速，很快在新的水热条件下达到平衡，而乔木对气候变化反应缓慢，达到平衡需要很长时间，因此，在森林和草原的边界上会出现一些复杂情况。当这个边界附近变干燥时（如北方针叶林和温带草原之间的边界），一些针叶树可以在几年内死亡，草本植物可以侵占原来为森林的区域。当森林草原的边界附近趋于更湿润时，草类可以迅速地让位，但乔木却不能很快地侵入原来属于草原的区域，森林的扩张需要一定的时间。因此，气候变化后，并不是每一种植物或植物类型都能及时做出调整，如北方针叶林北界在几十年内很少能够向高纬迁移，但其南界却可能向北收缩，这将导致森林面积的暂时缩小。

历史上某些动植物灭绝的重要原因之一可能是全球气候的变化，特别是气候快速变化的时期。许多科学研究表明，全新世初期一些大型哺乳动物的灭绝与气候变化有密切关系。随着全球气候变暖，世界陆地上的生物群落可能无法适应气候的迅速变化，再加上人类活动造成的生物碎片化分布及其迁移障碍，必然将加速灭绝速度。大量植物物种的消失引起植物遗传基因库的减少，这将会给未来农业带来不可估量的损失。

12.2　全球气候治理的历程及其困境

12.2.1　全球气候治理的历史回顾

气候变化作为全球环境问题的典型代表，于 20 世纪 80 年代末期登上国际政治舞台。以 IPCC 的科学评价活动为背景，气候变化问题被列为影响自然生态环境、威胁人类生存基础的重大问题，国际社会开始通过政治谈判寻找解决对策。1979 年，第一次世界气候大会在日内瓦召开。20 世纪 90 年代开始，国际社会就关于共同应对气候变化积极磋商，展开了一轮又一轮的国际气候谈判。在几十年的谈判中，既达成了各国间合作的广泛共识，促成了《联合国气候变化框架公约》《京都议定书》《巴黎协定》等一批标志性国际合作成果，也经历了处于不同经济发展阶段国家，特别是发达国家和发展中国家之间的博弈过程。气候变化的国际谈判可以分为四个阶段（表 12-1）。

表 12-1　全球气候治理的历史发展进程

年份	大会名称	会议地点	主要成果
1992	联合国环境与发展大会	巴西里约热内卢	通过了《联合国气候变化框架公约》，1994 年 3 月 21 日，该公约生效
1995	《联合国气候变化框架公约》第一次缔约方大会（COP1）	德国柏林	通过了工业化国家和发展中国家《共同履行公约的决定》，要求工业化国家和发展中国家"尽可能开展最广泛的合作"
1996	COP2	瑞士日内瓦	各国就共同履行公约内容进行讨论
1997	COP3	日本东京	《京都议定书》作为《联合国气候变化框架公约》的补充条款在日本京都通过
1998	COP4	阿根廷布宜诺斯艾利斯	决定进一步采取措施，促使上次会议通过的《京都议定书》早日生效，同时制定落实《京都议定书》的工作计划。会上发展中国家集团分化为 3 个集团
1999	COP5	德国波恩	通过了《联合国气候变化框架公约》附件，细化《联合国气候变化框架公约》内容
2000	COP6	荷兰海牙	谈判形成欧盟-美国-发展中大国（中、印）的三足鼎立之势
2001	COP7	摩洛哥马拉喀什	通过了有关《京都议定书》履约问题的一揽子高级别政治决定，形成马拉喀什协议文件
2002	COP8	印度新德里	会议通过的《德里宣言》强调减少温室气体的排放与可持续发展仍然是各缔约国今后履约的重要任务
2003	COP9	意大利米兰	未取得实质性进展
2004	COP10	阿根廷布宜诺斯艾利斯	资金机制的谈判艰难，效果其微
2005	COP11	加拿大蒙特利尔	通过了"蒙特利尔路线图"
2006	COP12	肯尼亚内罗毕	达成包括"内罗毕工作计划"在内的几十项决定，在管理"适应基金"的问题上取得一致
2007	COP13	印尼巴厘岛	通过了"巴厘岛路线图"
2008	COP14	波兰波兹南	八国集团领导人就温室气体长期减排目标达成一致，并声明寻求与《联合国气候变化框架公约》其他缔约国共同实现到 2050 年将全球温室气体排放量减少至少一半的长期目标

续表

年份	大会名称	会议地点	主要成果
2009	COP15	丹麦哥本哈根	商讨《京都议定书》一期承诺到期后的后续方案
2010	COP16	墨西哥坎昆	谈判未有实质性进展
2011	COP17	南非德班	美国、日本、加拿大以及新西兰反对加入《京都议定书》的第二承诺期
2012	COP18	卡塔尔多哈	通过的决议中包括《京都议定书》修正案，从法律上确保了《京都议定书》第二承诺期在 2013 年实施
2013	COP19	波兰华沙	发达国家再次承认应出资支持发展中国家应对气候变化
2014	COP20	秘鲁利马	就 2015 年巴黎气候大会协议草案的要素基本达成一致
2015	COP21	法国巴黎	《巴黎协定》签署，为 2020 年后全球应对气候变化行动做出安排
2016	COP22	摩洛哥马拉喀什	通过《巴黎协定》第一次缔约方大会决定和《联合国气候变化框架公约》第 22 次缔约方大会决定
2017	COP23	德国波恩	按照《巴黎协定》的要求，为 2018 年完成《巴黎协定》实施细则的谈判奠定基础，同时确认明年进行的促进性对话
2018	COP24	波兰卡托维兹	各缔约方达成了《巴黎协定》的实施细则，为落实《巴黎协定》提供了指引
2019	COP25	西班牙马德里	达成了包括"智利-马德里行动时刻"及其他 30 多项决议，见证了全球对于提高国家自主贡献目标（NDCs）的广泛呼声
2021	COP26	英国苏格兰格拉斯哥	达成《格拉斯哥气候协议》，就《巴黎协定》实施细则及其他多项气候行动达成共识

第一阶段，气候变化国际约束机制逐步建立（1992～1997 年）。1992 年，《联合国气候变化框架公约》的通过标志着应对气候变化国际合作的基础初步建立，《联合国气候变化框架公约》明确了气候变化的目标、国际合作应遵循的原则、依据责任和能力对国家分类；1997 年，在《联合国气候变化框架公约》第三次缔约方大会上达成《京都议定书》，《京都议定书》确立了发达国家"自上而下"强制减排机制，成为首个具有法律约束力的国际气候协议。《京都议定书》落实了《联合国气候变化框架公约》"共同但有区别的责任"的原则，设置有差别的减排承诺。由于《京都议定书》生效需要 55 个《联合国气候变化框架公约》缔约方核准，直到 2005 年 2 月 16 日才正式生效。

第二阶段，气候变化国际谈判相对停滞阶段（1998～2006 年）。从该阶段气候变化的国际进程来看，该阶段并未出现标志性的气候变化国际成果，相反，作为世界上累计排放量最大的美国于 2001 年宣布拒绝核准《京都议定书》，给气候变化国际谈判带来极大阻力。

第三阶段，气候变化国际谈判的"回暖"阶段（2007～2014 年）。"巴厘岛路线图"是气候变化国际谈判"回暖"的重要表现，2007 年底的巴厘会议通过了《巴厘路线图》，延续了《联合国气候变化框架公约》和《京都议定书》的精神，确定了《京都议定书》第二谈判期的时间表，创立了"双轨制"谈判进程。其间通过了《哥本哈根协议》《〈京都议定书〉多哈修正案》，建立了"德班平台"，但加拿大退出《京都议定书》也在一定程度上阻碍了气候变化国际谈判进程。

第四阶段，气候变化国际谈判的持续升温阶段（2015 年至今）。该阶段的标志性成果为《巴黎协定》，与《京都议定书》只规定发达国家在 2020 年前两个承诺期的减排承诺有所差异，《巴黎协定》是针对发达国家和发展中国家在内的 2020 年以后全球应对气候变化总体机制的制度性的安排和新的"气候秩序"。《巴黎协定》重申了《联合国气候变化框架公约》所确定的"公平、'共同但有区别的责任'和各自能力原则"，提出了三个目标：一是将全球平均气温较前工业化时期上升幅度控制在 2℃以内，并努力将温度上升幅度限制在 1.5℃以内；二是提高适应气候变化不利影响的能力并以不威胁粮食生产的方式增强气候抗御力和温室气体低排放发展；三是使资金流动符合温室气体低排放和气候适应型发展的路径。《巴黎协定》还明确了国家自主减排的减缓方式，即 2020 年后，所有缔约方将以自主贡献的方式参与全球应对气候变化行动；在适应气候变化造成的损害方面，提出了确立提高气候变化适应能力、加强抗御力和减少对气候变化脆弱性的全球适应目标。《巴黎协定》签署后的几轮气候大会主要都集中在《巴黎协定》实施细则的谈判上，就《巴黎协定》实施细则达成共识。

12.2.2　全球气候治理面临的困境

1. 气候问题的复杂性

气候变化的问题特殊复杂，治理空间和范围庞大。气候系统是典型的复杂、高度非线性、开放的巨系统。气候变化问题的特殊复杂性具体表现为：第一，气候问题时间周期长。当前国际社会面临的全球变暖问题，并非一朝一夕形成，而是经过了相对较长的时间周期。如果从人类活动对气候变暖的影响来看，大气中二氧化碳浓度增加主要从第一次工业革命开始，经过两百多年的时间，人类活动产生的二氧化碳在大气中不断累积，逐渐形成"温室效应"，从而使海平面不断上升、冰川逐渐消融、海水日益酸化、极端自然灾害经常发生。第二，气候变化的治理空间和范围大。从空间来看，人类活动产生的二氧化碳进入不同的大气层，在大气层中不断累积；从范围来看，气候变化问题并非一个国家的问题，而是一个区域性和全球性的问题，任何一个国家在减排问题上"拖后腿"，都会影响减缓气候变化的成效。解决这样一项全球外部性问题，对各个国家的合作条件、合作形式、合作成效的要求都较高，难度异常大。第三，气候变化问题具有不确定性。尽管以 IPCC 为主导的气候变化研究团队已经得到了国际社会的普遍认同，但其现阶段的研究方法、观测手段、机理认识等仍存在一定的局限性，导致气候变化的减排目标和排放空间数值存在较大的不确定性。

2. 减排的责任认定分歧

减排的责任认定分歧明显，不同经济体利益博弈显著。尽管气候变化国际合作已经达成了一些公约、协定，形成了"共同但有区别"的减排责任，但发达国家和发展中国家关于减排的责任分歧依然较大。减排的责任认定应该体现公平、公正的原则，"共同但有区别的责任"符合公平发展的原则，也是各国履行国际环境条约的基础。但从历次气候变化国际谈判来看，减排的责任认定一直是各国关注的焦点和争论的核心问题。2013 年华沙气候大会上，各国在设定 2020 年之后的减排目标和责任问题上展开激烈争论，对是否坚持"共同但有区别的责任"原则提出严重质疑。2017 年 6 月美国宣布退出《巴黎协定》，认为"《巴黎协定》将给美国带来苛刻的财政和经济负担"，暂停或撤销多项奥巴马政府制定的减排措施，同时放松美国化石能源开采限制，这又导致一些国家对已经认定的减排的责任重新提出异议。

3. 现实技术水平与成本的约束

目前减排技术水平有限且普遍推广应用成本较高。据测算，仅经济合作发展组织国家新建具备气候变化适应能力的基础设施和建筑所需额外成本每年可达 150 亿~1500 亿美元（占其 GDP 总量的 0.05%~0.5%）（Stern，2007），而在发展中国家，低碳投资的递增成本每年至少 200 亿~300 亿美元，且若要全球实现发电排放的脱硫脱硝，则每年花费将高达 900 亿~1000 亿美元。

同时，现有的各项减排技术由于运行成本相对高昂，很多都尚不具备市场开发和推广应用条件。例如，整体煤气化联合循环发电系统（integrated gasification combined cycle，IGCC）发电技术，虽然全球已建了几十座相关电站，但其技术仍在发展中，且设计建设要花大量额外成本。而可以更好配套的碳捕集与封存（carbon capture and storage，CCS）技术更是受到诸多条件限制，如封存地域面积与封存后重新释放回大气等问题，且增加了 CCS 技术的 IGCC 电厂的净输出功率和能源利用效率都会降低 15%或 8%~10%不等。天然气联合循环发电（natural gas combined cycle，NGCC）燃气发电技术也具有同样缺点。而高效低排放（high efficiency low emissions，HELE）火电电力发电系统的供电不仅受建厂成本、发电技术水平的影响，还要受能源价格的制约，其供给会随着各种能源价格的变化而波动，从而影响电力供给的稳定性和不同能源电力的供给结构，而若要保证供给比例不变，则需随能源价格波动而不断调整电价，进而增加额外的管理成本与负担。

此外，由于使用新的低碳节能减排技术需要大量固定资本投资，在当前世界经济低迷、就业不振、民粹主义泛滥的局势下，现有低碳技术的推广与应用有现实困难，进而难以执行。

4. 资金提供与技术转移困难

全球气候治理的《联合国气候变化框架公约》《京都议定书》《巴黎协定》均提及发达国家对发展中国家的治理资金资助、损失补偿及技术转让问题，但在当前全球经济低迷、很多发达国家财政吃紧的背景下，气候治理损失补偿能力和意愿及治理技术转移的条件都是现实的难题。

根据国际能源署（IEA）发布的报告，到 2040 年，如果清洁能源投资总额增长7%，并把投资中的 2.3 万亿美元用于先进污染控制技术（其中的三分之二用于满足更高的车辆排放标准）、2.5 万亿美元用于加快能源行业转型，则由此获得的治理收益将会成倍增加。届时全球二氧化硫和氮氧化物排放会降低 50%以上、颗粒物排放会减少近四分之三，且发展中国家的降幅最大（IEA，2016）。例如，印度暴露于高浓度细颗粒物（高于世界卫生组织过渡期目标中的最低标准）空气中的人口比例会从如今的 60%减少到不足 20%，中国的占比会从超过一半缩减到不足四分之一，而在印度尼西亚和南非，则会减少到几乎为零。而且全球能源需求会比预想的要低将近 15%，可再生能源（生物质能除外）的利用增长也更快，同时在所燃烧的能源中，有四分之三要受先进污染控制措施的调控，而这一占比目前只有 45%左右。但如果相关投资不能如期投入，则这一切都将成为泡影。

5. 全球气候治理机制的激励和约束效力不足

《巴黎协定》考虑不同国家的国情，遵循公平、"共同但有区别的责任"和各自能力原则，强调《联合国气候变化框架公约》缔约方的国家自主贡献和自愿努力，倡议全球气候治理目标之一是"把全球平均气温升幅控制在工业化前水平以上，低于 2℃之内，并努力将气温升幅限制在工业化前水平以上 1.5℃之内。"《巴黎协定》在气候治理方面有了巨大突破，且气候治理的议题与解决方案也得到了国际社会的广泛认同与支持，但能否顺利地后续推行并达到预期目标亦不得而知。特别是美国签署"能源独立"行政令之后，局势更加令人困扰和担忧，而这一全球气候治理进程中的重大事件，也从侧面反映出一个极其重要的问题，即全球气候治理机制的合理性问题。

气候治理机制是否合理非常重要，这将直接影响到治理进程能否顺利推进和能否达到预期治理目标。如果一个治理机制设置不合理，则其对缔约方的激励与约束作用就很难真正发挥，进而可行性或实施的有效性会大打折扣。例如，其统计口径是否科学合理、责任分担是否明确公平、相关责任方的利益关切是否得到了充分考虑、所用技术是否节能高效、资金是否充足并准时到位等因素，都需要认真仔细考虑，并具体体现在所有缔约方共同议定的气候治理机制中。

例如，全球气候变暖和一个国家工业化发展有关，它不仅受该国工业发展阶段、范围与规模的影响，还取决于一个国家的工业化水平。工业化规模小、技术水平高，其对全球气候变暖的影响就弱，反之若工业化水平低、工业化范围与规模又较大，像中国现阶段，则其影响必然大。但由于排放的二氧化碳在地球大气中可以蓄存几百至上千年都难以消逝，所以在全球气候治理责任分担时就必须坚持"共同但有区别的责任"原则，即既必须考虑西方发达国家自工业化早期至今的累积碳排放量，也要考虑不同统计口径与治理能力差异造成的发展中与欠发达国家在全球气候治理协议议定中的劣势地位。此外，在全球气候治理的机制设计中，随着国际社会政治经济环境的变化，还要兼顾发达国家长、短期利益及相关约束条件的变化。

6. 国际合作机制不足

已有的国际合作机制有限，多层对话磋商机制待建立，良好的国际合作磋商和沟通机制是开展气候变化国际合作的有力保障。但从目前气候变化国际谈判的合作机制来看，以国际气候变化大会为重要载体，主要依托《联合国气候变化框架公约》和《巴黎协定》下的缔约方磋商机制，通过气候变化大会主办方的积极推动，促成相关的国际协议。但从历届国际气候变化大会的组织成效来看，由于气候变化大会召开的时间并不长，参与的国家较多，尤其是发达国家和发展中国家的诉求存在明显差别，同时缺乏强有力的领导国，导致在较短时间内难以达成统一的共识。总体上来看，当前的气候变化国际合作机制仍然缺乏一些气候变化平台和不同层级的对话沟通机制，尤其是多层级、多角度、多轮次的谈判与对话机制仍然缺乏，区域性合作组织中关于气候变化的议题仍然十分有限，多层对话磋商机制亟待建立。

12.3　全球气候治理应该遵循的原则

12.3.1　共同但有区别的责任原则

"共同但有区别的责任原则"不仅是《联合国气候变化框架公约》《京都议定书》《巴黎协定》所明确确立的一项基本法律原则，而且也在《人类环境宣言》《里约环境与发展宣言》《保护臭氧层维也纳公约》《生物多样性公约》等各类国际法律文件中得到明示或默示，该原则已经成为国际环境法中公认的一项基本原则。其基本含义是：人类面对地球环境资源方面的保护责任时，必须在承认共同责任的前提下，强调环境责任的实际承担，必须充分考虑到发达国家与发展中国家之间的差别而进行分配。这种差异需要考虑的具体要素包括历史责任、资源分配、经济实力、技术水平和应对环境问题的能力等。

该原则包括两个方面的内容。一方面，由于地球生态系统的整体性，各国对保护全球环境负有共同的责任和义务。人类共同生活在一个地球上，地球生态系统的整体性决定了全球环境质量的恶化必然危及所有国家的利益，因此各国无论大小、贫富、强弱，都应当积极参与全球环境保护事业。共同的责任不但要求各国在保护国际环境关系中享有平等的参与权，而且要求各国在处理国内事务的同时，也应注意承担起相应的国际环境保护的义务。另一方面，由于导致全球环境退化的责任不同，不同国家之间，主要是发达国家和发展中国家之间，环境保护责任的分担不应是平均的，而应当与其在历史和当前给地球环境造成的破坏和压力成正比，发达国家应承担比发展中国家更大的责任。有区别的责任是对共同责任的具体化和再分配，当然，有区别的责任也并不意味着发展中国家可以忽视自己在全球环境保护中的责任和义务，与此相反，发展中国家必须通过努力改革生产方式，减少资源浪费和污染排放，增强经济实力和环境保护的能力，走上可持续发展的道路，积极为全球环境保护贡献力量。

应对全球气候变化，减少温室气体排放是世界所有国家的共同责任，但发达国家由于其历史的碳排放责任和在资金、技术等方面存在的巨大优势，因此对减少碳排放应负有更大的责任，承担更多的义务。"共同但有区别的责任原则"的确立是发达国家与发展中国家利益平衡和妥协的产物，而这种平衡，既是一种历史平衡——发达国家几百年的工业化是造成地球环境恶化的主要原因，也是一种现实平衡——发达国家具有比发展中国家更强大的经济实力、更先进的科技水平、更高的预防和治理环境的能力，而发展中国家没有实力独立实现成本高昂的可持续发展。该原则是发展中国家在国际环境法领域维护自身利益的最重要的法律原则，其充分考虑到广大发展中国家在环境与发展领域的特殊利益。在这一原则下，在制定国际环境法律规则时，发达国家应该照顾到发展中国家社会经济发展的特殊需求，给予发展中国家资金和技术援助，以此来不断提高发展中国家履行国际条约的能力和意愿。因此，"共同但有区别的责任原则"是对历史和现实的承认，是整个国际气候法律制度构建的基础，是指导各国参与应对全球气候变化的一项根本的政治原则。

12.3.2　风险预防原则

由于气候变化最严重的风险将在未来出现，气候变化可能成为未来世代的最大威胁，因此，气候变化还是一个代际正义问题。虽然代内气候正义是代际气候正义的前提，但未来世代的权利也是全球气候治理中必须考虑的正义问题。由于气候变化及其风险都存在一定的不确定性，因此，是否应当为了不确定的未来收益而放弃当前较为确定的利益就成为全球气候治理中的一种代际伦理博弈。

气候变化的科学不确定性问题成为许多人反对为了未来世代而应对气候变化的理由，也是美国退出《京都议定书》的理由之一。所有科学都存在不确定性问题，气候科学也不例外。气候变化的不确定性体现在气候怀疑论者的以下三个方面的质疑：①气候是否在变暖？一些科学家认为温室效应与全球变暖理论是可疑的（或被夸大了），地球暖期即将结束转而进入一个新的冰期；②气候变暖是否是人类活动引发的？或许太阳黑子爆发、地球偏心轴变化等自然因素才是气候变暖的主要原因，就连联合国的气候变化评估报告也承认了人类引发的气候变暖存在科学上的不确定性，认为只有 90%的概率能证明气候变暖是由人类活动引起的；③人类活动引发的气候变暖是否一定是坏事？由于地球上的大部分陆地处于相对寒冷的地区，因此，气候变暖会使西伯利亚、格陵兰岛、加拿大北部、青藏高原等大面积的寒冷地区变成良田沃土。当然，这些质疑大多不为主流气候科学家们所接受。

气候科学家们普遍认为，气候变化不确定性产生的原因主要是科学方法和技术手段上的问题，只要继续完善模型，使观测资料更充足，计算更精确等就可以消除不确定性。实际上，科学研究只能相对地减少气候科学的不确定性，却无法彻底消除气候科学的不确定性，因为不确定性是所有科学的特性。况且，气候变化的不确定性不仅是科学层面的不确定性，还是社会层面的不确定性。气候变化与广泛的政治、经济、技术、人文因素紧密联系，国际社会的政治稳定情况、经济发展状况、技术革命的发生频率、人口增长趋势、人口生活与消费习惯的变迁等因素都会直接影响未来社会的温室气体排放量以及气候变化趋势。在这种情况下，真正的问题并非我们无法消除的不确定性问题本身，而是我们在这种情况下如何选择与行动。我们是否应当为了减少未来世代所面临的气候风险，而在不确定的情况下牺牲一些当代人的利益？如果我们不及时应对气候变化，就是给未来世代埋下了一颗定时炸弹，这是极不正义的。我们每个人都有责任确保我们自己的孩子和未来世代从我们这里所继承的环境不比我们从我们的前辈那里继承到的环境差，在预防气候变化问题上也是如此。

预防原则作为一种伦理规范主张：即使在没有充分的科学把握的情况下，巨大的环境风险也可以成为采取预防性或补救性行动的辩护理由。虽然这个原则并没有一个普遍性的构想，但我们可以在1992年发布的《里约环境与发展宣言》的第十五条原则中找到构成预防原则的主要因素：为了保护环境，各国应根据它们的能力广泛采取预防性措施。凡有可能造成严重的或不可挽回的损害的地方，不能把缺乏充分的科学肯定性作为推迟采取防止环境退化的费用低廉的措施的理由。《里约环境与发展宣言》所描述的原则断言：在预防性措施被实施之前，充分的科学确定性的证据标准是不需要的。也就是说，为了采取预防性的措施，我们应该要求那些倡导环境保护政策的人提供一个无懈可击的证据，或建立充分完备的证据，这是不必要的。已经有越来越多的人开始支持这个原则，这部分是因为我们很难在环境伤害事件中建立起因果关系。所以鉴于在大多数环境伤害事件中包括着极其复杂的因果链条，我们应该把举证责任指派给反对在气候问题中采取预防原则的人。也就是说，反对的人必须拿出足够的证据来证明，气候变化为什么不会产生灾难性的后果，否则即使是在缺乏完备的气候科学的情况下，为了人类未来的命运，国际社会也应该采取积极的措施来应对气候变化。

从某种意义上讲，预防原则只是对社会风险规避的一种承诺，在一个风险社会中，要求社会要采取必要措施去避免让其成员遭受严重的且不可逆转的伤害。但是个人的风险规避往往仅仅被看作是一种不同的人所持有的不同偏好，有一些人为了更大的收益而下赌注去冒险承担潜在的巨大的损失，而另一些人为了保证最小的损失则宁愿获得较小的收益。这个原则可以被看作是在制定公共政策时，要求社会最大限度地规避风险。但是，在更广泛的意义上讲，它也呈现出更多的规范性含义，它会反对某些规范而支持另一些规范，正如蒂姆·海沃德所描述的：这个原则包含有这样的一个假设，即支持普通公民拥有保护自己免受环境伤害、行动伤害的权利，并且把举证的责任推到新技术、新的活动和过程的倡导者身上，要他们证明这些活动不会构成严重的威胁（Hayward，2005）。预防原则强化了这样的一种观念，即公众有使自己免受环境恶化所带来的伤害的权利，并且拒绝为了获得眼前的经济利益而牺牲环境稳定的长期利益的做法，同时也阻止了把科学不确定性当作推迟或规避对像温室气体排放这样的危害环境的行为进行管制的借口的可能性。

　　预防原则在某种意义上讲是对科学不确定性的一个伦理回应，它在容忍风险的存在以保护污染者的利益与将风险降低到最小以保护污染受害者的权利这两者之间进行道德权衡。例如，在缺少完全的科学确定性的情况下，一个能容忍风险的社会可能会允许其安全性存在问题的农药的使用，而支持污染者；而一个规避风险的社会，或者认同预防原则的社会将会禁止这种农药的使用，直到它被证明是安全的为止。这就提出了这样一个问题：拒绝使用预测会有伤害但实际上是安全的农药（可能会导致农作物大面积减产）与使用某些对农作物的高产有帮助但不安全的农药（可能对环境和公众造成一定程度的污染和伤害），这两者之间谁的风险更大呢？人们该支持哪种选择呢？科学家们往往倾向于支持前者（预防原则）。因为在面临不确定性的情况下，如果一些人在没有得到他人同意，且也没有让他人获得潜在的回报的情况下使用了农药，这可能会将他人置于风险之中，而这些由风险带来的回报主要被污染者所获得，而不是社会所获得，那么，我们就应该采取预防原则。为了保护污染者的利益而让无辜者受到伤害，无疑这是在侵犯无辜者的权利。在决定由谁来承担举证责任时，预防原则旨在保护人们不受环境伤害的权利，在不确定的情况下，我们应该把举证的负担丢给污染者。在这个意义上讲，预防原则要保护的是潜在的污染受害者的安全权，而且也通过不允许污染者（他们通常是更富有的人，以及在利益的冲突中利益更少受损的人）把外部性成本转嫁给潜在的污染受害者（他们通常处于社会的最不利地位上）而促进了公平。因此这个原则是建立在基本权利优先于非基本权利的伦理原则的基础上。

12.3.3　非伤害原则

　　气候变化不仅会对自然生态系统造成严重的伤害，也会通过洪水、干旱、疾病等对人的生命财产安全造成伤害。而且气候变化对富国/富人的影响与对穷国/穷人的影响是不对称的，同时，对气候变化最负有责任的国家/人群与受气候变化影响最大的国家/人群之间也是不对称的。例如，气候变化会造成一些地区因降水增加而产生洪水灾害或使一些小岛国和低海拔地区被淹没，同时使另一些地区降水减少而形成干旱。贫困国家和地区往往以农业为主，而农业最易受到气候变化的影响，这些国家和地区也缺乏应对气候变化的基础设施，城市化和工业化程度低，从而缺乏适应气候变化的能力，成为遭受气候伤害最严重的国家。

在伦理规范上，底线伦理是最容易达成共识的，因为底线伦理是无论人们追求什么样的价值目标都不能违反的基本规则。底线伦理要求尊重人的基本权利，保障人的生存与发展权，要求"己所不欲，勿施于人"的非伤害精神。由约翰·密尔所提出的一条"极其简单的原则"——非伤害原则，是最符合底线伦理要求的一条具有普遍优先性的原则，因为不伤害人的生命，能在最大范围内为人们所认同，并且不伤害他人能在最大范围内为人们所执行。该原则要求人类的行为不对他人造成伤害，如果某些行为对他人造成了伤害，就必须加以干涉。这是一种底线伦理要求，也应当成为全球气候治理的底线伦理原则。由于气候变化涉及大量的伤害，因此，强调非伤害原则，使得气候变化成为一个权利与道德问题。人们有权享有清洁安全的空气，也有权不受到全球气候变化的伤害。由于当前的全球气候变化主要是由人类活动引发的，因此，非伤害原则要求全球积极行动，减少二氧化碳等温室气体的排放，以避免气候变化对人类（尤其是对穷国和弱势群体）造成严重伤害。

但仅仅通过温室气体减排就能防止气候变化造成的伤害吗？虽然温室气体减排可以减缓全球变暖的趋势，减少气候变化的不利影响，但是温室气体减排对不同的国家和人群会产生不同的影响，并且减排也会造成间接的伤害。对于适应气候变化能力较强的发达国家来说，通过积极减排，确实可以减少对发展中国家和弱势群体的气候伤害。但是对于许多仍处在贫困状态的发展中国家来说，大幅削减温室气体的排放意味着经济的迅速下滑和社会福利水平的迅速下降，从而在这些国家造成疾病、饥荒和死亡等严重的伤害。也就是说，对发展中国家来说，适度增加排放量反而更有可能防止气候伤害。

可见，非伤害原则也是一条环境正义原则，它要求在全球气候治理中不能使一些人受益而使另一些人受到伤害。由于气候变化的影响在地域上总是不均衡，这意味着强大和富裕的国家有可能将这种生态问题转移出去，危险的工业常常被转移到低工资的发展中国家。不合理的国际分工保护了发达国家的环境，却牺牲了发展中国家的环境。如果世界上一些国家的人幸福地生活在优美的环境中，却把高排放、高污染的工厂迁移到贫困地区，我们如何相信这种"掩耳盗铃"的方式能够真正应对气候变化？如果世界上一半的人生活富裕，另一半人的生活却极端贫困，而人类又拥有足够的资源与能力应对气候变化，那么，我们如何论证要优先应对气候变化而不是消除贫困的道德合理性？我们是否有道德理由要求世界上的穷人为了应对气候变化而放弃为生存去砍伐森林？这也表明，保护气候这一环境目标不能独立于其他社会目标而实现。虽然气候变化表现为一个环境问题，但全球气候治理不能仅仅靠"环境工程"来实现，还需要更广泛的"社会工程"的支持。如果在全球气候治理中不考虑公平、正义要素，保护气候的环境目标就不可能实现。如果不考虑国家与人群之间存在的严重不平等，而让所有人在气候治理中承担同样的责任，最终只会加大不平等的"暴力性",剥夺穷人的生存与发展权,对穷人造成更大的伤害,并且也无法在全球达成价值共识,无法在全球气候治理上采取共同行动。

我国之所以长期以来一直坚持认为气候变化不仅仅是环境问题,更是发展问题,其原因就在于认识到,由于缺乏适应气候变化的能力,气候变化会对贫困人群和发展中国家造成更大的伤害,因此通过发展减少贫困也是应对气候变化,防止气候变化造成伤害的重要路径。非伤害原则对全球气候治理提出了两个方面的要求。一方面,要求发达国家减少温室气体排放,并向发展中国家提供资金与技术援助,以减少对发展中国家的气候伤害。如果发达国家的历史温室气体排放对发展中国家造成了严重的伤害,而发展中国家缺乏保护自己的手段,那么,发达国家就有义务向发展中国家提供援助。另一方面,要求发展中国家通过经济发展提升自身应对气候伤害的适应能力。这实际上意味着发达国家要继续减少其温室气体排放,而发展中国家尤其是最不发达国家,可以为了维护基本生存与发展权而在地球大气空间可承载的安全范围内适当增加温室气体排放量。

复　习　题

1. 何为气候变化?
2. 全球气候治理的进程和特征是什么?
3. 全球气候治理的基本原则是什么?
4. 中国参与和引领全球气候治理的意义何在?

主要参考文献

蔡榕硕, 谭红建. 2020. 海平面加速上升对低海拔岛屿、沿海地区及社会的影响和风险. 气候变化研究进展, 16(2): 163-171.

国家气候变化对策协调小组办公室, 中国 21 世纪议程管理中心. 2004. 全球气候变化: 人类面临的挑战. 北京: 商务印书馆.

许月卿. 2001. 全球气候变化. 北京: 人民教育出版社.

曾文革. 2012. 应对全球气候变化能力建设法制保障研究. 重庆: 重庆大学出版社.

Hayward T. 2005. Constitutional Environmental Rights. New York: Oxford University Press.

IEA. 2016. Energy and Air Pollution: World Energy Outlook Special Report 2016. https://pure.iiasa.ac.at/id/eprint/13467/[2022-11-12].

Stern N. 2007. Stern Review on the Economics of Climate Change. Cambridge: Cambridge University Press.

后 记

公共气象管理学教材最早由南京信息工程大学法律与公共管理学院已退休的薛恒教授带领团队完成，于 2011 年出版，距今已有 10 余年，为我国公共气象管理学的人才培养做出了突出贡献。近年来，中国社会和公共治理已发生翻天覆地的变化，公共管理和气象管理均迎来了新场景、新实践、新问题，原编教材已难以跟上新时代公共气象管理的实践发展，也难以满足公共气象管理课程教学的需要，在理论知识、内容选择、编写体例上均须进一步调整、优化和完善，这就需要在新的理论和实践基础上重新编写公共气象管理学教材，以提升教学效果，为公共管理和气象行业培养高质量人才。同时，新编公共气象管理学教材是充分发挥南京信息工程大学大气科学优势特色，推动公共管理学科与气象事业融合发展的需要；是适应新时代气象事业发展，推动高校教育教学改革发展的需要；是推进学科交叉，拓宽学生视野，培养气象行业复合型管理人才的需要。

目前，"公共气象管理学"课程已纳入南京信息工程大学一流本科课程培育计划，其公共气象管理学教材也入选江苏省高等学校重点教材和南京信息工程大学一流课程教材建设基金资助精品教材资助计划。本教材是南京信息工程大学"公共气象管理学"课程团队集体创作的结果，在本教材的编写过程中，陈俊教授、叶芬梅副教授拟定了教材的编写提纲和主体内容，承担了部分章节的编写工作，薛静静、郭翔、戈华清、李志强四位老师参与完成了本教材其他章节的编写工作，其中，薛静静老师协助主编完成全书的统稿和出版工作，全书由陈俊教授最后审定定稿。各章的编写者如下：

第 1 章　绪论　陈俊

第 2 章　公共气象管理组织与职能　叶芬梅

第 3 章　公共气象管理的政策法律　戈华清

第 4 章　公共气象战略管理　郭翔

第 5 章　公共气象部门的人力资源管理　李志强

第 6 章　公共气象部门的绩效管理　李志强

第 7 章　公共气象信息管理　薛静静

第 8 章　公共气象科技管理　薛静静

第 9 章　气象灾害应急管理　郭翔

第 10 章　公共气象服务　叶芬梅

第 11 章　公共气象科普　戈华清

第 12 章　气候变化与全球气候治理　　陈俊

　　本教材的编写得到《公共气象管理学基础》教材主编薛恒教授及其编写团队的指导，其出版得到了南京信息工程大学教务处的帮助和支持，在此一并表示衷心感谢！由于水平的限制，本教材的编写还有很多不足之处，真诚欢迎读者批评与指正！

　　　　登录中国大学 MOOC（慕课）_国家精品课程在线学习平台，可观看本教材
　　　　　　　　编写团队的《公共气象管理学》在线课程